本书受厦门理工学院学术专著出版基金资助

当代知识论中的
内在主义与外在主义之争

陈英涛 / 著

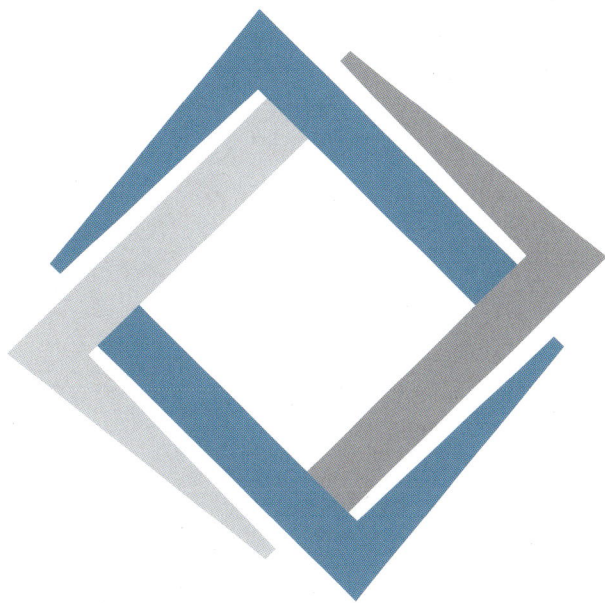

厦门大学出版社
XIAMEN UNIVERSITY PRESS

国家一级出版社
全国百佳图书出版单位

图书在版编目（CIP）数据

当代知识论中的内在主义与外在主义之争 / 陈英涛
著. --厦门：厦门大学出版社，2022.10
　　ISBN 978-7-5615-8817-8

　　Ⅰ．①当… Ⅱ．①陈… Ⅲ．①知识论－研究 Ⅳ.
①G302

中国版本图书馆CIP数据核字(2022)第190748号

出 版 人	郑文礼
责任编辑	文慧云

出版发行 厦门大学出版社

社　　址	厦门市软件园二期望海路 39 号
邮政编码	361008
总 编 办	0592-2182177　　0592-2181253(传真)
营销中心	0592-2184458　　0592-2181365
网　　址	http://www.xmupress.com
邮　　箱	xmupress@126.com
印　　刷	厦门金凯龙包装科技有限公司

开本	787 mm×1 092 mm　1/16
印张	13.5
插页	1
字数	290 千字
版次	2022 年 10 月第 1 版
印次	2022 年 10 月第 1 次印刷
定价	69.00 元

本书如有印装质量问题请直接寄承印厂调换

厦门大学出版社
微信二维码

厦门大学出版社
微博二维码

前　言

葛梯尔问题之后，关于知识或信念确证的内在主义（internalism）与外在主义（ex-ternalism）之争成为当代英美知识论研究的焦点。这场论争几乎波及全世界所有的知识论家，尤以英美世界的知识论家为甚；这场论争持续的时间几近四十年之久，其混乱程度在西方哲学史上也不多见。那么当代知识论中的内在主义与外在主义因何而争？有何意义？现状如何？内在主义与外在主义如何划界以及如何厘清这一对基本范畴？内在主义与外在主义之争的演化进路如何？有无超越内在主义与外在主义之路？这些问题都关涉到当代知识论的合理重建。然而令人遗憾的是，除了数不尽的短篇文章之外，深入研究内在主义与外在主义之争的专著迄今鲜见。更蹊跷的是，21世纪的第一个十年之后，在未系统总结内在主义与外在主义之争的状况下，这场论争似乎就戛然而止了。近十年来，西方知识论家们也仿佛有意无意地选择了遗忘，他们不去系统反思这场历史论争，就遽然进入新的论域，社会知识论等又成为西方知识论家或哲学家追逐的热点。

笔者认为，尽管内在主义与外在主义之争已经作为"传统"被纳入哲学史的范畴，但内在主义与外在主义之争走向困境的逻辑并没有得到揭示。因此，当前静心反思这场论争就弥足珍贵。毕竟在当代知识论界，内在主义与外在主义之争的问题还真正"未了"，而争而未了转逐新潮实际上并不利于知识论的合理重建。再看我国哲学界对这一论争的研究现状，整体而言，除了几本知识论普及性著作或教材简要介绍了这场论争，我国哲学界对内在主义与外在主义论争甚少关注，这种情形也是不正常的。鉴于此，本书将对上述问题做全面系统的梳理，探究这场论争的历史缘起、重要意义、逻辑演绎，以期引起当代知识论界对该问题的重视。

本书主体共分为九章，另有四个附录。第一章"内在主义与外在主义之争的背景及现状"将回答两个问题：一是内在主义与外在主义之争的背景与意义，二是对内在主义与外在主义之争的现状的述评。通过这两个问题的解答，我们可以对内在主义与外在主义之争的"全景"有个大致的了解，并且也可帮助我们洞悉内在主义与外在主义之争对知识论重建工作的关键意义。

第二章"内在主义与外在主义的划界"提出了内在主义与外在主义划界原则，对传统内在主义基本思想以及当代内在主义基本特征作了详尽分析，以期达到澄清内在主义与外在主义真正分歧之目的。

本书的第三至八章,通过对内在主义与外在主义代表人物思想的论述,探寻内在主义与外在主义之争的演进逻辑,进一步加深读者对内在主义与外在主义论争的理解。实际上,当代内在主义与外在主义之争并非杂乱无章,彼此孤立,而是有着一个逐渐发展深化、合乎逻辑的演进过程。这种演进过程表现为:当传统内在主义解题模式失效时,外在主义作为一种新的模式应运而生,从而把知识论的研究推进一步;但外在主义又会暴露出新的问题,于是传统内在主义又在批判中再生,继续推进着知识论的发展。就这样,内在主义与外在主义之争表现为一个连续的否定之否定的演进过程,最终两种理论在穷尽了理论发展空间之时走进了历史。循此逻辑,第三、四两章分别论述了内在主义与外在主义建构学派的学术思想,其代表人物分别是齐硕姆与戈德曼。第五、六两章分别论述了内在主义与外在主义批判与建构学派的学术思想,其代表人物分别是邦久与普兰廷加。第七、八两章分别论述了试图超越内在主义与外在主义的混合主义学派的思想,其代表人物分别是索萨与阿尔斯顿。通过这样的设置,逐渐暴露出内在主义与外在主义的思想缺陷,同时表明了无论是内在主义、外在主义,还是混合主义,都无法实现知识论的重建任务。

第九章"超越内在主义与外在主义之路的选择",是对知识论演进路径的思考。本书认为,知识或信念确证的问题,在本质上都是实践的。也就是说,任何把知识与信念引向神秘的东西,归根结底都要在人类的实践活动中寻找来源。

本书前三个附录通过对代表人物戈德曼的社会知识论的阐释、对新证据主义的分析以及对当代知识论的论证方法的归纳,进一步补充第九章的观点。第四个附录简要概述了当代知识论代表人物的生平和著作,用以加深读者对内在主义与外在主义代表人物思想的了解。

在进入正文之前,有必要对本书"justification"一词的翻译作一说明。该词是内在主义与外在主义展开论证的逻辑起点,内在主义与外在主义围绕"justification"一词而展开,因此,对"justification"范畴的理解直接关乎我们对内在主义与外在主义论争的讨论。

"justification"一词是西方知识论的核心范畴,当代的内在主义与外在主义之争也是围绕着该范畴而展开的。但对"justification"进行翻译十分困难,为避免误解,有必要在这里加以说明。在中国台湾哲学界,该词有一个通行的译法,即"证成"。在中国大陆哲学界,对该词的翻译并没有定例。通过文献查询可知,"justification"在中国大陆的翻译通常有这样几种,比如"判准""规准""证成""证实""辩护""确证"等,其中后三种翻译大家比较熟悉。"justification"范畴在翻译上之所以造成上述局面,至少有两个客观原因。(1)从英语语义学上看,该词本身就复杂多义,包含"理由""证据""证明有理""认为正当""辩护"等等。(2)西方哲学家,尤其是当代的英美知识论家对该词的解释更是多种多样。概括起来,这些解释不下几十种,其中最主要的有"有权利的""可信赖地产生的""基于其上的""使相信者具有充分证据的""在内在可把握的基础上,在真实证据之上形成的""有充分理由的""保证的"等等。主要是上述客观原因,再加上翻译者各取所需的主观因素造成了以上局面。

在本书中将该范畴译为"确证"主要基于以下三个方面的考虑。(1)知识的传统定义。自柏拉图以来,知识一直被定义为"justified true belief",在柏拉图那里,"justified"主要被理解为"有理由的""有证据的"两种含义,到了笛卡儿,"justified"就被定格在"确定的"意义之上。从此,对知识确定性的追求构成了西方哲学的主基调。可见,在传统哲学中,"justified"的基本含义有三重,即"有理由的""有根据的""确定的"。(2)葛梯尔反例对知识的传统定义的破坏。1963年美国年轻的哲学教授葛梯尔通过两个小小的反例大胆质疑了知识的传统三元定义,这一大胆质疑导致当代英美知识论家对"justified"或者说"justification"的基本含义进行了旷日持久的争论。葛梯尔反例的意义在于,它认为有理由的或者有根据的真信念未必是知识。为了捍卫知识的传统定义,同时又承认知识的可错性,就需要对"justified"或者说"justification"的传统含义重新审视,上述当代英美知识论家对"justification"理解的多重化即是这一审视的结果。(3)当代英美知识论家对"justification"理解的一致之处。如上所述,当代英美知识论家对"justification"的理解多种多样,但是结合文献即可发现,当代英美知识论家大都认同,把"justified"理解为"有证据的"不足以使真信念成为知识,他们也多数认同可以从"真实的证据""充分的证据"等方面阐释"justification";而且他们多数认同,虽然知识是可错的,但"确定的真信念"依然是知识的最高追求。正是基于对"justification"的历史流变的考察,加之本文主要研究当代英美知识论的主要流派——内在主义与外在主义之争,笔者在柏拉图的"有证据的"与笛卡儿的"确定的"两者之间各取一字,即,用"确证"来翻译"justification"。本书认为,这种翻译既符合知识论的历史,又照顾到知识论的现实,可以反映"justification"范畴演变的历史与现实的逻辑统一。基于此,在以下的所有论述中,凡涉及该范畴的地方均采用"确证"来译。

目　录

第一章

内在主义与外在主义之争的背景及现状

第一节　内在主义与外在主义之争的背景

　　自柏拉图的对话篇《泰俄泰德》问世以来,分析命题知识成为西方知识论的基本逻辑,哲学家们一直尝试着通过确定知识的条件以理解命题知识。在《泰俄泰德》篇中,泰俄泰德首先对知识的第一个必要条件深信不疑,即,(1)如果 p 是知识,那么 S 必定相信 p,也就是说,在泰俄泰德看来,既然一个人不会知道他所不知道的东西,那么"知道"本身就包含"相信"的意思。因此,信念是知识的第一个必要条件。但泰俄泰德认识到,知识是信念并不意味着信念就一定是知识。比如,我相信有鬼神存在,但所谓的鬼神并不存在,这样我的这一信念就不是知识。由此可见,信念充其量只是知识的一个必要条件,而不是知识的全部条件。因此,泰俄泰德注意到,信念成为知识还必须具备另一前提,即,(2)如果 p 是知识,那么信念 p 必定是真的。换言之,知识的第二个必要条件是真的条件,无之也便无知识。知识的真条件其实也不难理解,因为,当我们说某人知道某一件事时,我们必须认定那件事是真实的;否则我们只能说他以为如此,或他认为如此,或他相信如此,而不会说他知道如此。也就是说,"知道"包含"真实"的含义。从这个意义上讲,我们有理由说真是知识的第二个必要条件。泰俄泰德进而认识到,知识是真信念固然不假,但真信念也未必是知识,因为,真信念的条件根本无法排除认知运气境况的出现。比如,S 可能会因前天夜间圆月的出现而相信明天将要下雨,假如第二天真的下起了雨,我们也不能因此认定 S 拥有明天将要下雨的知识;因为圆月的出现并不能真正地指谓天要下雨,而且如果天没有下雨,圆月的出现依然会导致 S 相信明天将要下雨。通过此类例证的分析,泰俄泰德得出结论:知识不仅需要是真信念,而且必须具备第三个条件,也即,知识必须是得到确证的真信念①。如此一来,知识就似乎有了一个合乎逻辑的本质定义:知识是确证的真信念。事实上,知识这一"JTB"(jastified true belief)的"三元定义"由于在西方知识论中具有经典性的影响,故而一直被认为是有关命题知识的传统分析②。而且诚如齐硕姆所言,直到20世纪60年代以前,知识的这一"传统分析"一直没有受到根本挑战。但问题的关键是:"确证"在此该作何理解?或确证的本质该如何界定?若不解答这一问题,把知识理解为确证的真信念,就会犯以未经证明的假定来进行论辩的错误(beg the question),于是继知识的本质问题之后,确证问题凸显为传统知识论研究的重中之重。

在西方知识论的传统中,内在主义一直主导着对确证本质的解读。在传统内在主义者中,值得一提的是笛卡儿。事实上,当代的知识论家不论是齐硕姆、邦久还是普兰廷加都视笛卡儿为内在主义的鼻祖。考恩布利斯(Hilary Kornblith)更是认为:"或许理解内在主义与外在主义之争的最佳方式,就是看一看这个问题如何来自于笛卡儿知识论的失败。"③

然而笛卡儿本人并没有提出独立的确证理论,他把对确证以及知识等所有知识论问题的理解均限制在第一人称的视角之内。笛卡儿认为,自然之光要求我们有责任和义务获得真理性的认识。既然我们每个人在过去都会有很多错误的信念,为了达到对周围世界的准确理解,首先必须破除所有这些错误信念。为此笛卡儿通过"恶魔假定"与"梦幻假定"总体上悬置了他的所有信念,然后开始寻找知识或信念的绝对坚实基础。笛卡儿最终发现,知识或信念的基础只能来自于认知主体的内在视角,也即,从认知主体的内在视角出发,认知主体必能抽离出清晰明白的信念形成原则,然后再从这些基本的原则出发,认知主体必能获得对周围世界的真理性认识。简单说,此即是笛卡儿的内在主义知识论或确证论。但笛卡儿的内在主义理论并没有其想象的那么乐观,正如考恩布利斯所言:"正是笛卡儿的这种关于人类理性力量的乐观主义设定了内在主义与外在主义论争的基础。"④

仔细分析不难看出,笛卡儿的内在主义包括三个基本假定:(1)从主观视角出发,认知主体必能发现主观上是最优的(appear to be optimal)信念形成原则,根据这些原则,认知主体必能获得真理性认识;(2)从主观视角出发,认知主体必能发现客观上(in fact)也是最优的信念形成原则,由此出发必能获得真理性的认识;(3)认知主体所发现的主客观原则必能相互重合,而重合的根据也必然来自于认知主体的认知视角。

---

① PLATO. Theaetetus,148e[M]//HAMILTON E,CAIRNS H. The Collected Dialogues of Plato. New Jersey:Princeton University Press,1961:853.

② 陈嘉明.知识与确证:当代知识论引论[M].上海:上海人民出版社,2003:31.

③ KORNBLITH H. Internalism and Externalism:A Brief Historical Introduction[M]//KORNB-LITH H. Epistemology:Internalism and Externalism. Oxford:Blackwell Publishers,2001:4.

④ KORNBLITH H. Internalism and Externalism:A Brief Historical Introduction[M]//KORNB-LITH H. Epistemology:Internalism and Externalism. Oxford:Blackwell Publishers,2001:5.

但笛卡儿的三个基本假定正是问题产生的关键。问题一：既然笛卡儿对发现真理的最优的主客观原则的设定均出自于认知主体的内在视角，那么笛卡儿本人又如何摆脱"笛卡儿恶魔"或者是"梦幻假定"的困扰？如果笛卡儿本人无法排除他就是这种恶魔的受害者或者他本人正在做梦的状况，他又如何判定他所设定的原则能够真正达致客观真理？问题二：即便笛卡儿能够排除"笛卡儿恶魔"或者"梦幻问题"的影响，他又如何保证单纯从主观视角出发就能够把握客观真理？笛卡儿的内在主义知识论或者确证论无法回答上述问题，也注定了该理论面临行将破产的命运。

20世纪60年代以来，葛梯尔问题的出现、外在主义知识论的产生以及去知识论化的浪潮一举击溃了笛卡儿的内在主义。葛梯尔问题源自于1963年年轻的哲学教授葛梯尔在《分析》杂志上发表的一篇短文《确证的真信念是不是知识》，在这篇短文中葛梯尔构筑了两个小小的反例，大胆质疑了知识的传统定义——知识是确证的真信念。葛梯尔反例大致是这样的：在这种反例中，S有一个被证明是合理的但却是虚假的信念p，根据虚假信念p的推论，S正当地相信某种碰巧为真的东西，并且因此获得了一个合理的真信念q，但真信念q却不能称为知识。葛梯尔反例证明了确证连同真信念并不足以构成知识的充分条件，也就是说，要理解命题知识，必须重新更换思路，比如，重新界定确证的本质或再给知识附加第四个条件等。由于葛梯尔反例有着巨大的影响，并且构成了对知识的传统分析的"粉碎性打击"[1]，于是，问题再次从终点回到了起点，即如何理解命题知识或信念确证，这依然是当代知识论家必须认真面对的问题。

葛梯尔问题不仅粉碎了知识的经典定义，还直接导致了知识外在主义的产生。1973年，阿姆斯特朗首次把"外在主义"一词引入知识论研究中来，在《信念、真理与知识》一书中，阿姆斯特朗写道："根据对非推论性知识的外在主义理解，使一个真信念成为知识的东西，在于信念状态、所相信的命题以及使信念成真的状况之间存在某种自然联系。重要的是要认识到：与'笛卡儿主义'与'原始可信性'不同，外在主义理论规范地发展了一种有关一般知识性质的理论，而不是单纯与非推论性知识有关的理论。"[2]也就是说，在阿姆斯特朗看来，理解命题知识根本无需确证或内在视角；信念之为知识就在于信念与外在世界之间有一种规律般的"自然联系"。与阿姆斯特朗的知识外在主义相类似，早期的戈德曼提出了知识的因果论与知识信赖主义，诺齐克提出了知识的"真理追踪论"，德里茨克提出了知识的"信赖主义信息论"，奎因提出了知识的自然主义，所有这些理论均明确表达了知识与外在世界的紧密关联以及共同宣告了与传统的笛卡儿内在主义的根本决裂。

需要指出的是，葛梯尔问题还进一步掀起了去知识论化的浪潮。70年代之后，罗

① PLANTINGA A. Warrant:The Current Debate[M].New York:Oxford University Press,1993:6.
② ARMSTRONG D. Belief, Truth, and Knowledge[M]. London:Cambridge University Press,1973:157.

蒂和威廉姆斯分别出版了《哲学和自然之镜》与《无根基的信念》两本重要著作,在这两本著作中,二人不仅完全否认了笛卡儿内在主义知识论或确证论的合理性,更把问题推向极致,宣称知识论已经死亡甚至哲学也已经死亡。他们认为,知识论的问题乃至哲学的问题都是伪问题,如果认清了这一点,知识论乃至哲学上的一切争论均会变得毫无意义①。由于罗蒂与威廉姆斯在当代英美哲学界的显著影响,去知识论的浪潮代表着当代知识论研究的一股重要逆流。

正是在这样的背景之下,以齐硕姆和邦久为代表的当代内在主义应运而生。这种新型内在主义激烈反对知识的外在主义以及去知识论化的倾向,他们极力要做到的就是把知识论的研究再次拉回到对确证本质的研究之上,并且力图捍卫传统知识论研究的合理性。与此同时,以戈德曼为代表的外在主义者也在捍卫知识外在主义立场的同时,进一步认同了确证研究的合理性。70年代后期,戈德曼等人一方面着力批判确证的内在主义,一方面明确提出了确证的信赖主义理解。

1980年,美国的《中西部哲学研究》(*Midwest Studies in Philosophy*)第五卷同期发表了邦久的《经验知识的外在主义理论》以及戈德曼的《确证的内在主义观念》两篇针锋相对的文章。这两篇文章第一次明确地把"内在主义"与"外在主义"限制在对确证的理解之上。在《经验知识的外在主义理论》一文中,邦久写道:"从西方知识论的传统看,外在主义代表着一种激进的偏离。似乎可以有把握地说,一直到现在,没有任何严肃的知识论哲学家梦想过提出这样的说法:某人的信念可以仅仅由于外在于他的主观观念的事实和关系而得到认识上的确证。"②戈德曼在《确证的内在主义观念》一文中,导入了"内在主义"一词。他写道:"传统知识论……一直由内在主义或自我中心论所主导。按照这种理解,知识论的任务是构建来自于内部,来自于我们自己个体的优越地位的信念原则或过程。用康德的话来说,'信念原则'不应当是'异质的'或听命于'外部'控制,它必须是'同质的',即我们能够有根据地赋予我们自己的规律。按照这种观点,'信念原则'的客观最优性并不能使它变得正确。仅当'信念原则'是在'内部核准的'状况下,它才能是正确的。"③在这两篇文章中,戈德曼和邦久二人独立并同时表达了确证的内在主义和外在主义的区别。在《经验知识的外在主义理论》一文中,邦久使用外在主义一词,意在批判确证的外在主义以论证内在主义的正确性;而在《确证的内在主义观念》一文中,戈德曼使用内在主义一词的目的恰恰相反,他使用内在主义一词意在批判内在主义确证论的错误,从而捍卫外在主义的正确性。不过可以肯定地说,就是这两篇文章的论争正式拉开了关于确证本质的内在主

① HUNTER B. Death of Epistemology[M]//DANCY J,SOSA E. A Companion to Epistemology. Oxford:Blackwell Publishers,1994:88.

② BONJOUR L. Externalist Theories of Empirical Knowledge[M]//KORNBLITH H. Epistemology:Internalism and Externalism. Oxford:Blackwell Publishers,2001:13.

③ GOLDMAN A I. The Internalist Conception of Justification[M]//KORNBLITH H. Epistemology:Internalism and Externalism. Oxford:Blackwell Publishers,2001:42-43.

义与外在主义论战的大幕,从此关于确证的内在主义与外在主义之争逐渐占据了当代知识论研究的中心舞台。

第二节 内在主义与外在主义之争的现状

80年代以来,由于内在主义与外在主义之争"触及知识论问题的中心"①,关系到知识论的合理重建,因此这场争论逐渐占据当代知识论研究的中心舞台不足为奇;但正如有的学者所说:这场争论"尽管参与者付出了巨大的努力,然而,似乎可以公平地说,眼前没有明白的结论——而且事实上就论证及反驳的力量来说,双方也极少有一致的见解"②。有的学者干脆指出:"很不幸,就何谓内在主义与外在主义有非常多的混乱。"③有的学者明确地说:"与其说内在主义与外在主义双方是相互对立的,倒不如说内在主义与外在主义之争更像是一场自由发表意见的论争。"④有的学者对这场争论做出总结:"一些人认为,这些理论完全互不相干。如果你是外在主义者,那么你必须戒除所有内在主义主张;反之亦然。其他人相信,这些关于传统理论与新的理论之间互不相容的说法完全建立在某种错误的二元划分之上。"⑤总而言之,对大多数参与者而言,当前的内在主义与外在主义之争毋庸置疑已经陷入了极其混乱的状态。

80年代后期,由于内在主义与外在主义之争陷入了芜杂迷乱的境地,一些学者一方面积极参与论争,一方面忙于正本清源的"划界"工作。比如,金吉贤(Kihyeon Kim)就是内在主义与外在主义之争划界工作的积极倡导者。在《知识论中的内在主义与外在主义》一文中,金吉贤借鉴了阿尔斯顿的理论观点,提出了划界的"多重标准复合论"(注:多重标准复合论是笔者的总结)。金吉贤在该文中开宗明义:"在当代知识论中,内在主义与外在主义区分是最广泛应用的各种区分之一,这种区分既应用于确证论也应用于知识论。"⑥在此基础上,金吉贤设定了三条区分内/外在主义的标准。第一条是"确证的理由标准"。金吉贤认为确证理论的差异关键在确证的理由之上,

① FUMERTON R. The Internalism/Externalism Controversy[J]. Philosophical Perspectives, 1998,2(Epistemology):443.

② BONJOUR L. Internalism and Externalism[M]//MOSER P K. The Oxford Handbook of Epistemology. Oxford:Oxford University Press,2002:234.

③ KIM K. Internalism and Externalism in Epistemology[J].American Philosophical Quarterly,October 1993,30(4):303.

④ HARPER W. Papier Mache Problems in Epistemology:A Defense of Strong Internalism[J]. Synthese,1998,116(1):29.

⑤ SWAIN M. Alston's Internalistic Externalism[J].Philosophical Perspectives,1988,2(Epistemology):461.

⑥ KIM K. Internalism and Externalism in Epistemology[J].American Philosophical Quarterly,October 1993,30(4):303.

如果主张信念确证的理由可以通过内省而得到,则这一理论就是理由内在主义;反之,该理论就是理由外在主义。根据这一标准,诸如阿姆斯特朗、德里茨克、诺齐克以及因果论时期的戈德曼都是外在主义者。第二条是"理由充分性标准"。金吉贤认为,仅凭理由标准对决定信念进行确证是不充分的,任何确证理论必须包括理由充分性标准,也即在判断某一信念是否确证时,必须判断该信念确证的理由是否充分。金吉贤认为,如果某一理论主张确证理由的充分性在于信念成真的客观概率,则这一理论就是理由充分性的外在主义;反之,如果某一理论主张确证理由的充分性在于信念者本人通过内省而得到的信念成真的概率,则这一理论就是理由充分性的内在主义。根据这一标准,金吉贤把戈德曼的过程信赖主义以及雷尔和邦久的一致主义定为外在主义,把齐硕姆、弗雷以及普洛克等人的理论定为内在主义。第三条是"基于关系标准"。金吉贤认为,信念主体拥有充分理由还不足以确证一个信念,信念确证还必须完全基于充分的理由之上(properly based on)。这样,判断某一确证理论的性质,就必须看这种"基于关系"是否可以通过内省而得到。如果某一理论并不要求内省,该理论就是关系外在主义;反之则为关系内在主义。根据这一标准,金吉贤把雷尔、弗雷以及邦久划为内在主义阵营,把戈德曼、费德曼和柯内划为外在主义阵营。金吉贤最后得出结论:内在主义与外在主义之间的划分只是一个程度问题。如果某一外在主义理论满足了以上三重标准,则该理论就是最强的外在主义;如果某一外在主义理论满足了以上两重标准,则该理论就是次强的外在主义。内在主义亦然。根据这种确证的"多重标准复合论",金吉贤把阿姆斯特朗、德里茨克、诺齐克以及知识因果论时期的戈德曼定为最强的外在主义者,把过程信赖主义时期的戈德曼定为次强的外在主义者;把弗雷定为最强内在主义者,把邦久定为次强内在主义者。

然而金吉贤的划界标准有着明显的缺陷。首先,金吉贤的划界标准把确证的内/外在主义和知识的内/外在主义混为一谈。其实,知识与确证虽然密切相关,但知识除确证这一条件之外,至少还包括真理与信念两个条件,因此谈论知识标准必须至少涵盖真理与信念两个条件,而确证标准只涉及确证条件自身,所以知识的划界标准虽与确证的划界标准密切相关但两者并不等同。其次,由于确证的内在主义与外在主义之争的正式展开始于戈德曼和邦久二人,因此对大多数知识论家来说,那一时期的戈德曼与邦久的思想分别代表"标准"的外在主义与"标准"的内在主义。虽然金吉贤根据所谓的"三元标准"承认了过程信赖主义时期的戈德曼与邦久分别是次强的外在主义者与次强的内在主义者,但毕竟在一定程度上他也认定了戈德曼的过程信赖主义是内在主义,以及邦久的一致主义是外在主义,如此一来,金吉贤的"三元标准"似乎有阉割历史事实之嫌。最后,金吉贤虽然设置了确证的三条标准,但上文分析指出,金吉贤在谈论三条标准时,均是以内省作为区分内在主义与外在主义的标准,显然在金吉贤的潜意识里内省较以上三个标准来说更为根本,也可以说,自始至终内省是金吉贤区分内在主义与外在主义的根本标准。但需要质疑的是:何谓内省?换句话说,内省是一个自明的内在主义标准吗?很显然这本身就存在着疑问。综上,金吉贤在辨析内在主义与外在主义之争时,使用的多重标准非但没有使争论明晰化,反而加剧了内在主义与外在主义之争的混乱局面。

除了金吉贤的"多重标准复合论"之外,齐硕姆等人把真理当作内/外在主义划界的标准。在《知识论》第三版中,齐硕姆这样写道:"根据'内在的'认知确证的传统观念,在认知确证与真理之间没有任何逻辑关联,某一信念可以是内在确证的但仍然是假的;这一结果对外在主义者来说是不可接受的,他感觉一个准确的认知确证理论应该展示认知确证和真理之间的某种逻辑关联。"①正是以真理作为衡量内在主义与外在主义的标准,齐硕姆把真理外在主义分为几种类型,并分别进行了抨击。

其实,齐硕姆的"真理划界论"也并非一个合适的划界标准,理由是:几乎所有的知识论家都把真理作为确证理论应当追求的终极目标。比如,邦久写道:"认知确证的典型特征就是和真理这一认知目的有着本质或者内在的关联。也就是说,某人的认知努力在认知上是确证的,当且仅当在一定程度上它们瞄向这一目标,这大致意味着人们只应接受,也唯有接受有好的理由没有问题。在没有如此理由的情况下接受一个信念,无论这种接受是来自于多么有吸引力的或多么有强制力的其他立场,这种接受均忽略了对真理的追求。人们可能会说,这种接受在认知上是不负责任的。我的观点是,为避免这种不负责任的情况,在认知上负责任的相信是认知确证概念的核心所在。"②阿尔斯顿指出:"在本篇论文伊始,我们就一直把真理导向性看作是认知确证的本质特征。"③雷尔认为:"如果 S 知道 p,那么 S 以某种不被虚假命题所击败的方式确证地接受 p……不被击败的确证提供了心灵与世界,接受与现实之间的某种真理关联。"④除此之外,就连齐硕姆本人在《知识论》第三版之前,也一直承认真理是确证的终极目标。在《认知的基础》一书中,齐硕姆写道:"在认知确证和真理之间有一种肯定的(positive)关联。首先,我确证地相信某一命题,当且仅当我确证地相信该命题是真的。其次,在认知确证和真理之间还有某种关联,但至于是何关联暂时还很难定论。就目前而言,我们可以这样说,如果我需要相信真的而不是假的东西,那么对我来说,最合理的就是相信确证的而非相信不确证的东西。"⑤等等。即如上述,如果真理是划分内在主义与外在主义的确定标准,则几乎所有的当代知识论家,当然也包括前期的齐硕姆本人都将成为确证的外在主义者,这显然是不可理喻的。因此从这个意义上讲,齐硕姆的"真理划界论"同样加剧了内在主义与外在主义之争的混乱局面。

---

① CHISHOLM R M. Theory of Knowledge[M].3rd ed. Englewood Cliffs,NJ:Prentice Hall,Inc.,1989:76.

② BONJOUR L. The Structure of Empirical Knowledge[M].Cambridge,MA:Harvard University Press,1985:8.

③ ALSTON W P. An Internalist Externalism[J].Synthese,1988,74(3):280.

④ LEHRER K. Theory of Knowledge[M].Boulder:Westview Press,1990:138-43.

⑤ CHISHOLM R M. The Foundations of Knowing[M]. Minnesota: University of Minnesota Press,1982:4.

笔者发现,内在主义与外在主义之争之所以愈演愈混乱,还有一个至关重要的因素,也即,在立论或反驳时,几乎所有的知识论家均运用了"直觉"(intuition)这一"潜在"标准。换句话说,正是这一人人皆诉之于的"潜在"标准,使得内在主义与外在主义之争愈演愈乱。据笔者统计,几乎所有的知识论家在论证自己的观点时,都会批判对方的观点违反了直觉,从而反证自己观点的正确性。比如,邦久在反驳外在主义观点时说:"我对这种……僵局的解决方案,是尽可能地把僵局推向直觉层面。通过考虑一系列的例子,我将……最终清楚地展示在认知合理性上外在主义所违反的根本直觉。尽管这种直觉可能不会对外在主义构成决定性反驳,我认为它足以把举证之负完完全全地落在外在主义之上。"①阿尔斯顿在为内在主义的把握性要求辩护时说:"我发现,人人都会有强烈的直觉支持某种认知确证的把握性要求。……为什么有这些直觉?为什么对确证有某种把握性要求?难道这只是这个概念的基本组成部分?或者它来自其他更基本的组成部分?我自己看不出这个概念从何而来,因此我并不尝试着去证明这种确证的把握性要求。"②在论证信赖主义时,戈德曼说:"我认为这些答案都是错误的。无论如何,这些答案似乎都没有满足我们关于确证的直觉。"③"读者们现在能够明白,在恶魔例证中正常世界的可信赖性解释是多么自然地符合我们的直觉。"④奥笛在谈论信念确证与境遇确证的差别时说:"这仍然是重要的,而且它足以解释这种起关键作用的直觉,也即,我们拥有重要的认知权利,并且,在我们的信念拥有经验基础的前提下以及在我们拥有理由相信它的意义上,我们可以相信由这些直觉所保证的命题。"⑤斯密特为了处理"过程一般性问题"(注:内在主义者一般把该问题当作是对外在主义的根本挑战),写道:"我们能以直觉感受到哪些过程是相关的……我们通过检查明白主体正在进行哪种推理过程,比如,这种归纳是否来自于足够多的能够断定结果的例证……在知觉信念的情形下,我们检查哪种环境条件是否达到——是阳光明媚还是大雾满天——并且主体在知觉时是细心和专注的还是匆匆而过或漫不经心的。"⑥德里茨克在提出确证的权利学说时说:"作为一个知识外在主义者,以及一个主张予人以权利相信的人,我被信赖主义所吸引;但这仅仅在一般意义上,因为我对何时应当赋予接受 p 为真的权利也有一种强烈的内在主义直觉,并且这种直觉并不和以上粗朴的毫不妥协的信赖主义保持一致。"⑦等等。

———————————

　① BONJOUR L. The Structure of Empirical Knowledge[M].Cambridge,MA:Harvard University Press,1985:37.

　② ALSTON W P. An Internalist Externalism[J].Synthese,1988,74(3):272.

　③ GOLDMAN A I. Epistemology and Cognition[M].Cambridge:Harvard University Press,1986:107.

　④ GOLDMAN A I. Epistemology and Cognition[M].Cambridge:Harvard University Press,1986:109.

　⑤ AUDI R. Causalist Internalist[J].American Philosophical Quarterly,October 1989,26(4):318.

　⑥ SCHMITT F. Knowledge and Belief[M].London:Routledge,1992:141-142.

　⑦ DRETSKE F. Entitlement:Epistemic Rights Without Epistemic Duties? [J].Philosophy and Phenomenological Research,May 2000,LX(3):595.

　　在笔者看来,内在主义与外在主义双方运用"直觉"这一潜在标准进行论辩时,之所以会造成更加混乱的局面,原因在于直觉的性质本来就存在疑问。如果直觉属于外在主义的认知手段,无疑内在主义运用直觉批判外在主义的理论前提本身就是错误的;反之,如果直觉属于内在主义的认知手段,则外在主义假以直觉批判内在主义也必犯了同样的错误。但遗憾的是,无论是内在主义者还是外在主义者均没有在理论上事先界定直觉的本质。在所有的当代知识论家看来,"知觉"、"记忆"、"内省"、"反思"以及"经验"等才是真正需要界定的东西,而极少有知识论家提及直觉究为何物。正是这一理论前提的缺失,使得论证双方的反驳只能建立在或然的基础之上,也正是这一或然的基础,使得内在主义与外在主义之争愈加混乱。

　　综上所述,我们可以得出这样一个结论:当前的内在主义与外在主义之争已经陷入极其混乱的状态之中,各种各样的划界标准并没有起到应有的效果。尽管如此,这并不意味着内在主义与外在主义之争的混乱状态无法梳理。笔者以为,只要误解得到澄清,我们依然可以在内在主义与外在主义之间找到根本的分歧。而且在笔者看来,前文所述已经为我们的梳理工作做了充分准备。首先,我们已经完成了溯流从源的工作,至少初步明白了传统内在主义的基本内涵,以及内在主义与外在主义之争的深层因由。其次,我们已经明确地把内在主义与外在主义之争限定在关于确证的本质之上,这也进一步简化了内在主义与外在主义争论的空间,真正地把内在主义与外在主义之争放在共同的基础之上。再次,我们通过对诸如真理等错误的划界标准的批判,明确了真理是内在主义与外在主义共同追求的终极目标,反驳了有些内在主义者或外在主义者在真理问题上大做文章的做法。最后,我们剖析了内在主义与外在主义双方共同陷入的"直觉"误区,更进一步揭去了障碍内在主义与外在主义之争的山屏雾帐。总之,在做好以上外围工作的基础上,我们有理由从根本上把握内在主义与外在主义之争的关键所在。

第二章

内在主义与外在主义的划界

如前所述,20 多年来,尽管内在主义与外在主义之争吸引了愈来愈多知识论家的注意力,但内在主义与外在主义之争却陷入了极端混乱的状态,这种混乱不仅体现在"内在主义"与"外在主义"的概念至今还没有明确的界定上,而且体现在内在主义与外在主义之争的根本分歧仍然没有得到明确清晰的表达上。本章就将尝试对内在主义与外在主义进行理论划界以及概念界定。

第一节 内在主义与外在主义划界的原则

要完成内在主义与外在主义的划界及概念界定工作,必须坚持"立足当代、重视历史、整体透视、变中求定"的十六字原则。内在主义与外在主义之争之所以陷入混乱状态,其深层动因就在于当代许多知识论家犯了"遗忘历史、模糊当代、偏执一端、误读流变"的错误。

"立足当代"指的是,内在主义与外在主义之争虽然有着深层的历史因由,但毕竟内在主义与外在主义理论无论在内涵、外延还是在分析技术的复杂性上都与传统的确证理论有较大差异,这尤其表现在虽然当代内在主义是对传统内在主义在一定程度上的继承,但当代内在主义又极大地发展了传统的内在主义。如此一来,在对内在主义与外在主义进行划界之时,要求"立足当代"主要是对内在主义与外在主义之争的当代语境进行强调。当然,强调"立足当代"并非要遗忘历史,笔者以为,只有"重视历史",才能准确客观地把握内在主义与外在主义之争的现实。

"重视历史",这里有两层意思。一层指重视内在主义与外在主义产生的历史。换句话说,内在主义与外在主义在 20 世纪 80 年代是以一对欢喜冤家的面目出现的,当代内在主义是对传统内在主义的继承与发展,外在主义主要是对当代内在主义的批判与反驳,重视这一历史就是要求在对内在主义与外在主义之争进行解读之时,最好以当代内在主义作为参照系,同时把外在主义作为其对立面来看待。"重视历史"

的另一层意思指,虽然当代内在主义极大发展了传统的内在主义,但它毕竟成长于传统内在主义的"母腹"之中,这样一来,内在主义与外在主义之争似乎又表现为传统与现在之争。重视这一历史就是要求,在对内在主义与外在主义之争进行分析时要时刻把握历史关联,尤其是当代内在主义与传统内在主义的历史关联,只有如此,才不会犯"遗忘历史、模糊当代"的错误。

"整体透视",其实是对"立足当代"以及"重视历史"原则的进一步延伸,它主要是针对部分知识论家"偏执于一端,而忘其余"的错误划界标准而言的。它强调,在对内在主义与外在主义进行划界时,要高屋建瓴,要能够在复杂的表象中"透视"论争的关键,而不要犯盲人摸象、一叶障目的错误。由于部分知识论家既缺乏历史的蕴藉,又喜好标新立异,在对内在主义与外在主义的认识上他们或剑走偏锋,或执于一端,这些都严重妨碍了对内在主义与外在主义之争的正确认识。为此,在对内在主义与外在主义进行划界之时,必须宏观透视,立体把握,尽可能地从全局、从整体出发把握内在主义与外在主义的基本特征。

至于"变中求定",它指的是,在对内在主义与外在主义进行划界之时,既要以当代知识论家的立场观点为基础,同时又要超越他们的立场观点,在变中求不变的东西。之所以强调变中求定,是鉴于在这场无休止的争论过程中,当代知识论家中极少有人能够自始至终保持立场观点连续一贯的现实。就争论的现状而言,无论当初自称是坚定的内在主义者还是坚定的外在主义者,随着论争的不断推进他们都悄然改变了自己的立场观点,这一改变使得内在主义和外在主义在当前表现为逐渐合拢的趋势;不仅如此,在这场争论中,标榜融合内在主义与外在主义两种成分的混合主义也日渐凸显出来。正是鉴于这一现实,在对内在主义与外在主义划界之时,如果不能准确地把握内在主义与外在主义的本质特征,做到变中求不变,就势必出现诸多缠绕不清、混乱不堪的现象,比如当代的划界标准中时常出现的或把某一知识论家既理解为外(内)在主义者,又理解为内(外)在主义者;或把某一知识论家理解为强、较强、弱的外(内)在主义者的多重复合体等现象。为此,我们强调在对内在主义与外在主义进行划界之时既要重视这场论争不断演化的现实,又不能受其所拘;正所谓"不畏浮云遮望眼",要能够在不断流变的现实中把握内在主义与外在主义之争本质的东西。

以上是对内在主义与外在主义划界原则的简单概括,虽然这些原则略显空疏,但它们为我们的划界及概念界定工作提供了重要的分析思路:(1)必须在不断流变的现象中把握内在主义与外在主义的本质;(2)必须从整体上把握内在主义与外在主义的基本特征;(3)要完成准确划界及概念界定工作,必须首先把握内在主义的基本特征;(4)要把握内在主义的基本特征,必须从分析传统内在主义基本思想出发。只有本着这样的分析思路,我们才有可能完成对内在主义与外在主义的准确划界以及概念界定工作。以下就让我们来详尽分析传统内在主义的基本思想。

第二节　传统内在主义的基本思想

关于传统内在主义的基本思想,引言中已略有提及,但那里只是背景介绍,因此该处所涉及的传统内在主义比较简略,不足以引导我们进行更加深入的理性探讨。在当代英美知识论家中,普兰廷加对传统内在主义的基本思想作过最为详尽的最为深刻的挖掘与论述,下面笔者就将沿着普兰廷加的思路对传统内在主义的基本思想作以分析。

普兰廷加认为,笛卡儿和洛克是传统内在主义的思想之源,二人堪称传统内在主义的双子星座[①]。

普兰廷加指出,作为传统内在主义鼻祖,笛卡儿与洛克最主要的贡献就是提出了义务论的或曰道义主义的确证理论。普兰廷加认为,笛卡儿与洛克的义务论论述在他们关于知识研究的文献中可以找到清晰的根据。在《沉思录》中,笛卡儿探索了错误的根源,他指出:"当我没有充分清楚明白地感知某一事物时,我不去对其遽下判断,那么显然我的行为是正确的,……但是,如果我决定肯定或者否定它,那么我就不再像我应该做的那样去使用我的自由意志了;如果我肯定了不是真的东西,那么很明显我欺骗了我自己;即使我根据真理去作判断,这也不过是碰巧正确而已,我仍然无法逃脱误用自由意志的谴责。因为自然之光告诉我们,理解的知识应该永远先在于意志的决定。构成错误本质的形式就在于不正确地使用了自由意志。"[②]

普兰廷加说,从以上引文可以看出,笛卡儿认为,错误应归咎于对自由意志的误用,而误用自由意志是有过失的,是应当受到责备的。在笛卡儿看来,除非我们已经充分清楚明白地发现了某一事物,在此之前不对其进行断定是我们的责任或者义务,这种义务是自然之光教给我们的。根据笛卡儿所说,确证是我们权责之内的事,是不违反认知义务,是做应该做的事。除非我们已经充分清楚明白地感知某一事物,否则我们就应遵守我们的义务不做断言;如果我们以此来规范我们的信念,那么我们就是确证的。

普兰廷加指出,在《人类理解论》中,洛克也清楚地论述了认知的义务论。他写道:"信念不过是心灵的一种坚定的同意:作为我们的义务,如果它不能基于好的理由得到规范,它是不能够赋予任何事物的。所以信念是不能和理性相反。如果某人在没有任何理由的情况下轻易相信,那么,他可能只是喜好他自己的幻想。他既没有

①　PLANTINGA A. Justification in the 20th Century[J]. Philosophy and Phenomenological Research,Fall 1990,L(Supplement):49.

②　DESCARTES. Meditation 4[M]//HALDANE E S,ROSS G R T. Philosophical Works of Descartes[M].New York:Dover,1955:176.

像他应该做的那样追求真理，也没有向赋予其识辨官能以使他免于失误或犯错的造物主表示恭敬。如果某人并没有尽其所能来运用这些能力，即便他有时得到了真理，那么他之正确也只是出之偶然。而且我不知道偶然的幸运是否可以作为他的行为的不规则的借口，但有一点是肯定的，那就是他必须对他所犯的任何错误做出解释。与之相反，如果某人应用了上帝赐予他的光与官能，并且他依赖这些帮助与能力潜心于发现真理，那么他作为一个理性之物就会为尽到义务而得到满足。而且即便他错失了真理，他依然不会错失真理的回报。因为如果他无论在何时何地都依赖他的理性来指导相信与不相信，则他已经有效措置好自己同意的权利，已经把同意放到了应该放置的地方。而如果他行事与之相悖，那么他就僭越了自己的权利，误用了上帝赐予他的能力……"①

在普兰廷加看来，洛克的这段话明显肯定了认知义务的存在。因为，洛克要求心灵的坚定同意只能基于好的理由，这是人类这种被造者的责任。洛克还指出，遵守这些责任或义务是我们权责之内的事。它要求我们只能做被允许做的事，不应当做会遭到责备或非难的事；总之，不违反义务，去做义务上所许可的事，则我们的行为就是正当的。

普兰廷加还进一步分析了洛克的义务论与笛卡儿的义务论趋向上的差别，但普兰廷加认为，虽然笛卡儿与洛克二人的义务论的趋向有所不同，但他们的义务论在信念确证上却是一致的，也即，对笛卡儿和洛克二人来说，信念的确证都在于对认知义务的履行。

普兰廷加对笛卡儿和洛克的义务论进行了总结，他指出，"正是这种确证的义务论导致了内在主义的产生：义务论蕴涵内在主义"②。为了支持这一论点，普兰廷加进而引出了传统内在主义的三个重要命题。

普兰廷加说，根据笛卡儿与洛克的观点，显然在他们的心目中，这种认知义务首先是表现在主观上，因为他们都把这种义务理解为过失以及无辜，责备以及不应受责备。在这种情况下，可以引出内在主义的第一命题：

M1.认知确证（也即主观上认知确证，认知上不受谴责）完全取决于我并且处在我的能力范围之内③。

普兰廷加分析指出，内在主义的主观确证所要求的就是尽自己的主观义务，以及不受谴责地去行为。所有我能做的都是义务所要求的，而且假定"应该"暗含"能够"，则我就保证做到这些。所以，确证完全取决于我，是否确证完全在我的掌控之中。

---

①　LOCKE J. An Essay Concerning Human Understanding[M]. New York：Dover，1959：413-414.

②　PLANTINGA A. Justification in the 20ᵗʰ Century[J]. Philosophy and Phenomenological Research，Fall 1990，L（Supplement）：52.

③　PLANTINGA A. Justification in the 20ᵗʰ Century[J]. Philosophy and Phenomenological Research，Fall 1990，L（Supplement）：55.

普兰廷加认为,根据笛卡儿和洛克的观点,很显然,他们所谓的义务同样也指客观义务,这种客观性主要表现在对真理的追求、对错误的避免上。而这种客观义务来自于自然之光或上帝这一人类造物主的恩赐。以此为基础,普兰廷加引出了内在主义的第二命题:

M2.对于大的、重要的而且是基本类别的认知义务来说,主观和客观的义务是重合的,客观上要求你必须做的,与那些如果你不做,就会犯错误,并会受到谴责的东西是相符的[①]。

在以上两个命题的基础上,普兰廷加最后引出了内在主义的第三个重要命题。他说,根据笛卡儿和洛克的观点,我对某一信念是否确证的,而且确证者是什么是有某种有保证的把握的:我不能不受责备的,但却错误地相信某一信念是确证的或者拥有使其确证的性质。普兰廷加认为,这就是内在主义第三命题的根源。因为,只有我的某种状态和性质,才可以被合理地认为是我能够把握的。也正是因为这些状态内在于我,因此,这种内在主义又可称为"个人内在主义"。

综上所述,在普兰廷加的分析中,传统内在主义包含三重基本内涵。第一重是义务论,义务论是传统内在主义存在的理由。第二重是把握性要求,传统内在主义主张要对信念的确证者有某种特殊把握,而且这种把握是绝对的,是完全由我所掌控的。第三重是内在状态要求,它要求信念的确证者必须是我的内在状态,因为只有我的内在状态才有可能被我所完全掌控。

第三节　当代内在主义的基本特征

以上我们完成了内在主义的"考古"工作,明白了传统内在主义的三重基本内涵,事实上,当代内在主义尽管千头万绪,但它和传统内在主义之间依然表现出了十分明显的家族类似的特点。具体言之,当代内在主义依然体现为义务论、把握要求以及内在状态要求三个基本的特征。当然,当代内在主义也并非亦步亦趋地步着传统内在主义的后尘,这主要表现在,首先,当代内在主义在分析的深度、广度乃至分析技术的复杂性上都远非传统的内在主义可以比拟;其次,当代的内在主义者也并非都是纯粹的"义务论"、"把握主义"与"内在论"三元合一论者,不同的内在主义者对以上三个特征持有不同的意见,可以说,如果传统内在主义主要表现为三元合一的单一样态,那么当代内在主义出现了多种多样的表现形式。正是因为当代内在主义体现出了以上复杂特点,这也使得内在主义与外在主义之争的表现样态复杂多样,也同时使我们的划界工作变得异常艰难。不过,我们相信,在对当代内在主义的理解上,只要把握了

---

① PLANTINGA A. Justification in the 20th Century[J]. Philosophy and Phenomenological Research, Fall 1990, L(Supplement):56.

以上三元特征,我们依然把握了当代内在主义的要旨所在,以下是我们对当代内在主义三元特征的具体分析:

一、义务论与内在主义

认知确证的义务论依然是当代内在主义的最基本特征,对几乎所有重要的当代内在主义者来说,认知确证的义务论都是内在主义的逻辑前提。正因如此,认知确证的义务论成为当代内/外在主义之争的焦点之一。

先从邦久说起。在《经验知识的外在主义理论》一文中,邦久明确提出了确证的义务论,并以此作为反驳基础主义与外在主义的理论武器。邦久这样写道:"从根本上说,认知确证的概念是一个规范概念。着眼于认知或理智的观点,它和某人有责任或义务做某事有关。正如齐硕姆所建议的那样,某人的纯粹的理智义务是接受真的或有可能成真的信念,拒绝假的或有可能成假的信念。基于某个前提接受某个信念如果违反了认知义务,人们可能会说,他是不负责任的;尽管这种接受可能是希望得到的或屈从于某一非认知的立场。"①在《经验知识的结构》一书中,邦久把义务论提到认知确证的核心位置。上文已经提到,邦久指出:"认知确证的典型特征就是和真理这一认知目的有着本质或者内在的关联。也就是说,某人的认知努力在认知上是确证的,当且仅当在一定程度上它们瞄向这一目标,这大致意味着人们只应接受,也唯有接受有好的理由认为成真的信念。在没有如此理由的情况下接受一个信念,无论这种接受是来自于多么有吸引力的或多么有强制力的其他立场,这种接受均将忽略了对真理的追求。人们可能会说,这种接受在认知上是不负责任的。我这里的观点是,为避免如此不负责任,在认知上负责任地相信是认知确证概念的核心所在。"②

再看齐硕姆。齐硕姆一直把义务论当作知识论的核心概念。在不同场合,齐硕姆表达出对义务论的略有不同的理解。在《认知的基础》一书中,齐硕姆写道:"根据这种一般要求,认知合理性能够被理解为努力获得最大可能的、逻辑上独立的信念集合。其中,真信念要远远超过假信念。"③在《知识论》第二版中,齐硕姆进一步指出:"我们可以假定,每一个人都从属于某个纯粹的理智要求:尽自己最大的努力去达到这样一个结果,即,对于他所考虑的命题 p,当且仅当命题 p 为真,他才接受 p。人们会说,这就是作为理智存在者的人的责任或义务。……因此,一种对语句'对 S 在 t 来说,p 比 q 更合理'的再表述应当是,'在 t 的情境下,S 作为一个理智的存在者,他的理

①　BONJOUR L. Externalist Theories of Empirical Knowledge[M]//KORNBLITH H. Epistemology:Internalism and Externalism. Oxford:Blackwell Publishers,2001:12.

②　BONJOUR L. The Structure of Empirical Knowledge[M].Cambridge,MA:Harvard University Press,1985:8.

③　CHISHOLM R M. The Foundations of Knowing[M]. Minnesota:University of Minnesota Press,1982:7.

智要求、他的责任通过 p 比通过 q 能够更好地得到履行’。”①

除邦久和齐硕姆之外，许多自称是内在主义者的知识论家都强调了义务论之于内在主义的逻辑地位。

斯度帕(Matthias Steup)写道：“我对确证因素施加直接把握限制的理由是，我认为认知确证的概念是一个义务论的概念。我相信在下列意义上认知确证类同于道德确证：两种确证都属于义务概念的家族，这些概念包括允许、禁止、义务、责备以及责任。……一个信念在认知上是确证的，它一定是认知上所允许的，而且是主体不能被正当责备的，或者主体不能被迫放弃的。”②斯度帕甚至在下文更加明白地说：“如果人们把认知确证的概念当作义务论的并且因此视认知确证为责任之事，则确证因素必须限制在基于反思直接把握的内在主义之上，这是一个不可避免的结果。”③

在《内在主义与认知负责任的信念》一文中，约翰·格里孔(John Greco)写道：“我将提出一种与众不同的认知确证理论，它也可以被正当地贴上内在主义的标签，并且它被一个责任主义的概念所支持。……责任主义概念把认知责任作为信念确证的中心。认知责任因而被理解为认知义务或道义，因此，这个宽泛的确证概念也可以叫作‘认知确证的义务论概念’。”④

与格里孔相类似，哈米德·瓦希德(Hamid Vahid)在《内在主义与外在主义：一场关于认知的长久争论》中说：“迄今为止，支持内在主义的最强论证即是这样一种论证，该论证把认知责任当作信念确证的中心。既然认知责任一般被理解为义务或道义，相应地，确证概念通常被贴上义务论的标签。……只要他在认知上不是疏忽大意的，那么就应允许他持有相关信念，这样，免于责备就构成了信念的确证。”⑤

我们还可以看到，一些自称或被公认为主张混合主义的知识论家也指出了义务论之于内在主义的重要性。

比如，索萨在《怀疑主义与内/外在划分》中说：“义务论，认知确证以及内在主义据说是紧密相连的，而且齐硕姆的内在主义已经根据这种联系得到解释。”⑥

阿尔斯顿明确地把义务论当作内在主义的最强论证。他写道：“这个论证链条是怎样超越了单纯地展示内在主义直觉？它是靠某种特殊的确证概念作为直觉的根基

————————————

　① CHISHOLM R M. Theory of Knowledge[M].2nd ed. Englewood Cliffs,NJ：Prentice-Hall，1977：14.

　② STEUP M. A Defence of Internalism[M]//POJMAN L P. The Theory of Knowledge：Classical & Contemporary Readings. 2nd ed. California：Wadsworth Publishing Company，1999：375.

　③ STEUP M. A Defence of Internalism[M]//POJMAN L P. The Theory of Knowledge：Classical & Contemporary Readings. 2nd ed. California：Wadsworth Publishing Company，1999：375.

　④ GRECO J. Internalism and Epistemically Responsible Belief[J].Synthese，1990，85：246.

　⑤ VAHID H. The Internalism and Externalism：The Epistemization of an Older Debate[J].Dialectica，1988，52(3)：230-231.

　⑥ SOSA E. Skepticism and the Internal/External Divide[M]//GRECO J，SOSA E. The Blackwell Guide to Epistemology. Oxford：Blackwell Publishers，1999：148.

做到这一点的。也即,它使得认知确证成为主体的规范情境之事,成为主体的信念如何与相关的认知规范、标准、责任、义务等等保持关联之事。如果 S 相信 p 不违反相关的认知义务,就应允许他相信 p,他不能因那样做而遭致正当谴责,他完全有权利相信那个信念,他那样做是绝对没有过错的。让我们就把它叫着认知确证的'义务'概念吧。"①

当然,除了以上自认或公认的内在主义者以及混合主义者的论述之外,在一些自认或公认为外在主义者的著作或文章中,我们可以更加清晰地看到义务论与内在主义的逻辑关联的论述。

比如,在文章《显露的内在主义》中戈德曼说:"我将聚焦于内在主义以及它的最突出的原理,揭示位于内在主义核心的根本问题,并且挑战它的最流行的原理的可行性。"②戈德曼把这种所谓的、得到广泛支持的内在主义原理分解为三步:"(1)首先假定'指导－义务'的确证概念。(2)对确证者的限制出自于'指导－义务'的概念,这个限制即,所有的确证者必须是认知主体能够把握或知道的。(3)把握或知道的限制暗示着,只有内在状况才有资格作为合法的确证者,所以确证必须是纯粹的内部事务。"③这里,戈德曼十分明确地把义务论作为内在主义的逻辑前提。

再比如普兰廷加,如前所述,在《20 世纪的确证》一文中,普兰廷加论证了义务论与传统内在主义的逻辑关联,在其所写的三部曲的第一部《保证:当代争论》中,普兰廷加说:"首先注意,基本的洛克－笛卡儿式的、把确证当作认知责任或义务履行的观念,当然直接地反映在所有那些人(比如,邦久、柯内、考恩布利斯以及特别著名的齐硕姆)的著作中。这些人把确证视为认知责任或义务的完美履行。这个认知确证的义务论概念是认知确证的基础和根本的概念,其他认知确证的概念均是通过类比扩张源于这个概念。义务论确证的概念是最流行的确证概念。"④要指出的是,普兰廷加这里所说的几位知识论家,除考恩布利斯之外均自称为内在主义者。依此而论,在普兰廷加眼里,当代的内在主义的逻辑前提仍然为义务论。

还有斯密特(Frederick Schmitt)。在批判视角内在主义的文章《认知视角主义》中,斯密特写道:"视角主义者事实上已经尝试着去锁定一个形式概念并且从这个概念推出视角内在主义。我想从这种观念开始,……即,重复主义(视角内在主义的一种——笔者注)能够从作为认知负责任的确证的信念概念中推导出来,或者它就是来

---

① ALSTON W P. Internalism and Externalism in Epistemology[J]. Philosophical Topics, Spring 1986, XIV(1):192.

② GOLDMAN A I. Internalism Exposed[M]//KORNBLITH H. Epistemology: Internalism and Externalism. Oxford: Blackwell Publishers, 2001:207.

③ GOLDMAN A I. Internalism Exposed[M]//KORNBLITH H. Epistemology: Internalism and Externalism. Oxford: Blackwell Publishers, 2001:207-208.

④ PLANTINGA A. Warrant: The Current Debate[M]. New York: Oxford University Press, 1993:25.

自于负责任的认知。"①显然,在斯密特看来,内在主义也一直被认为来自于确证的义务论。

综上所述,我们有理由认为,义务论仍然是当代内在主义的最基本特征,也即,当代内在主义仍然承继着洛克—笛卡儿式的传统内在主义的衣钵。但必须指出的是,虽然我们可以大体说,确证的义务论是当代内在主义的最基本特征,但这一观念并没有得到所有当代知识论家的认同,即便是内在主义阵营之内,也有一些不和谐的声音出现。这表现为,一些自称为内在主义者的知识论家就反对内在主义与义务论具有逻辑关联这一普遍的看法。

比如,柯内与费德曼在一篇论战性的文章《内在主义辩护》中写道:"近来,内在主义在知识论中名声正趋于变坏,外在主义处于上升势头。这部分因为内在主义被假定为已经出现了不可克服的问题,我们承认这一趋势。但在我们看来,这些被假定的问题构不成对内在主义的严重威胁,而且新近的批评并没有触及内在主义的真正令人信服的论证。"

"我们的目标是反驳对内在主义的指控。我们提出在我们看来是理解内在主义与外在主义的最佳方式。我们还要提出对内在主义的一个新的论证。我们继续考查并拒斥这样一种对内在主义的辩护,即它假定了认知确证是一个义务论的概念,这样,内在主义就可以从被我们认为是可疑的义务论的支撑架上解放出来。"

"根据我们的观点,内在主义的基本力量在于某个特殊的内在主义理论:证据主义。它主张认知确证完全是内在证据之事。"②

除柯内与费德曼之外,富梅顿(Richard Fumerton)虽然自认是内在主义者,并明确反驳了外在主义。但他一贯反对把认知确证和规范挂起钩来,更遑论确证的义务论。1988年,在《内在主义与外在主义之争》一文中,富梅顿写道:"认知术语的义务论分析可能至少和典型的外在主义并不相容,但作为一个内在主义者,我当然不想被人说成为认知概念作义务论辩护。"③在1995年出版的《元知识论与怀疑主义》一书中,富梅顿重点批判了确证的规范论。富梅顿说:

"刻画某人在认知上是确证地或理性地,非确证地或非理性地相信p,本身并不是就有关他应该相信什么去作任何道德的或审慎的断言。不是去表扬或责备某人拥有了某个信念,我认为甚至不是去表扬或责备那个信念。"④

① SCHMITT F. Epistemic Perspectivism[M]//KORNBLITH H. Epistemology:Internalism and Externalism. Oxford:Blackwell Publishers,2001:186.

② CONEE E,FELDMAN R. Internalism Defended[M]//KORNBLITH H. Epistemology:Internalism and Externalism. Oxford:Blackwell Publishers,2001:231.

③ FUMERTON R. The Internalism/Externalism Controversy [J]. Philosophical Perspectives,1998,2(Epistemology):452.

④ FUMERTON R. Metaepistemology and Skepticism[M].Lanham,MD:Rowman & Littlefield Publishers,1995:20.

富梅顿对确证的规范性理解的批判是从规范的本质开始的。他认为,无论怎样解释规范都将面临无法克服的难题。针对把规范理解为"价值"术语的解释,富梅顿认为,他并不反对"应当"是个价值术语,但这个词有太多的模糊。富梅顿相信,我们有许多种方式来谈论主体应当做或相信什么,在没有能够给出"应当"一个准确定义之前,任何对认知判断所做的规范性解释都是注定要失败的。为了给出"应当"一个合理界定,富梅顿建议,首先我们应该弄清楚不同意义的"应当"有着不同的目的。比如,当我们说道德上的"应当"时,我们认为其目的就是道德上的善事的实现。当我们谈论认知上的"应当"时,富梅顿说,其唯一的目的就是相信真的而避免相信假的。在富梅顿看来,求真避假的确可以算得上是认知确证的目的,似乎这也是一个比较合理的认知规范的解释,但他相信可以证明该种说法仍然是错误的。

富梅顿沿用当代知识论家的常用手法举了一个例子,并以此证明了上述关于认知确证的规范解释并不成立,例子如下:

一个本不相信上帝存在的科学家为了进行一项研究,试图从某一宗教机构得到一笔资助。然而该宗教组织的领袖并不想给予这位科学家必要的资助,除非他们相信该科学家信仰上帝。从认知上说,该科学家不应相信上帝的存在,换句话说,相信上帝存在的信念是非确证的。进一步假定,如果该科学家要让该宗教组织的领袖相信他信仰上帝的唯一的方式,就是他的确相信上帝存在。那么,在这种情况下,如果求真避假是科学家的真实想法,如果该项资助能够帮助科学家达到科学研究的目的,科学家应该相信上帝的存在,但根据假定,这个信念在认知上却是非理性的。

富梅顿由此得出结论,既然求真避假是认知确证的唯一目的,科学家的信念就应当是始终如一的。既然在认知确证上存在以上二元悖论,则认知确证的上述理论以及包括所有关于认知判断的规范性描述皆是错误的。

除了柯内与费德曼以及富梅顿的反义务论的论述,普洛克(John L.Pollock)也表达了对确证的规范论或义务论的温和的反对。在《认知规范》一文中,普洛克提出了一种关于认知确证的自然主义的内在主义设想。他写道:

"这篇文章的主要目的,是为一种完整的内在主义辩护。在我看来,现有内在主义理论的最大问题就是它们均不完整。尽管它们可能对我们的一些认知规范给出了正确的描述,但它们并没有能够提出系统的确证理论。它们没有告诉我们确证是什么,并且它们没有解释我们为什么会存在认知规范。这些反对现在可以迎刃而解了,认知确证就在于信念符合正确的认知规范。但正如我们所看到的,我们的认知规范由概念组成,因此我们实际的认知规范必然正确。所以,我们能够给出如下绝对完整的确证理论:

'某人的信念是确证的,当且仅当他持有该信念是符合他自己的认知规范。'

这是一个自然主义的认知确证分析。推理是一个自然过程,它是那种我们能够知道如何做的事情。说我们知道如何做是说它受规范的制约。根据定义,我们的认知规范是对我们的推理进行制约的规范。这是一个对'认知规范'的自然主义的定义,相应地,上述关于认知确证的分析是非循环的和自然的。当然,我并没有对形成这些定义基础的制约过程给出一个有助益的逻辑分析,但对这种分析本也不应有所期望。这是一个我们在操作中就可以观察到的自然过程,其本质可以通过心理研究得以澄清。但必须强调,这里能够被期望的澄清指的只能是经验意义上的澄清。"①

从普洛克的引述中可以看出,普洛克本人虽坚持认为他本人是纯粹的内在主义者,但事实上,他的认知确证的规范理论已经远远偏移了前面我们所归纳的确证的义务论。

关于反义务论的所谓的内在主义论述,其实还可以举出一些。比如后期的齐硕姆、后期的邦久等人都表达过对义务论的反驳。不过,我们这里要指出的是,尽管存在这样一些反义务论的观点,但这些反义务论倾向并不能动摇我们关于确证的义务论是当代内在主义最基本特征的结论。因为,从这些观点提出的时间可以看出,这些不谐之音大都发生在20世纪80年代后期以及90年代。而这一时期正是内在主义表现为向外在主义妥协之时,这种以牺牲义务论而保留内在主义的做法,本身已经进一步彰显了当代内在主义的困境,已经丧失了内在主义的真谛。因此根据前面我们提出的"整体透视,变中求定"的划界原则,我们仍然有理由说,当代内在主义的最基本特征仍然是确证的义务论。

二、把握性要求与内在主义

如果说认知确证的义务论依然是当代内在主义的最基本特征,是内在主义与外在主义争论的焦点之一;那么当代内在主义对确证者把握的强调,则依然是当代内在主义最本质的要求。正因如此,内在主义的"把握性要求"成为内在主义与外在主义之争的主战场。

首先,让我们看一看一些公认为或自认为是外在主义者的知识论家对内在主义的表述。

戈德曼在《强与弱的确证》一文中说:"'内在主义'与'外在主义'两个术语并非被人广泛接受的定义。内在主义可能是这样一种观点,即,你是否确证地相信某个命题,是你从内在视角或者仅凭借直接反思就可以直接把握的。"②

普兰廷加在《保证:当代争论》一书中写道:"知识论中的内在主义的基本要点因此是,赋予信念以保证性质的,是一些信念者对它们具有某种特殊的认识上的把握。"③

① POLLOCK J L. Epistemic Norms[J].Synthese,1987,71:84-85.
② GOLDMAN A I. Strong and Weak Justification[M]//CRUMLEY II J S. Readings in Epistemology. London:Mayfield Publishing Company,1999.
③ PLANTINGA A. Warrant:The Current Debate[M].New York:Oxford University Press,1993:6.

考恩布利斯在《你怎能得到内在？》一文中说："我这篇文章将是针对内在主义的。连同其他问题，我想追问的是，为什么以往每个人都想成为内在主义者，以及内在主义意欲何为。但我认为，如果我们眼前没有一个内在主义的样本，我们无法解答这些问题。因此，我将从检查劳伦斯·邦久在《经验知识的结构》一书中为内在主义的辩护开始。……是这些观察触动了邦久对认知把握性的要求，进言之，正是这一把握性要求产生了内在主义。"①

其次，再看一看公认为或者自认为是混合主义的知识论家对内在主义的表述。

索萨在《怀疑主义与内/外在划分》中写道，内在主义主张"诸如一些偶在的性质及命题态度等纯粹内在于某人心灵的东西，都是某人自己通过反思可以发现的"②。

在《德性的一致与一致的德性》一文中，索萨更明确地说："内在主义认为，任何确证信念的确证的性质必须是内在于持有该信念的主体的心灵的；主体总是能够通过反思，也即通过纯粹的内省、记忆以及（直觉和演绎的）推理知道这些信念的性质的。"③

阿尔斯顿在《知识论中的内在主义与外在主义》一文中写道："正如名称所暗示的那样，'内在主义'将把确证者局限在内在于某物，或者更具体地说局限在内在于主体方面的东西。……那么，在什么地方、怎么样以及在何种意义上'内在于主体'的东西能够通过内在主义的测试呢？关于这个问题，在文献中有两种不同的解答。一种观点认为，为了执行确证功能，某物必须是内在于主体的'视角'或'世界观'的，也即某物必须是主体知道、相信或确证地相信的。它必须是主体知识范围之内的东西，是主体注意到的东西。一种观点认为，执行确证功能的东西必须是主体以某种特殊的方式可以把握的，比如直接把握或者完全正确地把握的。"④这里，阿尔斯顿实际上表达了两种不同程度的内在主义把握要求。

除索萨和阿尔斯顿之外，马修·斯万在与阿尔斯顿商榷的文章《阿尔斯顿的内在主义的外在主义》中说道："传统内在主义的一些信条不能放弃，比如，我已经假定了：一信念是确证的，那么信念确证的理由必须是内在把握的。"⑤

最后，让我们看一看一些公认为或自认为是内在主义者的知识论家对内在主义所做的论述：

---

① KORNBLITH H. How Internal Can You Get？［M］//KORNBLITH H. Epistemology：Internalism and Externalism. Oxford：Blackwell Publishers，2001：111-112.

② SOSA E. Skepticism and the Internal/External Divide［M］//GRECO J，SOSA E. The Blackwell Guide to Epistemology. Oxford：Blackwell Publishers，1999：147.

③ SOSA E. The Coherence of Virtue and the Virtue of Coherence［M］//SOSA E. Knowledge in Perspective：Selected Essays in Epistemology. Cambridge：Cambridge University Press，1991：191.

④ ALSTON W P. Internalism and Externalism in Epistemology［J］.Philosophical Topics，Spring 1986，XIV（1）：179-180.

⑤ SWAIN M. Alston's Internalistic Externalism［J］.Philosophical Perspectives，1988，2（Epistemology）：461.

邦久在《内在主义与外在主义》中写道："大致来说，某一知识理论能够算得上是内在主义的，那么满足这一条件的、某一信念所需要的所有要素都必须是认知主体在认知上能够把握的。"①

邦久在为《知识论指南》所撰写的"外在主义/内在主义"词条中更明确地说："……最一般可以接受的说明是，一种确证理论是内在的，当且仅当它要求：对于某认知主体来说，如果要使一信念成为认知上确证的，其所需要的全部要素必须是认知上可以把握的，即都是内在于他的认知视角的。"②

齐硕姆在《知识论》第三版中写道："对知识论中的传统问题最寻常的解决方式，可以被恰当地称为'内在'或者'内在化'的。内在主义假定，对他所持有的任何信念来说，他都可以形成一个认知原则的集合，使得他能够发现是否他能确证该信念。他所形成的这些原则可以通过安坐于扶手椅中得到并加以应用，也就是说，这些原则是在无需任何外在帮助的情况下可以得到并加以应用的。"③

奥笛（Robert Audi）在《当代知识论导论》一书中指出："一些例子表明，确证是完全建立在内在于心灵的东西之上的，其含义是，它对于主体来说是可以由内省或反思加以把握的。我们把这种观点称之为有关确证的'内在主义'。"④

哈普尔（William Harper）在《知识论中的假问题：一个强内在主义的辩护》一文中对内在主义的界定是："内在主义持有这样的立场，即主体对确证信念的相关确证因素要予以把握，此处的把握原则上是纯粹通过反思而得到。特别是，内在主义者要求主体应对正在谈论的信念的理由进行把握……一些内在主义者也要求对理由的充分性进行把握。"⑤

哈米德·瓦希德（Hamid Vahid）在《内在主义与外在主义之争：一场关于认知的长久争论》中说："内在主义与外在主义的区别出自于对认知确证概念的合理解释的考量上。在争论的一方有这样一些知识论家（内在主义者），他们要求信念确证的理由必须是主体在认知上可以把握的；在争论的另一方的知识论家，他们主张根据认知者和可能完全外在于他的主观想象的世界的某种联系来解释认知确证。"⑥

---

① BONJOUR L. Internalism and Externalism[M]//MOSER P K. The Oxford Handbook of Epistemology. Oxford：Oxford University Press，2002：234.

② BONJOUR L. Externalism/Internalism[M]//DANCY J，SOSA E. A Companion to Epistemology. Oxford：Blackwell Publishers，1992：132.

③ CHISHOLM R M. Theory of Knowledge[M].3rd ed. Englewood Cliffs，NJ：Prentice Hall，Inc.，1989：76.

④ AUDI R. Epistemology：A Contemporary Introduction to the Theory of Knowledge[M]. New York：Routledge，1998：233-234.

⑤ HARPER W. Papier Mache Problems in Epistemology：A Defense of Strong Internalism[J]. Synthese，1998，116(1)：28.

⑥ VAHID H. The Internalism and Externalism：The Epistemization of an Older Debate[J].Dialectica，1988，52(3)：230.

斯度帕在《内在主义的辩护》一文中写道:"根据内在主义,使信念确证或者非确证的东西——我们称之为确证的因素(J-factors)——必须在某种意义上是内在于主体的。也许使确证因素内在化的最严格的方式是把它们限制在信念上,我个人的看法是,对确证因素的内在主义限制可以根据认知把握性得到更合理的解释。"①

综上所述,我们有理由认为,把握性要求仍然是当代内在主义的本质要求。当然,必须看到,虽然当代内在主义在把握性要求上表现出了和传统内在主义的把握性要求家族类似的特征,但与传统内在主义对确证者的绝对把握要求相比,当代内在主义并不要求对确证者的绝对把握,而且当代内在主义的把握性要求在表现形式上更是多种多样,正如哈米德·瓦希德所言:"对认知把握性要求的不同解释,相应地就会导致有许多种(有时是完全)不同的内在主义版本。"②关于这一点,从上文的字里行间我们其实已经可以管窥一斑。因此,为了对当代内在主义有个更加明晰的理解,同时为了澄清误解,下面有必要对当代内在主义的把握性要求进行分类。还是首先看一看当代知识论家对把握类别的典型分析:

自称为外在主义者的戈德曼认为,内在主义的把握性要求可分为两类:"直接把握"与"间接把握"。相应地,内在主义可以分为强内在主义与弱内在主义,其中强内在主义对应于直接把握,弱内在主义对应于间接把握。"直接把握",用戈德曼的话说,即,"在时间 t,能够作为主体的信念 p 的确证者的唯一事实是,主体在时间 t 能够直接轻易地知道这些事实是否得到"③。"间接把握",用戈德曼的话说,即,"在时间 t,能够作为主体的信念 p 的确证者的唯一事实是,主体在时间 t 能够直接或者间接轻易地知道这些事实是否得到"④。

自称为内在主义者的奥笛认为,内在主义的把握性要求也可分为两类:"即时性把握"与"意象性把握"。相应地,内在主义可以分为强内在主义与弱内在主义两类。即时性把握对应于强内在主义,意象性把握对应于弱内在主义。奥笛认为,即时性把握指:"某物在这种意义上被把握,仅当它十分明晰,某人至多需要在正确方向上去'看'就能意识到它的存在,根本无须仔细找寻。"⑤奥笛认为,意象性把握指:"只要通过正确的方式反思,你去找寻,你就能发现。"⑥

---

①　STEUP M. A Defence of Internalism[M]//POJMAN L P. The Theory of Knowledge:Classical & Contemporary Readings. 2nd ed. California:Wadsworth Publishing Company,1999:375,373.

②　VAHID H. The Internalism and Externalism:The Epistemization of an Older Debate[J].Dialectica,1988,52(3):230.

③　GOLDMAN A I. Internalism Exposed[M]//KORNBLITH H. Epistemology:Internalism and Externalism. Oxford:Blackwell Publishers,2001:211.

④　GOLDMAN A I. Internalism Exposed[M]//KORNBLITH H. Epistemology:Internalism and Externalism. Oxford:Blackwell Publishers,2001:211.

⑤　AUDI R. Causalist Internalist[J].American Philosophical Quarterly,October 1989,26(4):314.

⑥　AUDI R. Causalist Internalist[J].American Philosophical Quarterly,October 1989,26(4):314.

还有自称为混合主义者的阿尔斯顿。前文已经指出,在阿尔斯顿那里,内在主义的把握性仍然可以分为两类:"视角把握"以及"特殊把握"。相应地,视角把握对应于视角内在主义,特殊把握对应于他所谓的把握内在主义。视角把握指的是,确证者完全在主体的视角之内;特殊把握指的是,确证者是可以以某种方式得以把握的。

戈德曼等人分别从三个不同角度对内在主义把握类型进行了划分,结合原文不难看出,除了三人的措辞稍有区别之外,他们的理论实质近乎相互克隆。其中"直接把握"与"即时性把握"以及"视角把握"类同,"间接把握"与"意向性把握"以及"特殊把握"相似。这里,如果我们统称前一类把握为"强把握",统称后一类把握为"弱把握",则这种理论观点上的殊途同归,似乎表明了在当代知识论家眼里,内在主义的把握类型大致是以上两种。但是,综观全局就会发现,内在主义把握性要求的强与弱两种类型的划分虽然从宏观看来并无不妥,然而落实到具体就会显得相当偏狭,用它们概括整个的内在主义把握要求明显捉襟见肘,而且当代内在主义的细微之处也无法彰显,内/外在主义之争的微妙更难以理解。因此,对内在主义的把握要求或者说把握内在主义的类型还需要更科学地划分。笔者以为,当代内在主义在把握要求上与其用类别划分,不如用级别划分更为稳妥。因为,用类别划分难免出现把握强度的难以细化,而用级别划分就会一目了然。反过来,如果我们完成了级别划分,再还原为类别划分,就会比较容易对内在主义的把握程度进行细化。在我看来,当代内在主义可以分为四个级别:

1 级把握。1 级把握指的是,在对一个信念进行确证之时,主体不仅要知道确证者是什么,而且主体还要知道或确证地相信确证者如何完成确证的功能。1 级把握有很大的涵盖性,它既可包括阿尔斯顿以及奥笛等人提出的确证的两个层级——第一级与第二级的划分[①],也可涵盖斯密特以及富梅顿等人提出的重复主义理解[②],同时在1 级把握的基础上,我们还可以更方便地谈论认知回溯问题以及内在主义的一致主义和基础主义。1 级把握主要以齐硕姆和邦久为代表。具体论述参见上文,兹不赘述。

2 级把握。2 级把握指的是,在对一个信念确证之时,信念的确证者必须是在主体的视角之下,或是主体所知道的或明确意识到的。它只强调确证的第一层级,不涉及第二层级,因此在程度上 2 级把握比 1 级把握要弱。2 级把握涵盖性更大,它可以涵盖戈德曼的直接把握、阿尔斯顿的视角把握以及奥笛的即时性把握等。2 级把握的

---

① See, ALSTON W P. An Internalist Externalism[J]. Synthese, 1988, 74(3):280. And also, AUDI R. Causalist Internalist[J]. American Philosophical Quarterly, October 1989, 26(4):311.

② See, SCHMITT F. Epistemic Perspectivism[M]//KORNBLITH H. Epistemology: Internalism and Externalism. Oxford: Blackwell Publishers, 2001:180. And also, FUMERTON R. The Internalism/Externalism Controversy[J]. Philosophical Perspectives, 1998, 2(Epistemology):446.

主张者很多,可见诸普兰廷加、马修·斯度帕、卡尔·吉内特以及邦久等人的论述①。

先看4级把握。4级把握指的是,在对一个信念确证之时,信念的确证者不必为主体所知道或所明确意识到,但只要主体经过认真反思,就能够知道或意识到确证者的存在。4级把握明显是针对1级与2级把握而产生的,也被认为是反对外在主义的最有力的武器之一,其代表人物是阿尔斯顿和奥笛。具体言论可见诸阿尔斯顿的《内在主义的外在主义》以及奥笛的《因果主义的内在主义》。②

3级把握。3级把握界于2级把握与4级把握之间,3级把握反对4级把握对确证者的消极态度,主张主体在对信念确证之时,要像2级把握那样知道或明确意识到确证者的存在。但3级把握的主张者又反对2级把握的太过绝对,主张信念在确证之时,不必考虑所有的怀疑主义困扰。其代表人物是哈普尔,具体观点见哈普尔的文章《知识论中的假问题:一个强内在主义的辩护》。③

笔者以为,以上四个级别的划分比较全面地涵盖了当代内在主义的把握性要求。相对来说,这是一个比较科学的划分模式。当然,如果我们愿意把这四种级别分别还原为强、较强、弱、较弱四个类别,事实上,我们完全可以得出四种把握的内在主义:强内在主义、较强内在主义、弱内在主义以及较弱内在主义。

在长篇累牍地论述了内在主义的把握性的本质要求之后,我们还需指出,在当代知识论家中并非所有的人都认同把握性是内在主义的本质要求。尤其是一些自称为内在主义者的知识论家更是如此。以上所提到的富梅顿和普洛克即是典型。为周全起见,下面我们还是简单谈一谈二人的观点。

首先看普洛克。上文指出,普洛克是一个温和的反义务论者,同样,在对待内在主义的把握性要求上,普洛克也表现出了特立独行之处。在《认知规范》一文中,普洛克提出了"非认知的把握"的观点。在普洛克看来,每一个认知者都有一个自动的推理系统,"由于我们的自动推理系统在没有任何意识监控的状况下,以某种非认知的方式运作着,所以是什么使得某个特殊的信念得到确证,甚至说即便这个信念的确证是自明的,我们也无须意识到这种状况"④。正是因为信念的确证出自于我们的自动推理系统,因此,普洛克认为,即便我们这里可以借用把握概念以描述信念的确证,但

① See,PLANTINGA A. Warrant:The Current Debate[M].New York:Oxford University Press,1993:5.Also see,STEUP M. A Defence of Internalism[M]//POJMAN L P. The Theory of Knowledge:Classical & Contemporary Readings. 2nd ed. California:Wadsworth Publishing Company,1999:373.Also see,GINET C. Knowledge,Perception and Memory[M].Dordrecht:D. Reidel Publishing Company,1975:34.

② See,ALSTON W P. An Internalist Externalism[J].Synthese,1988,74(3):275.And also see,AUDI R. Causalist Internalist[J].American Philosophical Quarterly,October 1989,26(4):312.

③ HARPER W. Papier Mache Problems in Epistemology:A Defense of Strong Internalism[J].Synthese,1998,116(1):45-46.

④ POLLOCK J L. Epistemic Norms[J].Synthese,1987,71:89.

这也最多只能称得上是非认知的把握。

如果说普洛克的所谓的内在主义还保留了内在主义的把握性征的话,富梅顿却表现出了对内在主义的把握性要求的彻头彻尾的反对。富梅顿说,既然"把握"是一个认知术语,那么,认为确证的充要条件在于信念者拥有某种特殊把握的内在主义者均在承诺这样的观点,即,知识蕴涵某人知道(或许是直接地知道)以及确证的信念蕴涵着确证地相信某人拥有确证的信念。① 富梅顿认为,内在主义的这种把握要求势必导致确证的邪恶循环,而这种邪恶循环的出现将构成对内在主义的毁灭性打击。为此,富梅顿认为内在主义应当避免邪恶循环的出现,应当放弃内在把握的理念,而主张一种直接亲知事实的确证观点。在富梅顿看来,在信念的确证中有这样三个事实,即,使 p 成真的事实,主体拥有关于 p 的思想的事实,以及主体的思想 p 符合使之成真的事实的事实。富梅顿认为,只要主体能够直接亲知这样三个事实,则信念就得到了认知上的确证。换句话说,在富梅顿的眼里,把握确证观无法摆脱怀疑主义的滋扰,只有采取直接亲知事实的确证观,构建一种完备的内在主义才有可能。

在我看来,普洛克以及富梅顿这样的所谓的内在主义构不成对当代内在主义的主流把握论的严重挑战,他们充其量只能算是当代内在主义内部的极端派,或者说,正是由于二人放弃了内在主义的把握性的要求,二人的观点倒是有着严重的外在主义倾向,从这个意义上讲,他们的观点更像是与外在主义媾和的产物②。总之,我认为上述分析足以让我们得出这样一个结论,即,把握性要求仍然是当代内在主义的本质要求。

三、内在状态要求与内在主义

以上我们分析了当代内在主义的两个重要特征:义务论与把握性要求,明白了它们之于内在主义的重要性。然而这两个特征并没有穷尽当代内在主义的逻辑内涵。当代内在主义还有一个最显明的特征——内在状态要求。也可以说,在内在状态要求方面,当代内在主义依然是对传统内在主义的承袭与发展。我们将会看到,相对于义务论以及把握性要求两个内在主义基本特征,内在主义的内在状态要求更是获得了当代知识论家的普遍认同。而且,内在状态要求也是内在主义与外在主义之争的另一焦点。像上文一样,我们还是以代表人物的代表观点为例展开论证:

如前所述,戈德曼在《确证的内在主义观念》一文中写道:"基于后一视角(注:此处指内在主义),知识论的任务是构建一种来自于内部,来自于我们自己个人优越地位的信念原则或过程。借用康德的话说,信念原则必须不得是'异质的',或听命于

---

① FUMERTON R. The Internalism/Externalism Controversy [J]. Philosophical Perspectives, 1998,2(Epistemology):447.

② PLANTINGA A. Warrant:The Current Debate[M].New York:Oxford University Press,1993: 163-181.

'外部的',它必须是我们给予我们自己,以及我们有理由给予我们自己的规律。……正确的信念原则只能来自于我们内部的'核准'。"①

普兰廷加在《保证:当代争论》一书中说:"内在主义的基本观念当然是,决定某人的信念是否有保证的东西,是否在某种意义上内在于某人的因素或者状态。"②

阿尔斯顿在《内在主义的外在主义》一文中认为:"要求信念有一个理由的观点,是最基本的、最低程度的内在主义观点。正像我们已经阐明清楚的那样,该理由必须是主体的某个心理状态并因此在某个重要意义上是'内在于'主体的。在所要求的意义上,独立于主体心理的事实……不能作为信念的理由。"③

邦久在《内在主义与外在主义》一文中指出:"'内在主义'的'内在'主要意味着,确证所诉诸的东西必须是内在于个人的第一人称视角的东西。即是说,某个东西必须是没有任何疑义地得之于那个视角的。"④

齐硕姆在《内在确证的必要性》一文中认为:"内在主义假定,对他所持有的任何信念来说,他都可以形成一个认知原则的集合,使得他能够发现他是否能确证该信念。他所形成的这些原则可以通过安坐于扶手椅中而得到并加以应用,也就是说,这些原则是在无需任何外在帮助的情况下可以得到并加以应用的。换句话说,某人仅需考虑自己的心灵状态。"⑤

当然,除了以上重要人物的观点之外,我们还可以看到许许多多的知识论家主张内在主义和内在状态的必然关联。

比如,雷尔在《元知识:不可击败的确证》一文中说:"内在主义断定,有某个内在状况足以回答苏格拉底问题,这个内在状况并不蕴涵任何外在于认知者的事物的存在。"⑥

索萨在《怀疑主义与内在/外在划分》中写道:"(内在主义的)确证仅仅要求主体方面的真正恰当思维:如果信念者完全通过恰当思维已经获得并保持他的信念,则该信念对他来说是确证的。这里,思维的恰当性纯粹是内在于主体的,并不依赖于超出他之外的东西。"⑦

柯内与费德曼在《内在主义辩护》中提出:"更准确地说,我们所概括的内在主义

① GOLDMAN A I. The Internalist Conception of Justification[M]//KORNBLITH H. Epistemology:Internalism and Externalism. Oxford:Blackwell Publishers,2001:42-43.

② PLANTINGA A. Warrant:The Current Debate[M].New York:Oxford University Press,1993:5.

③ ALSTON W P. An Internalist Externalism[J].Synthese,1988,74(3):270.

④ BONJOUR L. Internalism and Externalism[M]//MOSER P K. The Oxford Handbook of Epistemology. Oxford:Oxford University Press,2002:238.

⑤ CHISHOLM R M. The Indispensability of Internal Justification[J].Synthese,1988,64:285.

⑥ LEHRER K. Metaknowledge:Undefeated Justification[J].Synthese,1988,74:329.

⑦ SOSA E. Skepticism and the Internal/External Divide[M]//GRECO J,SOSA E. The Blackwell Guide to Epistemology. Oxford:Blackwell Publishers,1999:147.

承诺下列两个命题。第一个命题断定认知确证与心灵的强并发性:某人的信念态度的确证状况并发于他的即时性的和意象性的心灵状态、事件以及条件。第二个命题为第一个命题所蕴涵,即:如果任何两个可能的个人心灵状态完全相同,那么他们是同样确证的。"①

普洛克在《程序知识论》一文中对内在主义的定义是:"知识论中的内在主义是这样的观点,即:只有认知者的内在状态才是和决定什么信念是确证的有所关联。"②

富梅顿在《内在主义/外在主义之争》中写道:"'内在主义'一词也许表明这样的观点,即,S知道p或确证地相信p,在于S的某种内在状态。"③

……

综上所述,我们完全有理由认为,除义务论及把握性要求之外,内在状态要求同样是当代内在主义的另一重要特征,而且这一特征与前两个特征相较更加明了与直白,更符合内在主义的"字面"含义,从这个意义上讲,内在状态要求算得上是当代内在主义的最显明的特征。

但需要强调的是,虽然内在状态要求依然被公认为是当代内在主义的基本特征,然而与笛卡儿式的传统内在主义把内在状态理解为绝对、自明、先验的东西相比,关于什么是内在状态在当代知识论研究中却不是十分显明;比如,金吉贤发出过这样的疑问:"难道这只包括发生在大脑之内的东西吗?诸如视网膜刺激以及触觉刺激等近端刺激物算不算内在于主体?"④富梅顿也曾就内在状态是否为关系属性提出过质疑。他说,如果我们把内在状态界定为关系属性,则外在主义也会认同这样的命题,即:如果我的内在状态和你的内在状态一样,那么我将确证地相信你所确证地相信的东西。如果内在状态不属于关系属性,那么内在主义就会变成一个大熔炉,几乎所有的外在主义皆可涵盖无遗⑤。正是由于在对内在状态的理解上存在着模糊,在这种状况之下,厘清内在主义意义下的"内在状态"无疑是准确理解内在主义的关键所在。很显然,当代许多知识论家也比较清醒地认识到这一点。比如,普兰廷加曾经指出,像"血液的pH值,或者肝脏的大小,或者你的胰腺功能是否正常"等对我来说都是内在于我的条件,但它们不能被称为内在主义的内在状态。阿尔斯顿也曾经说过:"并非每一

① CONEE E,FELDMAN R. Internalism Defended[M]//KORNBLITH H. Epistemology:Internalism and Externalism. Oxford:Blackwell Publishers,2001:234.

② POLLOCK J L. Procedural Epistemology:At the Interface of Philosophy and AI[M]//GRECO J,SOSA E. The Blackwell Guide to Epistemology. Oxford:Blackwell Publishers,1999:394.

③ FUMERTON R. The Internalism/Externalism Controversy [J]. Philosophical Perspectives,1998,2(Epistemology):447.

④ KIM K. Internalism and Externalism in Epistemology[J].American Philosophical Quarterly,October 1993,30(4):305.

⑤ FUMERTON R. The Internalism/Externalism Controversy [J]. Philosophical Perspectives,1998,2(Epistemology):444-445.

个内在于认知者的东西都可以被内在主义看作是一个可能的确证者,主体对此一无所知的、主体内部的生理过程就不能被允许。"①再比如邦久,在他看来,就连发生在大脑之内的东西也不能一概称为内在主义意义上的内在状态。他说:"目前要强调的是,只要内在主义得到正确理解,那么它就不会给予下面的精神状态以特殊地位:比如,如果有这样一些无意识的精神状态,它们的内容和其他属性都没有可信赖地反映到个人的意识状态中,而且他或她对之没有把握,那么这些精神状态和其他各种各样的生理状态一样,与内在主义的确证并不相干。"②如果要列举下去,我们还可以举出很多。总之,对当代知识论家,尤其是对内在主义的知识论家来说,厘清内在主义意义上的"内在状态"成为当务之急。

在对内在主义意义上的内在状态理解上,以下几种观点值得注意。比如,奥笛认为,诸如信念、视觉、其他感觉印象以及思想都可归入内在状态之列。阿尔斯顿指出,内在状态应当包括信念、经验以及主体予以关注就能发现的东西。普洛克提到"信念是一种内在状态"。邦久认为,至少像能够意识到的心灵状态以及逻辑和概率关系等应该归入内在状态之列,但像知觉、记忆则或可存疑。在普莱尔则看来,内在状态应当包括"人们的经验与记忆所具有的东西;信念所依赖的东西;认识的目的与意向"③。还有前文提到的斯度帕,在他看来,信念、经验以及知识的标准都可算上是内在的。等等。从以上观点可以看出,对当代知识论家来说,似乎信念是得到最广泛认可的内在主义意义上的内在状态,也可以说在这一点上当代知识论家承袭了传统内在主义的绝对内在观。但必须看到,当代知识论家与传统内在主义者的最大区别是,他们之中有不少人认同经验可以作为内在状态,除此之外,还有相当一批知识论家把内在状态的范围进一步延展到认识的目的与意向以及知识的标准等方面,这些都是和传统内在主义有着明显区别。但也必须指出,虽说当代内在主义在对内在状态的理解上已经和传统内在主义有很大不同,但他们并没有真正做到从外延上厘清内在状态,可以说,在当代知识论家那里,关于内在状态的外延的理解还是存在着相当的模糊。

不过应该看到的是,虽然当代知识论家就何谓内在主义意义上的内在状态的问题存在着不同见解,但从现状来看,在知识论家内部还是达成了这样一个共识,即,他们普遍认为只有能够为认知主体所把握的内在状态,才能够称为真正意义上的内在状态。比如:

邦久说过:"某人的有意识的心灵状态在内在主义的确证思想中之扮演作用,我认为与其说是因为这些状态只是内在于他或她的内在状态,倒不如说是因为此类状

————————————

①　ALSTON W P. Internalism and Externalism in Epistemology[J]. Philosophical Topics,Spring 1986,XIV(1):192.

②　BONJOUR L. Internalism and Externalism[M]//MOSER P K. The Oxford Handbook of Epistemology. Oxford:Oxford University Press,2002:238.

③　PRYOR J. Highlights of Recent Epistemology[J].British Journal for the Philosophy of Science,2001,52:103.

态的某些(但非全部)性质,主要是它们的特殊内容以及这些内容所折射的态度,是某人能够直接和毫无疑义地给予第一人称把握的东西。"①

普兰廷加写道:"……保证或者导致保证的属性是内在的,原因在于它们是认知者所意识到的,或者能够意识到的状态或者条件;它们是他已经或能够知道的状态;它们是他在认知上所把握的状态或属性。"②

齐硕姆写道:"内在主义者假定:仅凭对他自己的意识状态进行反思,他就能够形成一套认知原则,这套认知原则将确保他发现,针对他拥有的任何信念,是否他确证地相信该信念。"③

奥笛认为:"在相关意义上,'内在'是指某人拥有内省,因此是内在把握的东西。它包括信念、视觉和其他感觉印象,以及思想。"④

阿尔斯顿指出:"确证者必须是在主体对之有所把握的前提下'内在'于主体。它一定包括像信念或者经验之类的东西,以及主体只要给予关注就能发现的东西。"⑤

如前所述,索萨也曾写道:"内在主义持有这样的观点,即,任何确证的信念的确证的性质必须是在认知上内在于拥有该信念的主体的心灵的,他总是能够通过反思,也即通过内省、记忆以及推理(直觉和演绎的)知道他的信念的性质。"⑥

……

综上,我们认为,虽说当代内在主义者在内在状态问题上作出过相当的努力,也表现出了和传统内在主义有一定的区别,但内在状态要求依然是当代内在主义的基本特征,而且这个所谓的内在状态依然是像传统内在主义所要求的那样,必须是认知主体所能够把握的。

第四节　内在主义与外在主义的界定及划界

以上分析了当代内在主义的三个基本特征:义务论、把握性要求以及内在状态要求。从以上论证可以看出,当代内在主义虽然在形式与内容上都表现出了和传统内在主义有着较大不同,但从实质上看,当代内在主义和传统内在主义并无本质差别,

---

① PRYOR J. Highlights of Recent Epistemology[J].British Journal for the Philosophy of Science,2001,52:238.

② PLANTINGA A. Warrant:The Current Debate[M].New York:Oxford University Press,1993:5.

③ CHISHOLM R M. The Indispensability of Internal Justification[J].Synthese,1988,64:285.

④ AUDI R. Causalist Internalist[J].American Philosophical Quarterly,October 1989,26(4):309.

⑤ ALSTON W P. Epistemic Justification[M].Ithaca:Cornell University Press,1989:4-5.

⑥ SOSA E. The Coherence of Virtue and the Virtue of Coherence[M]//SOSA E. Knowledge in Perspective:Selected Essays in Epistemology. Cambridge:Cambridge University Press,1991:191.

从引证的文献可以看出,对当代主流的知识论家来说,当代内在主义的以上三个特征之间依然存在着内在的逻辑关联。其中,义务论是当代内在主义的逻辑前提,是当代内在主义存在的依据。把握性要求出之于义务论,是当代内在主义的本质要求。内在状态要求是当代内在主义最直白的表现,它要求认知主体对内在状态进行把握,反之,把握性要求也要求确证者一定是内在状态。正是鉴于当代内在主义和传统内在主义在本质上一致的现实,这里,我们似乎就可以为内在主义下一个"标准"定义。所谓内在主义,即主张,一信念是确证的,当且仅当在认知义务论的条件之下,认知主体必须对该信念的确证者进行把握,而真正的确证者只能来自认知主体的内在状态。

在对内在主义界定的基础上,根据我们以上提出的划界原则,由于内在主义与外在主义是以一对欢喜冤家的面目而出现,那么在逻辑上外在主义就构成了内在主义的对立面。如此一来,我们也完全可以从否定方面对外在主义进行描述。所谓外在主义,即主张,信念的确证并不要求符合一定的认知义务,并不要求认知主体对确证者的把握以及并不要求信念的确证者是主体的内在状态。当然,如果从肯定的意义上来说,所谓外在主义,即主张,信念的确证仅仅在于信念与外在世界的内在关联,只要认知主体通过与外部世界的联系达到了真理性认识,信念就是确证的。

从以上对内在主义与外在主义的界定可以看出,在对内在主义与外在主义理论的划界问题上我们不应坚持单一的标准,相反,在这个问题上,我们应当坚持复合的标准。这个复合标准包括三个基本要素,即"义务论"、"把握要求"以及"内在状态要求"。在我看来,以上关于内在主义与外在主义的界定以及划界是经得起检验的,之所以说能够经得起检验,主要在于它有四个方面的突出优点。第一,这种界定或划界最符合当代内在主义与外在主义之争的实际。以齐硕姆、邦久和戈德曼三位对当代英美知识论深有影响的人物的观点为例。如上所述,前期的齐硕姆与前期的邦久均坚持确证的"义务论"、"把握要求"以及"内在状态要求"三元标准,二人均自称是内在主义者,而且二人均把戈德曼当作外在主义的代表以及批判的靶子。反之,前期的戈德曼自称或被公认为是外在主义者,他在《显露的内在主义》一文中,旗帜鲜明地反对内在主义,公开反对内在主义的义务论、把握要求以及内在状态要求,而且他还明确主张,信念的确证在于该信念必须来自于一个可信赖的外部过程。从三人的观点可以看出,我们的定义与划界符合当代内在主义与外在主义之争的实际。第二,这种界定或划界在相比之下具有最大的涵盖性。以最常见的界定或划界标准"把握性标准"为例①。

---

① 我们可以看到,诸如哈普尔、奥笛、瓦希德以及考恩布利斯等人均主张以确证者是否需要把握作为内在主义与外在主义界定或划界的单一标准。See, HARPER W. Papier Mache Problems in Epistemology:A Defense of Strong Internalism[J].Synthese,1998,116(1):28.Also see,AUDI R. Causalist Internalist[J]. American Philosophical Quarterly, October 1989, 26 (4): 309. Also, VAHID H. The Internalism and Externalism:The Epistemization of an Older Debate[J].Dialectica,1988,52(3):230. Also,KORNBLITH H. How Internal Can You Get? [M]//KORNBLITH H. Epistemology:Internalism and Externalism. Oxford:Blackwell Publishers,2001.:111-124.Etc.

我们以为,虽然把握性要求是内在主义的基本特征之一,而且也是内在主义与外在主义争论的焦点之一,但把把握性要求作为内在主义与外在主义界定或划界标准,明显不能反映当代内在主义与外在主义之争的现实,单单从内在主义来看,这一标准也犯了以偏概全的错误,无法体现出内在主义的其他两个基本特征,尤其是义务论的特征。反观我们的界定与划界,却涵盖了内在主义与外在主义之争的方方面面。所以从这个意义上讲,我们的界定或划界标准具有最大的涵盖性。第三,这种界定或划界标准最能作为评价内在主义与外在主义流变现实的依据。仍以齐硕姆、邦久以及戈德曼三人为例。在内在主义与外在主义论争伊始,根据我们的标准,以上三人均是比较纯粹的内在主义者或外在主义者,但随着论争的深入,三人的理论观点均有所变化,比如齐硕姆与邦久均放弃了义务论,戈德曼提出了双重确证论,此时该如何评价他们的理论变化呢? 笔者以为,根据我们的标准不仅可以有效地对上述三人的理论变化进行评价,而且我们还可以借此以审视整个内在主义与外在主义之争的现状与未来。第四,这种界定或划界标准能够使我们对任何具体理论作出最有效的判断。比如柯内与费德曼。柯、费二人均反对确证的义务论,但二人又均坚持确证的把握要求与内在状态要求,而且自称是最标准的内在主义者,那么根据我们的标准他们的观点算得上内在主义吗? 我们认为,柯内与费德曼二人的理论观点可以算得上内在主义,但它是一种不纯粹的内在主义。当然,这种理论较诸单纯主张确证的内在状态要求的内在主义又更纯粹了一些。再比如,上面我们谈到了把握要求的四个级别,同样根据我们的标准,只要确证的另外两个要素不变,我们依然可以根据把握的不同级别划出不同程度的内在主义。如果结合内在主义与外在主义论争的复杂现实,根据我们的标准,我们事实上能够对各种理论进行判断,如此一来我们也就不会再迷失于内在主义与外在主义争论的旋涡中不能自拔。一言以蔽之,我们认为,我们有关内在主义与外在主义的划界以及界定相对来说是科学的。

以上我们完成了内在主义与外在主义的划界与界定工作,但要准确把握内在主义与外在主义之争的现实,还必须深入了解内在主义与外在主义之争的演化进路。在接下来的章节中,我们就将尝试着完成这项工作。以下就以齐硕姆、邦久、戈德曼、普兰廷加、索萨以及阿尔斯顿等六人作为剖析的典型。选取以上六人主要基于两个理由:(1)上述六人在当代英美知识论界乃至在整个英美哲学界都有显赫声名,齐硕姆、戈德曼、普兰廷加以及阿尔斯顿都是公认的哲学家。邦久虽然算不上著名的哲学家,但他是内在主义与外在主义之争的揭幕人之一。索萨是著名的编辑,也在英美哲学界享有广泛盛誉。(2)根据我们的划界标准,上述六人的观点有典型性。比如,齐硕姆和邦久都是内在主义的代表,但二人的论证方式明显不同,选取二人的观点进行分析有利于理论的对比。二人的思想在外在主义的冲击下后来均发生巨大变化,这种变化在一定意义上也透露出了内在主义理论自身的困境。比如,戈德曼与普兰廷加,根据我们的划界标准,二人属于典型的外在主义代表,但二人的论证方式也有很大区别,选取二人的观点进行分析也有利于理论的对比,更重要的是,普兰廷加走向神学以理解确证,戈德曼的观点又几经变迁,所有这些都暴露了外在主义自身的困境。再比如,阿尔斯顿和索萨,二人在内/外在主义之争中都属于骑墙派。由于二人的思想成型较晚,这在一定意义上也彰显了当代知识论家试图对内/外在主义之争的突破与超越。正是基于上述考虑,下文欲就以上六位代表人物的观点展开论述,以期能够全面系统地把握当前的内在主义与外在主义之争的现实。

第 二 章

齐硕姆的基础主义的内在主义

2000 年 12 月,在纽约召开的一次纪念齐硕姆(Roderick M.Chisholm)的会议上,考恩布利斯提交了一篇名为《齐硕姆与美国知识论的建构》的论文。在文章的开篇,考恩布利斯这样写道:"齐硕姆之死标志着美国知识论一个时代的终结。……在战后,齐硕姆不只是美国知识论的领导者,而且在这个领域里,数十年来,他更是一个无人能够望其项背的领导者。齐硕姆的工作就是框定知识论需要回答的问题,他表明哪些答案是值得深思熟虑的。他开发了提出知识论问题的技术,并且以优雅的和富有启发的方式回答这些问题。假如这些还不够,他就亲自培养一代代的知识论家,这样就出现了一个由齐硕姆个人武装起来的知识论大军,继续从事着这些问题的回答工作。这样,由于齐硕姆的工作为知识论学科定义的清晰和严密设定了标准,美国知识论的学科范式就深深打上了齐硕姆的工作印记,不夸张地说,现在每一位从事着知识论研究的人都是齐硕姆辛勤劳动的受益者。现在如此繁多的有利于知识论学科发展的成果,包括思想的活力都可以追溯到齐硕姆的影响。"[1]考恩布利斯的赞誉的确代表了美国当代知识论界的一种共识,从齐硕姆取得的学术成就来看,齐硕姆确实堪当此殊荣。既然齐硕姆在美国当代知识论界受到如此尊崇,我们对内在主义与外在主义之争演化进路的讨论从齐硕姆开始也就理所当然。

第一节 基础主义的内在主义的理论建构

多年以来,齐硕姆一直致力于知识论的元问题研究,用齐硕姆的话说,这个元问题可以称为苏格拉底之问,即:"我能够知道什么? 我怎么能够从我不能确证地相信的东西中区分出我能确证地相信的东西来? 我怎么能够决定是否更确证地相信某一

---

① KORNBLITH H. Roderick Chisholm and the Shaping of American Epistemology[J]. Metaphilosophy, October 2003,34(5):582.

事物而不是另一事物？"①齐硕姆对知识论元问题的表述明确了这样一点，即，所谓知识论的元问题在本质上不过是知识或信念的确证问题。至于知识论的元问题为什么是确证问题，在齐硕姆看来，知识或信念的确证问题和我们的生活息息相关。齐硕姆认为，提出知识或信念的确证问题，能够改善或促进我们的认知境遇。可以保险地说，研究确证问题能够改进我们的信念系统，使我们用确证的信念替代未经确证的信念，用更高确证度的信念替代确证度较低的信念。因此，无论对确证问题如何回答，一个不争的事实是，知识论的这个问题正在引起学界的兴趣，值得我们慎重对待。事实上，正是鉴于确证问题在知识论研究中的基础地位，齐硕姆几乎毕生致力于知识论确证问题研究。他把知识论主要当作"证据论"，并从证据论的角度完成了他的知识论的构建。以下我们就以证据论为线索，展开对齐硕姆的内在主义（internalism）确证理论的讨论。

一、确证的"群"概念的设定

齐硕姆对确证概念的认识见解独到：在其他知识论家那里，确证只是一个单一的概念，但在齐硕姆看来，确证不应作单一的概念来理解，它应包括诸多层级，表现为"群"概念的特征。齐硕姆认为，我们的信念是需要评价的。因此，确证和明证、确定以及可能、合理等都是用来评价我们的日常信念的。齐硕姆对确证的层级划分在不同阶段表现不同，但在最终校定的《知识论》第三版中，齐硕姆把确证的层级明确划分为十三个。其中 0 层级为"正负相抵消的"；正层级依次为：可能的、认知上不受怀疑的、不能合理地怀疑的、明证的、明显的、确定的；负层级分别为：可能是假的、不相信是不受怀疑的、不相信是合理的、明证是假的、明显是假的、确定是假的②。齐硕姆认为，作为评价性概念，确证的十三个层级，或者说确证的十三个概念可以全方位、多角度地反映认知主体的复杂的信念状态。

关于确证的群概念的定义，齐硕姆选择了未经界定的技术术语"在时间 t，对 S 来说相信 p 比非 p 更合理"作为逻辑前提来界定它们。至于为什么选取这个技术术语作为确证群概念演绎及定义的出发点，齐硕姆主要从日常感觉经验的角度给出理由。从感觉经验的角度出发，齐硕姆首先举了这样的例证：

"圣·奥古斯丁建议，虽然可能有根据质疑感觉的可靠性，但对大多数人而言，在大多数时间里我们更有理由相信我们能够依靠感觉，而不是相信我们不能依靠感觉。"③

---

① CHISHOLM R M. Theory of Knowledge[M].3rd ed. Englewood Cliffs, NJ: Prentice Hall, Inc., 1989: 1.

② CHISHOLM R M. Theory of Knowledge[M].3rd ed. Englewood Cliffs, NJ: Prentice Hall, Inc., 1989: 16.

③ CHISHOLM R M. Theory of Knowledge[M].3rd ed. Englewood Cliffs, NJ: Prentice Hall, Inc., 1989: 8.

　　既然生活中可以出现"在时间 t，对 S 来说相信 p 比非 p 更合理"，那么，生活中也可能出现相信 p 不比非 p 更合理的情形，比如：

　　"上帝存在的命题，有神论者接受它，而无神论者不接受它；对不可知论者就会悬置判断。"①

　　这种悬置判断的行为在齐硕姆看来是合理的。这样确证的概念就有了更进一层的新的含义。齐硕姆用"p 对 S 而言是正负相抵消的"来理解确证的新含义。如果给"p 对 S 而言是正负相抵消的"进行定义，就是：

　　"p 对 S 而言是正负相抵消的，当且仅当 S 至少合理地相信 p 和相信非 p 是一样的；而且至少合理地相信非 p 和相信 p 也是一样的。"②

　　齐硕姆注意到，确证的"p 对 S 而言是正负相抵消的"的含义是比较危险的，很容易走向古希腊的皮浪主义。皮浪主义为代表的怀疑论者就是把"p 对 S 而言是正负相抵消的"推向极端，最终走向怀疑论，他们的教义就是：所有的命题都是正负相抵消的。在齐硕姆看来，皮浪主义是不可接受的，而且也是自相矛盾的。既然皮浪主义是不可接受的，而且也是自相矛盾的，那么，确证的丰富内涵又走向下一步。即对 S 而言，或者命题 p 是可能的，或者非 p 是可能的。如果给"对 S 而言，命题 p 是可能的"下定义，即：

　　"对 S 而言，命题 p 是可能的，当且仅当相较于相信非 p，S 更合理地相信命题 p。"③

　　就是这样，齐硕姆依次定义了确证的新内涵，分别给"对 S 而言，命题 p 是不能合理地怀疑是可能的""对 S 而言，命题 p 是明证的""对 S 而言，命题 p 是确定的"下了定义。比如"p 对 S 来说是不能合理地怀疑的"即可定义为"接受 p 对 S 来说比悬置 p 更合理"，比如"p 对 S 来说是明证的"即可定义为"对每一个命题 q 而言，相信 p 至少和悬置 q 一样合理"，再比如"p 对 S 来说是确定的"即可定义为"对每一个命题 q，对 S 而言相信 p 比悬置 q 更合理，而且相信 p 至少和相信 q 一样合理"，等等。齐硕姆认为，以上通过"p 比非 p 更合理"来对确证概念的丰富内涵进行界定的原则，可以通称为"认知优选性原则"④。

　　关于认知优选性原则的逻辑前提，或者说内在本质，在 1966 年出版的《知识论》第一版中，齐硕姆已有所思考。那时他曾考虑过通过伦理学术语定义认知优选性原

　　①　CHISHOLM R M. Theory of Knowledge[M].3rd ed. Englewood Cliffs,NJ:Prentice Hall,Inc.,1989:8.

　　②　CHISHOLM R M. Theory of Knowledge[M].3rd ed. Englewood Cliffs,NJ:Prentice Hall,Inc.,1989:9.

　　③　CHISHOLM R M. Theory of Knowledge[M].3rd ed. Englewood Cliffs,NJ:Prentice Hall,Inc.,1989:10.

　　④　CHISHOLM R M. The Foundations of Knowing[M]. Minnesota：University of Minnesota Press,1982:7.

则的可能性,他曾说:"我们仍留下一个重要的问题没有回答,这就是以严格的伦理学术语定义'更为合理'是否可能。"①但在该书中齐硕姆最终没能对该问题给出一个明确答案。在《知识的基础》一书中,齐硕姆以笛卡儿、洛克倡导的义务论的方式回答了该问题。齐硕姆明确地说:"认知合理性能够根据这样的一般要求得到理解,也即,尽力拥有逻辑上相互独立的最大可能的信念集合,其中,真信念的数目超过假信念。如果某人愿意履行这一要求,则认知优选性原则就是一个应当遵守的原则。"②值得让人玩味的是,在先于《知识的基础》一书出版的《知识论》第二版中,齐硕姆以两种方式诠释了认知优选性原则的逻辑前提,或内在本质。

齐硕姆的第一种诠释方式是:"'……比……更合理'是一个意象性概念:如果对既定的主体 S 而言,相信一命题比相信另一命题更合理,则 S 至少能够理解或者把握第一个命题。……必然地,如果某一命题对既定的主体 S 来说有着肯定的认知状态,即是说,如果它对 S 来说是一个有利的假定,或是可接受的,或是不能合理地怀疑的,或是明证的,或是确定的,那么它就是一个 S 所理解的命题。"③齐硕姆的这一诠释事实上凸显了内在主义的一个重要特征——把握性特征。齐硕姆的第二种诠释方式是:"让我们思考一下可以被称作'理智要求'的概念。我们可以假定每个人都从属于这么一种理智要求:尽自己最大努力去获得这样的结果,即,对他所考虑的每一个命题 h 而言,当且仅当 h 是真的,他才接受 h。人们会说,这就是作为理智存在者的责任或义务。……那么,对'在时间 t,对 S 来说 p 比 q 更合理'的一种重新表述就应当是,'对于处于 t 的 S 而言,他的理智要求、他作为理智存在者的责任,通过 p 比通过 q 能够更好地得到履行'。"④齐硕姆的这一重诠释事实上凸显了内在主义另一个重要特征——义务论特征。

既然齐硕姆通过内在主义的两个特征诠释了认知优选性原则的内在本质,那么他为何在后来出版的《知识的基础》中放弃了《知识论》第二版中的双重解释,而只保留了义务论的解释呢?唯一的可能是,齐硕姆认识到,从逻辑次第上来说,把握性诠释从属于义务论诠释,换言之,唯有义务论才是认知优选性原则,或认知确证的真正逻辑前提。

二、知识的定义与明证的基础

在齐硕姆看来,既然研究确证问题的旨归是认识,或是说为了获得知识的需要,

① 齐硕姆.知识论[M].邹惟远,等译.北京:生活·读书·新知三联书店,1988:40.
② CHISHOLM R M. The Foundations of Knowing[M]. Minnesota:University of Minnesota Press,1982:7.
③ CHISHOLM R M. Theory of Knowledge[M].2nd ed. Englewood Cliffs,NJ:Prentice-Hall,1977:13.
④ CHISHOLM R M. Theory of Knowledge[M].2nd ed. Englewood Cliffs,NJ:Prentice-Hall,1977:14.

那么,研究确证问题就应当和知识的定义直接相关。从传统来看,有两类知识。一类指先验确定的逻辑和数学知识,这类知识可以界定为(先验)确定的真信念。另一类指后验的事实知识,这类知识一般说来在程度上超越了"不能合理地怀疑的",却达不到"确定的"真信念的地步,因此,这类知识通常被定义为"明证的真信念"。但葛梯尔反例已经证明了"明证的"信念可能为假的状况,即是说,我们所谓的事实知识虽是明证的,却有假的可能。齐硕姆认为,虽然我们无法排除事实知识成假的可能,虽然这一事实使得知识论的研究变得比通常想象的更加困难,但我们必须接受这种明证可能为假的事实。为此,研究明证的性质是确证理论研究的重点。

然而,在确定什么命题是明证的时候,我们首先就会面临明证的循环论证问题。也即是说,当我们证明命题"A 是 F"是明证的,其前提必然是命题"B 是 G"是明证的;接着我们会用"C 是 H"以证明"B 是 G",然后再通过"A 是 F"来证明"C 是 H",如此一来,明证的循环论证就似乎不可避免。在明证的循环论证问题的解决上,齐硕姆批判了比较流行的一致主义,认为一致主义无补于事,因为,当我们通过一致主义解决循环问题时,我们仍然会进一步追问坚持一致主义的理由,这样我们会同样陷入进退两难之境。既然一致主义于事无补,基础主义在齐硕姆看来是一个不错的选择。为此,齐硕姆把"明证的"分为两类——"直接明证"与"间接明证",并着力对两者进行了探索。

齐硕姆认为,在人们的经验活动中,有这样两类经验活动产生的命题可以是直接明证的,它们分别是"意象性活动"和"感觉活动"。意象性活动包括认为、相信、判断、希望、欲望、恐惧、意图、爱、恨等,其中"认为"和"相信"是两个典型。比如"我认为或我相信我知道纽约在美国,其理由就是我正在认为纽约在美国,或者我确实相信纽约在美国"。齐硕姆认为,诸如此类的活动产生的命题都是直接明证的。至于感觉活动,其表现形式通常是"我感觉(I sense)……"或"……呈显于我(I am appeared to...)"。齐硕姆认为,并非所有的感觉活动产生的命题都是直接明证的,但其中有两类感觉活动所产生的命题绝对是直接明证的。借用亚里士多德的话说,这两类感觉活动的对象应当是"合适的"或具有"公共感受性的"。这里,所谓"合适的对象"一般指红、黄、蓝、绿等视觉特征,声音与噪声等听觉特征,酸、辣、苦、甜等味觉特征以及香、辛、臭等嗅觉特征。所谓"公共感受性"一般指动、静、形、量等为一切感觉所共有的特征。比如"我感觉酸"或"酸呈显于我"、"我感觉到动"或"动呈显于我"等都是直接明证的。

在《知识论》第一、二版中,齐硕姆解释了"意象性活动"与"感觉活动"产生直接明证的缘由,他引用了莱布尼兹的话说:"我们的存在和我们的思想的直接意识(direct awareness),为我们提供了基本的后天真理或事实真理,换言之,也即直接经验;正如同一性命题包含着基本的先天真理或理性真理,换言之,也即基本的洞察力一样。两者都是不能被证明的,而且两者均可以被称为是直接的(immediate);前者因为在理解与对象之间别无所碍,后者则因为在主词和谓词之间有着直接性。"①齐硕姆的这种解释在本质上是内在主义的。关于这种内在主义的解释,在为刘易斯·艾德文·汗编辑的《齐硕姆的哲学》所写的《我的哲学发展》一文中,齐硕姆用更加明确的内在主义常用词"优先把握"(priviledged access),对"意象性活动"与"感觉活动"产生"直接明证"的命题的缘由进行了进一步阐释。当然,"意象性活动"以及上述部分"感觉活动"能够产生"直接明证的"命题,还有一个客观原因,也即,这些活动都具有"自我显现"(self-presenting)的特征,也正是这种"自我显现"的内在状态使得主观的"优先把握"成为可能。故此,齐硕姆通过把"自我显现"设定为明证理论的第一实体原则,以及通过对"自我显现"的界定完成了对"直接明证"的定义②。

除去直接明证的经验知识之外,在齐硕姆看来,我们的许多经验知识都是来自于间接明证。而间接明证的知识,包括一切关于外在世界、关于他人以及过去等的知觉和记忆知识。众所周知,关于知觉和记忆的经验知识容易出错,哲学史上出现的"恶魔问题"与"梦幻问题"(庄周梦蝶现象)以及当代延伸的"缸中之脑问题"都直接指向此类经验知识的易错性。但齐硕姆认为,由于我们又必须承认此类知识的存在,因此,阐释"间接明证"的本质,设定"间接明证"的实体原则就成为确证理论研究的另一必要环节。

关于"间接明证"的本质或实体原则的设定,虽说从最早的《感知》,到《知识论》第一、二版,再到《知识的基础》以及《知识论》第三版,每个时期间接明证的本质或实体原则设定均有所变化,但齐硕姆通过"直接明证"以确证"间接明证"的主旨始终没变。以知觉为例,在齐硕姆看来,有关知觉的原理可以分为两条。第一条为有关"合理的"知觉,其定义是:"对于任何主体 S,S 无可怀疑地(without ground for doubt)相信他正知觉到某物 F,则对于 S 而言,他知觉到某物是 F 是不能合理地怀疑的(beyond reasonable doubt)。"第二条是针对"明证的"知觉,这类知觉由于涉及上文提到的"合适的对象"以及"共通感"这样的对象,所以这类知觉是明证的。为此,齐硕姆对知觉的第二条原则的定义是:"对于任何主体 S,如果 S 无可怀疑地(without ground for doubt)相信他正知觉到某物 F,则对于 S 而言,他知觉到某物是 F 是明证的。"

这里需要追问的是:(1)齐硕姆在知觉的两条原则的定义上,都用了"某某相信他正在知觉到某物 F",那么为何齐硕姆不选择直接用"某某正在知觉到某物"?(2)知觉原则的第二条涉及"共通感"与"合适的对象",那么为何它们不是直接明证的,而仅仅

---

①　齐硕姆.知识论[M].邹惟远,等译.北京:生活·读书·新知三联书店,1988:53.以及 CHISHOLM R M. Theory of Knowledge[M].2nd ed. Englewood Cliffs,NJ:Prentice-Hall,1977:20-21.

②　齐硕姆对"自我显现"的定义有两种表述。一种是"在时间 t 对于 S 而言,h 是自我显现的,其定义是:h 在 t 发生,并且必然地,如果 h 在 t 发生,则对 S 来说,h 是明证的"。在另一重定义中,齐硕姆把"h 在 t 发生"改为"h 在 t 是真的",其余未变。在"自我显现"的定义的基础上,齐硕姆把"直接明证的"定义为"对于 S 而言,h 是直接明证的,其定义是:h 在逻辑上是偶然的;并且,存在一个 e,使得(1)e 对于 S 是自我显现,并且(2)不管谁接受了 e,他也必然接受 h"。

是明证的？要回答上两个问题,就需要回到前面提到的明证的第一实体原则。前文指出,齐硕姆视"自我显现"为明证理论的第一实体原则,在论证间接明证的原则时,齐硕姆正是以"自我显现"原则作为其论证的前提。这一前提首先表现在齐硕姆对知觉的语言分析上。齐硕姆认为,当我们谈论"某某知觉到什么",比如"他看到一只猫正在房顶上"时,其实这句话本身存在着模糊。因为,它既可以分析为,确实有一只猫正在房顶上,而且确实他看见了;也可分析为,其实房顶上什么都没有,只不过是他出现了幻觉。既然无法排除幻觉出现的可能,那么对"某某知觉到什么"的正确表述就应当是"某某相信他知觉到什么",而"某人相信……"正是直接明证的典型,如此一来,我们就完成了通过"直接明证"确证"间接明证"的第一步。关于第二个问题,齐硕姆认为,直接明证指的是诸如"我感到红色""我感到黄色"等,但间接明证的知觉指"我感到红色的东西""我感到黄色的东西",这里存在着纯粹的感觉与感觉的实体之间的差别。但即便如此,"某某感觉到什么颜色的东西"之类的知觉仍然可以通过"直接明证"得以确证。简言之,在齐硕姆看来,诸如知觉、记忆等经验活动所产生的命题皆可通过还原为"直接明证"得到"间接明证"。

综上所述,可以认为,齐硕姆的整个明证理论的确是基础主义的一种重要尝试,但从其内在实质上说,这一明证理论却是内在主义的。这种内在主义的特征不仅表现在直接明证的两种形式和定义之上,更重要的是它还体现在齐硕姆通过直接明证以论证间接明证上。在笔者看来,齐硕姆的这种为把间接明证硬性塞进直接明证之履而不惜"削足"的论证方式,绝不仅仅只是为了满足纯粹的基础主义诉求,从深层来说,它正是反映了齐硕姆渴望"针对他所拥有的任何信念,仅仅依靠反思他自己的意识状态,就能够形成一套认知原则,确保他能够发现这些信念是否是确证的"[①]这种传统内在主义的根本诉求。

第二节 对外在主义的批判

如果说,在《知识论》第三版之前的几乎所有文本中,齐硕姆仅是以文本叙述的方式彰显确证的内在主义诉求,那么在《知识论》第三版中,齐硕姆辟以专章"内在主义与外在主义",在该章中,他通过对所谓的确证的外在主义批判,明确其传统内在主义的转向。

齐硕姆认为,内在主义与外在主义虽然都共同分享着确证的概念,但两者对确证的表达方式完全不同。内在主义者要求,仅仅反思自己的内在状态就能形成一套认知原则,并且是在无需任何外在帮助的情况下,仅仅坐在扶手椅上就能适用该原则,

---

① CHISHOLM R M. Theory of Knowledge[M].3rd ed. Englewood Cliffs,NJ:Prentice Hall,Inc., 1989:76.

就能发现他所拥有的信念是否是确证的。而且内在主义反对确证与真理具有逻辑关联，主张确证与假的并不冲突；但外在主义并不认同内在主义的看法，尤其是，外在主义明确强调确证与真理具有必然的逻辑关联。齐硕姆认为，外在主义的主张势必导致两种结果：(A)空理论；(B)即使该理论非空，它的准确性仍然需要内在主义的补充。

为了捍卫他一直倡导的内在主义确证理论，齐硕姆把外在主义分为四类——空理论、信赖主义、因果论和混合论，并分别进行了批判。

关于空理论，齐硕姆的定义是："S 外在地确证地相信 p，当且仅当 p 是真的，并且 S 是一个思考的主体。"齐硕姆认为，这种理论之所以为空，就在于"它把'外在确证'与真等同，或者更准确地说，这种定义没有把某人拥有真信念和他确证地相信这些信念作出区分"[①]，在齐硕姆看来，这种模糊两者差别的理论丝毫无助于知识论的研究。

关于信赖主义，齐硕姆认为，信赖主义的一般定义是：

(R1)"S 外在地确证地相信 p，当且仅当导向 S 相信 p 的过程是可信赖的。"[②]

齐硕姆认为，信赖主义的这个一般定义有两重困难。一重困难在于对"可信赖的过程"的理解。如果把"过程"宽泛地理解成"导致真信念的过程"，那么，我们可以说导致信念产生的过程是一系列活动，正是这一系列活动使得某人获取或存留了那个信念。而如果我们以这种方式理解"过程"，而且如果"可信赖的过程"只不过意味着"产生真信念的过程"，那么，这种信赖主义和空理论无异。因为如果信念为真，那么导致信念产生的过程不管多么离奇荒诞，都将产生真的信念。

齐硕姆认为，信赖主义的第二层含义为：

(R2)"S 外在地确证地相信 p，当且仅当导向 S 相信 p 的过程是一般地会导致真信念的过程。"[③]

在齐硕姆看来，这种改造也不能让信赖主义立得住脚，其结果又是另一种形式的"空理论"。如果把"过程"理解为"一般地会导致真信念的单一过程"，则会导致什么是单一过程的争论，因为，当你说某一过程是单一过程时，只要我们稍微加一些条件，该过程又会表现为"过程析取"的特征，如此一来，关于单一过程的争论就会无休无止。

齐硕姆假定了信赖主义者和内在主义者为此争论的一个场景：

信赖主义者(R)：你只需要明确规定该过程不是析取过程。

内在主义者(I)：析取是句子的一类，但析取过程又指什么？

信赖主义者(R)：如果某过程能够被用来描述使用析取句，该过程就是析取的。

---

① CHISHOLM R M. Theory of Knowledge[M].3rd ed. Englewood Cliffs,NJ：Prentice Hall,Inc.，1989：77.

② CHISHOLM R M. Theory of Knowledge[M].3rd ed. Englewood Cliffs,NJ：Prentice Hall,Inc.，1989：78.

③ CHISHOLM R M. Theory of Knowledge[M].3rd ed. Englewood Cliffs,NJ：Prentice Hall,Inc.，1989：78.

内在主义者(I)：可是每个过程都能够被用来描述使用析取句，而且，假设如你所言，那么每个过程都是析取的。

齐硕姆认为，其实"信念形成的可信赖过程"这个概念本身没什么问题，关键在于，我们首先要知道形成信念的过程是什么，而且还要试图找到那些过程中哪些是可信赖的，这样人们才会尝试着去遵循这些过程。但是这样一来循环论证不可避免。因为，当我知道哪些过程是可信赖的，我们本身就确证地相信它们是可信赖的。

齐硕姆认为，信赖主义还可理解为第三重含义：

(R3)"S 外在地确证地相信 p，当且仅当导向 S 相信 p 的过程是一般地会导致真信念的过程，这一点对 S 来说是明证的。"①

如果把"过程"理解为"一般地导向真信念是明证的"，但这里的"明证的"又是一个内在主义的术语，这样，信赖主义就需要内在主义的改造，显然这种改造信赖主义者是不可接受的。最后，齐硕姆提出信赖主义走向的第四种可能，即：

(R4)"S 外在地确证地相信 p，当且仅当导向 S 相信 p 的过程是可能会导致真信念的过程。"②

但如果把"过程"理解为"可能会导致真信念的过程"，那么什么是"可能的"？这个问题向来是一个无定论的话题。

关于因果论，齐硕姆认为目前有两种定义。

(C1)"S 外在地确证地相信 p，当且仅当 S 相信 p，而且 p 为真是 S 相信 p 的原因。"③

齐硕姆认为，这种因果论的应用范围极其有限，比如它不能应用于有关将来的命题，至于其能否应用于逻辑上为真的命题也存在疑问；更重要的是，事物的发生往往是一果多因，上述的第一种定义强调的是单因单果，其局限性也一目了然。如果第一种定义应用有限，那么我们再把因果论解释为：

(C2)"S 外在地确证地相信 p，当且仅当 S 相信 p，而且 p 为真是有助于 S 相信 p 的原因。"④

齐硕姆认为，这种因果论可能会把信念获得的原因归结为某些心理事态或神经心理学事态。

在齐硕姆看来，第二重因果论定义还直接面对 Rube Goldberg 反例。该反例是这

---

① CHISHOLM R M. Theory of Knowledge[M].3rd ed. Englewood Cliffs,NJ:Prentice Hall,Inc.,1989:80.

② CHISHOLM R M. Theory of Knowledge[M].3rd ed. Englewood Cliffs,NJ:Prentice Hall,Inc.,1989:80.

③ CHISHOLM R M. Theory of Knowledge[M].3rd ed. Englewood Cliffs,NJ:Prentice Hall,Inc.,1989:82.

④ CHISHOLM R M. Theory of Knowledge[M].3rd ed. Englewood Cliffs,NJ:Prentice Hall,Inc.,1989:83.

样的：假设某人正在花园劳动而且突然感到疲乏，因为疲乏他走回房间开始阅读报纸。他在报纸上看到某些内循环紊乱的人会长出红发。因为他有红发而且碰巧又是臆想症患者，于是他推断自己已经得了功能紊乱症。现在，如果他的功能紊乱是导致他疲劳的众多原因之一，那么，根据（C2），他就外在地确证他得了功能紊乱症。如果第二种因果论无法反驳上述反例，该确证概念无助于知识论研究。混合论，在齐硕姆看来，一般是信赖主义与因果论的多重混合，凡是信赖主义和因果论所面临的问题，混合论同样不可避免。

总之，在齐硕姆看来，外在主义是根本错误的，它完全背离了传统知识论研究的主题，对知识论的研究是毫无意义的。

第三节　基础主义的内在主义所遭遇的批判

以上简要刻画了齐硕姆的基础主义（foundationalism）的内在主义学说。客观地说，当代的知识论家们几乎都是在汲取齐硕姆这一理论的营养中成长起来的，但也唯其如此，在当代知识论研究中，齐硕姆的内在主义学说也是受到的关注程度最高、受到的批判最多、受到的批判最强烈的理论之一。从文献上看，对齐硕姆的基础主义的内在主义理论的批判可以分为两类。一类是温和的批判。温和派的批判者主要来自于内在主义阵营，这些人大都是齐硕姆的门徒，或一起工作过的同事及其理论的支持者，他们批判的目的并非要根本颠覆该理论，而是或出于对内在主义的不同理解，或出于使该理论更加完善的意图，对该理论展开批判。这部分人包括弗雷、奥笛、乌特斯托夫以及邦久。一类是激烈的批判。激烈的批判者多是来自于外在主义以及混合主义阵营，他们的批判主要是基于颠覆的目的。这部分人包括戈德曼、考恩布利斯、普兰廷加、索萨以及阿尔斯顿。下面，我们就从这两个方面谈起：

一、温和的批判

（一）弗雷的观点

弗雷主要从认知原则的角度批判了齐硕姆的确证理论。在弗雷看来，认知原则在齐硕姆的确证理论中处于核心位置，因此，批判齐硕姆就有必要从检视这些原则开始。在《齐硕姆的认知原则》这篇文章中，弗雷围绕齐硕姆的认知原则展开批判并尝试着提出这些原则可能修正的建议。弗雷首先提炼出齐硕姆知识论的 7 条重要原则。这 7 条原则在齐硕姆的知识论中被认为是层层递进并且是相互补充的，换言之，齐硕姆认为，他的知识论的认知原则在逻辑上是自洽的系统整体。7 条原则[①]如下：

　　① FOLEY R. Chisholm's Epistemic Principles[M]//HAHN L E. The Philosophy of Roderick M. Chisholm. Chicago：Southern Illinois University at Carbondale,1997：243-244.

1.如果 F 是某个自我显现的性质,而且你拥有 F 且你相信自己拥有 F,那么,对你而言你拥有 F 是确定的。

2.如果你被呈显——而且某物以这种方式正在呈显于你在认知上对你而言是不受怀疑的,那么某物正在呈显于你就是明证的。

3.如果你被呈显对你来说是明证的,而且对你而言某物正在以这种方式呈显于你是不受怀疑的,那么,你注意到 G 对你而言就是超过合理怀疑的。

4.如果你相信某个命题,该命题没有被对你而言是明证的命题集所否证,那么,这个命题对你而言就是可能的。

5.如果你相信某个命题,该命题没有被对你而言是可能的命题所否证,那么,该命题在认知上对你而言是不受怀疑的。

6.如果有三个或者更多同时发生的命题,而且如果它们中的每一个对你而言都是不受怀疑的,而且进而言之它们中的每一个都是超过合理怀疑的,那么,它们所有都是超过合理怀疑的。

7.如果有三个或者更多同时发生的命题,而且如果它们中的任何一个对你而言是超过合理怀疑的,而且加上某一个对你来说是明证的,那么对你而言它们全部都是明证的。

弗雷几乎逐条对齐硕姆的认知 7 原则提出了疑问,比如原则 1。原则 1 暗示任何自我呈显的命题在认知状态上是没有差别的。弗雷认为这是经不起质疑的,理由是:人们会担心齐硕姆挑选自我呈显性质的方式是否可以被接受,人们同样担心自己的反思内省能力是否像原则 1 表明的那样值得信任。而且自我呈显性质可能或多或少比较复杂,似乎人们更愿意相信简单的自我呈显命题,而不是更复杂的命题。举个简单的例子。表面上所有自我呈显的性质 F1,F2,F3,……的合取,你拥有它们并且相信你自己拥有它们;事实是你相信自己拥有每一个单一性质,并不必然推出你相信它们的合取。

弗雷认为,齐硕姆的认知原则均存在一些逻辑矛盾,这些逻辑矛盾的主要根源是这些原则的推导既非一致主义的也非基础主义的,但又存在一致主义和基础主义的推导嫌疑。在弗雷看来我们完全可以通过修正使得齐硕姆的认知原则系统变得纯粹,即让它变成更加纯粹的一致主义或更加纯粹的基础主义。但相比这些可以修补完善的地方,弗雷认为,其实齐硕姆对认知原则的设定存在两个更严重的问题,而这两个问题在齐硕姆的逻辑框架里很难解决。

第一,认知原则的逻辑前提——义务论的假定是错误的[①]。弗雷认为,齐硕姆的认知原则的形而上学地位来自于确证这个基本概念。确证这个概念是建构知识论大厦的基石。因此,分析确证这个概念的逻辑建构就可以把握认知原则何以产生,以及

---

① FOLEY R. Chisholm's Epistemic Principles[M]//HAHN L E. The Philosophy of Roderick M. Chisholm. Chicago:Southern Illinois University at Carbondale,1997:252-255.

知识论大厦如何建构。那么,齐硕姆的确证概念究竟是怎样进行逻辑架构的? 如上所述,齐硕姆采用从个别到一般的方式对确证的性质展开建构。他首先从具体案例出发检视其确证的理由,然后试图从这些案例中抽象出一般原则。为此,齐硕姆首先预设了我们可以通过反思促进或者更正我们的信念,并且消除那些未经确证的信念以及添加一些得到确证的信念。简单说,齐硕姆认为,确证是"内在的或直接的,主要在于在某个时间人们能够直接通过反思确证相信某个东西"。齐硕姆进而认为,得到确证的信念或者悬置信念主要基于义务或者伦理需要。齐硕姆的确证义务论或伦理说在一定程度上带给哲学家更大困扰。他们认为根据"要求相信什么"去理解确证会带来误导。毕竟除非人们能够掌控事物的发生,否则不能伦理上要求人们相信或者悬置相信。事实是我们并不能总是掌控我们相信的东西。为平息人们的质疑,齐硕姆提出优先选择要求(requirement to prefer)来理解确证。但弗雷认为,只要人们无法掌控是否相信某个事物,那么,优先选择要求的义务论也解决不了根本问题。

第二,认知原则设定的复杂性与认知把握的轻易性是无法调和的。在齐硕姆看来,人们可以仅仅坐在扶手椅上,通过反思就能轻易地形成信念的认知原则,并能轻易地实施这些原则以确证信念。弗雷认为,认知原则的复杂性恰恰通向了(齐硕姆愿望的)对立面。而且认知条件越复杂,人们在确证一个信念时遇到的障碍也就越多,轻易地把握也就越不可能①。

(二)奥笛的观点

1.在反驳齐硕姆内在主义确证理论之前,奥笛首先明确亮出自己的确证的因果论。在《齐硕姆式的确证、原因以及认知德性》中,奥笛开宗明义地认为:知识是真理而且因此被认为和现实相联。确证应该表明我们可以把拥有确证的信念当作真信念,而且把我们和现实相联。这样对经验知识和信念而言,最自然的解释就是知识和确证的信念,从广义的因果上看,均产生于现实的某个成分或被其支持。通常来说,原因被认为和知识或确证的信念的内容紧密相联,而知识或确证的信念的产生均离不开原因②。在奥笛看来,齐硕姆的内在主义的最大缺憾在于,该理论忽略了认知确证中"因果条件"的作用;由于故意忽略了因果证据在确证中的作用,该理论的完整性大大降低。"在齐硕姆的知识论中,知识,特别是确证的因果条件几乎不起作用。"奥笛要做的工作就是"问问是否因果条件可以在齐硕姆的知识论中扮演更大作用而不会削弱它的核心思想"。换言之,奥笛希望在不妨碍齐硕姆的知识论完整性的前提下,通过加入因果论的元素改造这种理论。因此,奥笛和弗雷一样,都是希望以温和的方式批判性地改造齐硕姆的知识论。

---

① FOLEY R. Chisholm's Epistemic Principles[M]//HAHN L E. The Philosophy of Roderick M. Chisholm. Chicago:Southern Illinois University at Carbondale,1997:257.

② AUDI R. Chisholmian Justification,Causation,and Empirical Virtue[M]//HAHN L E. The Philosophy of Roderick M. Chisholm. Chicago:Southern Illinois University at Carbondale,1997:323.

2.在奥笛看来，齐硕姆的内在主义可以概括为："内在主义假定，仅仅依靠反思自己的意识状态，一个人就能够形成一套认知原则，这套原则可以确保他发现他所拥有的信念是得到确证的。"①"根据这里提出的内在主义确证理论，认知确证不是某人信念的原因作用的结果。"奥笛认为，齐硕姆的内在主义不能解释现实。比如，根据齐硕姆的理论，如果某人被呈显红色，那么他便基于反思他的这种意识状态确证地相信眼前有个红色的东西。但是仅靠反思意识状态就能发现有个红色的东西在眼前的信念因果地来源于呈显状态，这一点是基本不能得到明证的。假如休谟在场一定会反驳道，所有意识到的东西一定是信念以及确证理由的合取，而且某种信念一定和某种理由保持常态的合取关系。

3.奥笛认为，齐硕姆之所以犯此类错误，主要原因在于，他忽略了"情境上的确证"与"信念上的确证"的差别②。奥笛指出，当齐硕姆谈论"确证地拥有"某个信念，或者确证地相信以及认知确证等概念时，他实际上没有意识到他的这些用语并非表达一个意思。其实他的这些用语概括起来分别表达两层意思：(a)命题 p 被 S 确证；(b)S 确证地相信 p。在奥笛看来，在(a)情形中，"命题 p 被 S 确证"并不蕴涵 S 相信 p；但是，在(b)情形中，"S 确证地相信 p"一定蕴涵 S 相信 p。奥笛把第一种情况称为"情境上的确证"，"情境上的确证"可以不需要"因果条件"扮演什么作用。对"情境上的确证"而言，最核心的是在 S 的认知情境里 p 得到确证。比如对 S 来说，"红色呈显"能够确证他眼前有个红色的东西，而 S 相信与否并不重要。但是"S 确证地相信 p"表达的是另一种情形的确证，即"信念上的确证"；"信念上的确证"绝对要求认知主体不仅要知道认知确证的理由，还要知道该理由是好的理由，这就要求因果证据在确证中扮演重要作用。奥笛认为，"齐硕姆并没有明确地作出区分，更重要地，他也没有探讨这两种确证情形中为何一个需要有因果要求，另一个却不需要"③。

4.奥笛认为，在调和齐硕姆的内在主义"把握性"要求与"因果证据"时并非毫无出路，这里只需要把内在主义分为两个不同层级——"一阶内在主义"与"二阶内在主义"，让它们分别对应于"情境上的确证"与"信念上的确证"。同时，通过设定认知德性原则，就能够达成齐硕姆的内在主义和因果条件的有效调和。"一阶内在主义"坚持确证某个一阶信念的是某种内在的东西。因此，确证我的"松鼠在房顶上蹦蹦跳跳"这个一阶信念的东西就是我的听觉。而"二阶内在主义"主张，对一阶信念确证的二阶信念的确证则需要内在根据。因此，我可以确证地相信"松鼠在房顶上蹦蹦跳跳"这个信念是有理由的；因为我感觉我对相信这个信念有着某种内在根据，并且我

①　AUDI R. Chisholmian Justification, Causation, and Empirical Virtue[M]//HAHN L E. The Philosophy of Roderick M. Chisholm. Chicago: Southern Illinois University at Carbondale,1997:328.

②　AUDI R. Chisholmian Justification, Causation, and Empirical Virtue[M]//HAHN L E. The Philosophy of Roderick M. Chisholm. Chicago: Southern Illinois University at Carbondale,1997:328.

③　AUDI R. Chisholmian Justification, Causation, and Empirical Virtue[M]//HAHN L E. The Philosophy of Roderick M. Chisholm. Chicago: Southern Illinois University at Carbondale,1997:328.

知道某个认知原则允许这个一阶信念是基于这个根据的。奥笛认为"二阶内在主义"至关重要。因为,我能意识到确证我的确证信念的根据是什么;那么,通过反思,当别人问询时我能够给出确证信念的理由,能够评估我是否经常怀有一些没有确证理由的信念,能够在面对追问时有一个自我批判的态度。①

5.奥笛认为,为什么我们需要构建二阶内在主义?背后的动因就是追求善的德性的需求。如前所述,齐硕姆主张知识论和伦理学有可以类比之处。奥笛认同齐硕姆的观点,但是齐硕姆的伦理学类比走向了义务论或者认知优先论,完全回避了知识或信念确证的根据或原因。关于这一点奥笛并不认同。他希望通过发现认知上的善或德性改造齐硕姆的知识论。正如伦理学上康德指出的那样,如果你为了取悦学生而给学生打出高分,那就是基于道德上的恶;如果基于学术水平的准确评价而给出高分就是基于道德上的善;如果既基于学术水平又想得到学生好评而给出高分也不是基于道德上的善。在奥笛看来,认知也是如此,我们的认知同样需要好的理由,而且是充分的好的理由。显然一阶内在主义类似于齐硕姆的内在主义,但这种内在主义无法提供充足的理由说明这些理由是否充分或得到部分支撑。这就需要二阶内在主义进行完善②。奥笛自认为他的这一理论补上了齐硕姆内在主义缺失的一环,通过注入因果成分即可完善齐硕姆的内在主义。

(三)乌特斯托夫的观点

如同弗雷和奥笛,乌特斯托夫批判齐硕姆的目的不是推翻这种理论,而是通过发现该理论的漏洞并尝试修补该漏洞来完善该理论。

如前所述,齐硕姆认为获取确证的信念是人们的义务,认知主体如果没有尽力获取确证的信念在道义上是应该受到谴责的,反之,该认知主体就应该受到表扬。这就是经典的齐硕姆的确证义务论。乌特斯托夫认为,齐硕姆的义务论假设是其知识论的最大漏洞。正是这个漏洞的存在使得齐硕姆的知识论近年来受到广泛批评。乌特斯托夫认为,这些批评和齐硕姆义务论内涵的两个逻辑假设有关。针对齐硕姆义务论的批评也多集中在这两个假设上。

第一个假设是:

"如果某人有义务做某事,那么,他做与不做那件事他是有责任的,是要负责的。如果他不做,他难辞其咎,如果难辞其咎就要受到责备;反之,如果他做了那件事,他就是有功的,是值得表扬的。"③

---

① AUDI R. Chisholmian Justification, Causation, and Empirical Virtue[M]//HAHN L E. The Philosophy of Roderick M. Chisholm. Chicago:Southern Illinois University at Carbondale,1997:332.

② AUDI R. Chisholmian Justification, Causation, and Empirical Virtue[M]//HAHN L E. The Philosophy of Roderick M. Chisholm. Chicago:Southern Illinois University at Carbondale,1997:333-337.

③ WOLTERSTORFF N. Obligations of Belief:Two Concepts[M]//HAHN L E. The Philosophy of Roderick M. Chisholm. Illinois:Open Court Publishing Company,1997:221.

第二个假设是：

"义务和意图相连——现实的和可能的。我的意思是意图既是有意图去做又是有意图的行为。只有那些被要求、被禁止以及被允许的意图才和现实的和可能的意图相联。"①

比如普兰廷加就集中火力批判第一个假设，指出相信什么与履行义务毫无关联。"假定我在时间 t 感觉到悲伤，真的是我相信我感到悲伤是在试图履行我的认知义务吗？在任何情况下，我能够想象到，如果做某种事情 A 是一种引起某种事态的方式，A 将是这样的情形，即对我而言至少逻辑上思考它和履行它是可能的，而且至少在逻辑上思考它和不履行它也是可能的。"②

再比如，阿尔斯顿就针对第二个假设展开批判。阿尔斯顿认为，这种把义务和意图相联的信念伦理学适用范围极其有限。人们偶尔有能力驾驭信念意图并取得成功，但这样的情形少之又少。理由是，一方面，人们以实施意图的方式形成信念的比例很少；另一方面，实际上人们是否实施某种意图很难预测。③

既然支撑齐硕姆义务论的两个逻辑假设都站不住脚，是否意味着这种知识论必然被抛弃呢？乌特斯托夫认为，费德曼关于认知义务的新的论断可以帮助齐硕姆的理论获得新生。在费德曼那里，认知义务既和受到表扬或责备无关，也和实施意图无涉。比如，某人有很好的视力，应该相信他正在看着一张桌子。当他正在直视着那张桌子，没有理由认为他所看到的是幻觉。再比如，"你应该在两星期内下床走路"——当病人拆除受伤的脚踝上的石膏后外科医生说。费德曼认为在这两种情形中，"应该"就不是伦理学意义上的"应该"，和实施意图以及受到谴责或表扬等无关。

在以上分析的基础上，乌特斯托夫提出了"责任义务论"和"典型义务论"两种类型的义务论，他认为，费德曼的认知义务论是一种"典型义务论"，而齐硕姆的义务论是一种"责任义务论"。而普兰廷加和阿尔斯顿对齐硕姆的攻击就是集中在"责任义务论"上，实际上，我们的很多知识或确证都是"典型义务论"意义上的。因此，乌特斯托夫提出："我已经建议，如果齐硕姆的根本承诺是发展一种知识论，那么他应该应用典型义务论代替责任义务论。"④

（四）邦久的观点

邦久对齐硕姆的批判主要是反对其对内在主义的基础主义理解，详见第五章。

---

① WOLTERSTORFF N. Obligations of Belief：Two Concepts[M]//HAHN L E. The Philosophy of Roderick M. Chisholm. Illinois：Open Court Publishing Company，1997：222.

② WOLTERSTORFF N. Obligations of Belief：Two Concepts[M]//HAHN L E. The Philosophy of Roderick M. Chisholm. Illinois：Open Court Publishing Company，1997：219.

③ WOLTERSTORFF N. Obligations of Belief：Two Concepts[M]//HAHN L E. The Philosophy of Roderick M. Chisholm. Illinois：Open Court Publishing Company，1997：229.

④ WOLTERSTORFF N. Obligations of Belief：Two Concepts[M]//HAHN L E. The Philosophy of Roderick M. Chisholm. Illinois：Open Court Publishing Company，1997：237.

二、激烈的批判

（一）戈德曼的观点

作为外在主义的最重要代表，戈德曼认为，以齐硕姆为代表的内在主义确证理论是"没有希望的"[①]。戈德曼的批判体现在四个方面：第一，齐硕姆的内在主义承诺能够直接把握（或直接知道）信念的确证者，然而，这样的把握性限制无法从其假定的指导—义务论的前提推导出来。因为，指导—义务论的前提充其量能够导出"把握"或"知道"原则，但"把握"或"知道"与"直接把握"或"直接知道"并不等同，如此，"直接把握"或"直接知道"就缺乏真正的逻辑前提。第二，这种强调对确证者直接把握的强内在主义无法解释贮存信念的确证问题。既然我们的大多数信念都来自于记忆，显然这些信念不可能像纯粹的意识状态那样能够直接把握，然而如果仅因为这些信念的不可把握，就认定它们不可确证或不能充当知识，其必然导致怀疑主义结果。第三，齐硕姆的认知原则的"先验性"设定不具任何说服力。齐硕姆的内在主义假定，认知主体仅仅反思自己的内在状态即可形成一整套认知原则。在戈德曼看来，这一假定即便对知识论家来说都难以办到，让普通的认知者去做到这一点是高度可疑的。如果普通的认知者不能知道或把握这些认知原则，那么还谈何"直接把握"原则？所以其结果也必然是"整体的怀疑主义"[②]。第四，齐硕姆的内在主义方法论——扶手椅方法更得不到理论与经验的支持。理由是，即便我们承认只有内在状态可以充当信念的合法确证者，但既然理论上无法排除幻觉出现的可能，那么如果不借助于经验科学，尤其是心理科学的结果，如何区分处于幻觉状态的内在状态和真实状态之下的内在状态？而要做到这一点，仅仅靠"先验把握"是绝不可能的，唯一的方法是借鉴现代科学，特别是心理科学的成果，否则"怀疑主义"仍不可避免。戈德曼认为，除以上四个方面的主要问题，齐硕姆的内在主义还存在诸多问题，比如逻辑和概率的事实是否可以充当确证者，确证过程中的时间间隔问题，等等。总之，由于该理论存在的许许多多重大的问题无法解决，因此，这是一种毫无希望的理论。

（二）考恩布利斯的观点

1.考恩布利斯认为，齐硕姆把确证仅仅当作反思性行为是错误的。考恩布利斯通过论证信念确证中反思和信念产生的因果机制的复杂关系，归谬地得出，齐硕姆的确证的反思论是错误的。如前所述，齐硕姆主张坐在扶手椅上在没有任何外在帮助的情况下，只要反思本人的意识状态并形成一套认知原则，就可以确保他找出他所拥有的任何信念，并且判断它是否得到确证。因此，确证只和反思有关而和产生信念的因

① GOLDMAN A I. Internalism Exposed[M]//KORNBLITH H. Epistemology：Internalism and Externalism. Oxford：Blackwell Publishers，2001：226.

② GOLDMAN A I. Internalism Exposed[M]//KORNBLITH H. Epistemology：Internalism and Externalism. Oxford：Blackwell Publishers，2001：221.

果关系无关。考恩布利斯认为,表面看生活中有诸多例子可以证明某些确证的信念和产生它的真正来源无关,比如,某个小鸡雌雄辨别师,在经过一段特殊训练之后能够轻易地从刚刚孵出的小鸡中分出雌雄,而不需要说出他依靠什么视觉特征。但是,仅凭这些生活中的事例就得出信念的确证和信念的来源和因果根据完全分离是站不住脚的①。

2.考恩布利斯认为,信念确证是个复杂的事情。如果按照内在主义的反思论来反观很多事例,就会发现,在很多情形下,当我们反思信念的确证过程时,"我们直接意识到关于我们信念(接受事态)的某种因果事实。而且这些因果事实在认知上是相关的。基于这种图景,通过在信念中创造某种因果关联,我们的反思行为使得我们可以把握这些因果事实。而且,根据事实的把握性,这些因果事实就可以在决定认知确证上发挥作用"②。

至此,我们看到,信念确证中的反思性把握和信念产生的因果过程仿佛产生了关联,但在考恩布利斯看来,事实并非如此。比如,对更复杂的事态,人们又往往无法把握事态发生的因果全过程,只能给事态的发生提供最佳解释性推理。"而且更甚于此,仅仅依靠内省,自我意识的反思主体注定不能说出哪一个信念在因果地支撑这些信念在出现时发生作用。"③这样,考恩布利斯通过归谬的方式论证了确证的反思论是错误的。事实证明,由于信念产生的因果机制是一个外在的过程,这种外在的东西单纯依靠反思或内省是无法给予恰当把握的。

3.考恩布利斯认为,齐硕姆把认知确证和真理割裂开来的做法更是错误的。理由是,它剥夺了我们关注认知确证的所有理由,它使我们失去了增进真信念和获得真知识的信心。在考恩布利斯看来,齐硕姆的知识论事业是对笛卡儿知识论的某种继承。二人都把知识论视为第一人称的事,和第三人称无关。"齐硕姆的知识论问题就它们只关注我们自身而言不只是苏格拉底式的,就它们从第一人称的视角研究信念的出处而言无疑也是笛卡儿式的。"④但考恩布利斯的知识论或确证论和笛卡儿的知识论或确证论又有本质区别。在笛卡儿那里,确证和真以及知识的获得直接相关,它们之间没有缝隙。如果某个信念得到确证,那它就必然是真的。事实证明,笛卡儿的这种内在主义经不起怀疑主义的质疑。因此齐硕姆发现,即便某个信念得到确证它依然有可能是错误的,就此而言,齐硕姆的这个判断无疑是更加合理的。但是,齐硕姆此

① KORNBLITH H. Roderick Chisholm and the Shaping of American Epistemology[J].Metaphilosophy,October 2003,34(5):586.

② KORNBLITH H. Roderick Chisholm and the Shaping of American Epistemology[J].Metaphilosophy,October 2003,34(5):598.

③ KORNBLITH H. Roderick Chisholm and the Shaping of American Epistemology[J].Metaphilosophy,October 2003,34(5):588.

④ KORNBLITH H. Roderick Chisholm and the Shaping of American Epistemology[J].Metaphilosophy,October 2003,34(5):590.

后的推论把问题推向极端。他认为,既然确证的信念可能是错误的,那么我们研究知识论,目的就不是追求真和知识,而是改善我们的信念系统,使我们变得更安全。考恩布利斯认为,齐硕姆的知识论或确证论在这里犯了致命错误。因为,信念的确证如果和真无关,"这条路线的一个困难就是,很难看出齐硕姆的方法能够真正改善我们的认知境遇"①。既然齐硕姆的确证论无法提高我们得到真的可能性,就很难看出还有关注它的必要。而且,这种把确证和真严重分离的做法,"使我们丧失了所有理由去认为获得确证的信念将很可能帮助我们获得知识"②。如此一来,齐硕姆的知识论打着反怀疑论的旗帜,却走向了新的怀疑论。

4.考恩布利斯认为,齐硕姆通过把认知确证和义务论联系起来以挽救其知识论或确证论的做法也不可行。在齐硕姆看来,"为了满足内在主义标准,我们有责任形成我们的信念。这样做在认知上是负责任的"。在考恩布利斯看来,既然认知确证与真理之间并不具有任何逻辑关联,那么,义务论也于事无补。不仅如此,认真反思这种逻辑可能会带来更多困难。这样,基于先验的方式无法挽救齐硕姆的知识论,以经验的方式会使得事情变得更糟。如此一来,只能拒绝齐硕姆的知识论。然而由于义务论的目的是求真避假,如此,就很难看出认知义务论能够对认知确证提供什么帮助。

5.回到回答苏格拉底之问的确证本质上,考恩布利斯认为,齐硕姆有关认知确证的错误来源于他的理智自信预设前提(self-trust),考恩布利斯认为这种想法是错误的。理由是,如果认知确证源于自信,也即是说"我相信我自己","我是值得我信任的",那么可以说有太多的事例能证明这种自信是不可靠的,它提供给我们的除了错误的希望,其他别无所有。因此,自信的必然归宿只能是怀疑主义③。

(三)索萨的观点

和弗雷一样,索萨也从认知原则出发批判了齐硕姆的内在主义。索萨用公式 J—X 表示齐硕姆的认知原则,此处的"J"指"认知确证","X"指知觉、记忆、内省等判断。索萨认为,齐硕姆的认知原则合理性的逻辑前提只能出自后验或出自先验,既然齐硕姆明确反对后验的可能,那么先验似乎是其唯一的选择。但齐硕姆又明显不接受对认知原则的先验性解释,那么在这种情况下,齐硕姆的认知原则的合理性该如何确证呢?在索萨看来,齐硕姆的认知原则的合理性的前提从根本上说,出自于齐硕姆的一种信任假定,即齐硕姆相信,我们能够通过确证我们的信念来改善我们的认知处境。换言之,如果我们能够改善我们的认知处境,那么 X 判断就是确证的。让我们姑且把

---

①　KORNBLITH H. Roderick Chisholm and the Shaping of American Epistemology[J].Metaphilosophy,October 2003,34(5):591.

②　KORNBLITH H. Roderick Chisholm and the Shaping of American Epistemology[J].Metaphilosophy,October 2003,34(5):592.

③　KORNBLITH H. Roderick Chisholm and the Shaping of American Epistemology[J].Metaphilosophy,October 2003,34(5):598.

这种信任假定称为"F"原则[①]。也即是说,我们可以通过 F 推出 J－X,再推出 X。索萨认为,既然齐硕姆并不承认 F 原则的先验性,那么 F 原则本身又如何确证呢? 于是,我们只有再次回到齐硕姆对内在主义的定义上,即我们可以通过"无需任何外在帮助的内在反思"来确证 F 原则。但通过内在反思是否能够完成 F 原则的确证任务呢? 索萨认为,诉诸内在反思只能导致两种结果:或循环论证,或依靠认知上的运气以求得确证。索萨认为,如果我们抛弃了通过内在反思确证 F 原则的可能,那么我们的出路还有四条:(1)通过实用主义确证 F 原则。(2)通过假定我们是全智全能的认知主体来确证 F 原则。(3)通过假定 F 原则的内在合理性来确证该原则。(4)通过义务论确证 F 原则。但索萨认为,以上前三种论证方式显然都是错误的,唯一的可能就是第四条,但第四条道路也是行不通的(具体论证见第七章)。如此一来,齐硕姆的认知原则就陷入了无法确证的无底深渊。索萨认为,既然认知原则是齐硕姆内在主义的核心,而它本身又缺乏合理的基础,因此齐硕姆的内在主义只能是错误的。

(四)阿尔斯顿的观点

阿尔斯顿的批判主要集中在义务论和把握性原则上,具体见第八章。

(五)普兰廷加的观点

普兰廷加的批判主要集中在义务论上,具体见第六章。

综上所述,可以得出这样一个结论,即,在对齐硕姆内在主义的批判中,无论温和派与激进派的观点有多大差异,有两点是共同的,也即,他们都共同抨击了齐硕姆内在主义的理论前提——求真避假的义务论,以及内在主义的强把握原则。他们都认为,齐硕姆义务论的理论前提是根本错误的,其内在主义的强把握原则在现实中更是不具可操作性。

第四节 对批评的回应及理论转向

如果说某个理论遭到众多学者的批判,这是极其正常的事,但不同的学派不约而同地把批判聚焦于相同的东西,这在哲学史上却属少见。面对如此众口一词的批判声音,1986 年,一向以深思熟虑著称的齐硕姆连续在三个不同的场合表达了其理论的转向。那就是,放弃前期内在主义的理论前提——义务论,通过价值论对其内在主义再次定位。齐硕姆何时提出了确证的价值论? 据齐硕姆的嫡传弟子雷尔回忆,齐硕姆首次提出价值论转向的时间,当是 1986 年在 Boulder 开展的由雷尔和戈德曼共同主持的 NEH 夏季学院课程期间[②]。但雷尔有所不知的是,1986 年齐硕姆在《哲学话

---

① SOSA E. Chisholm's Epistemic Principles[J].Metaphilosophy,October 2003,34(5):556.

② LEHRER K. Chisholm on Perceptual Knowledge:Foundationalism Versus Coherentism[J]. Metaphilosophy,October 2003,34(5):547.

题》杂志第一期发表的《认知确证的位置》一文中，已初步提出了确证的价值论转向。在该文中他说："以前我曾不谨慎地说过，人们主要的理智责任是求真避假，现在我应当说的是，人们的主要理智责任是合理地相信以及避免不合理地相信。"①1986 年在为博格丹编辑的《齐硕姆》一书所写的《自传》中，齐硕姆从价值的本体、价值与认知的优选性关系、价值与需求的关系三个方面又进一步深化了上述认识。在该文中，齐硕姆再次重复了认知确证的概念是规范的概念，但这种规范性质并不应作求真避假的义务论理解，首先取而代之的应当是"内在价值"。他的原话是："我将要谈论的东西假定了亚里士多德的洞见，也即，知识是一种内在的善。"②

在《自传》中，齐硕姆依然是从解释"认知优选性原则"开始探讨确证的概念。他认为，"确证""超过合理怀疑""确定""明证"等认知概念都可以通过"比某某更合理"得到明确解释。这里，"比……更合理"就表达了"认知优选性原则"。齐硕姆通过"认知优选性原则"逐步推导出确证的多重复杂理解。当然齐硕姆并没有满足于此，他需要给这些知识论的核心范畴找到本体论基础，否则该理论很难让人信服。于是，齐硕姆从"人是理性的动物"③推导出"人们拥有和其他信念并不明显冲突的事实实际上就假定了该信念的存在优先性"，然后从认知原则的差异性推导出它们的共同基础是"相信的权利"④，再从"相信的权利"逐步过渡到伦理学和知识论的类比，进而推导出"内在的善"的价值论和"认知优选性原则"的关系，最后，再从价值论还原成道德本体论，完成对"认知优选性原则"的本体论承诺。

齐硕姆是这样论证的："权利"绝对是个伦理学的范畴。当我们谈论伦理学原则时，我们通常会从价值论的角度出发。因此，内在价值的逻辑就是需要首先讨论的内容。齐硕姆首先把内在价值分为"内在的善""内在的恶"两类价值，并且列出了"内在的善"与"内在的恶"两列清单。比如，"内在的善"包括高兴、快乐、爱、知识、公正、美、协调、好的意图等，"内在的恶"包括不高兴、不快乐、憎恨、厌恶、不公正、丑、不和谐、坏的意图等。通过一步步抽象，最后齐硕姆对"内在的善"与"内在的恶"从"内在有价值""内在无价值"两个方面进行了定义：

"x 是 F 是内在的善可以定义为是 F 是内在有价值，并且 x 是 F。"

———

① CHISHOLM R M. The Place of Epistemic Justification[J].Philosophical Topics，Spring 1986，14 (1):90-91.

② CHISHOLM R M. Self-Profile[M]//BOGDAN R J. Roderick M. Chisholm. Dordrecht: D. Reidel Publishing Company，1986:52.

③ CHISHOLM R M. Self-Profile[M]//BOGDAN R J. Roderick M. Chisholm. Dordrecht: D. Reidel Publishing Company，1986:44.

④ CHISHOLM R M. Self-Profile[M]//BOGDAN R J. Roderick M. Chisholm. Dordrecht: D. Reidel Publishing Company，1986:49.

"x 是 F 是内在的恶可以定义为是非 F 是内在无价值,并且 x 是 F。"①

齐硕姆认为,虽然认知概念不是伦理概念,但是它们之所以具有规范性质,就是因为这些概念从属于内在价值。诚如亚里士多德所言:知识就是内在的善。在齐硕姆看来,证据基础就是认知主体拥有的所有的纯粹心理性质的合取。根据传统观点,此类意识是内在的善,即便某类意识可能是内在的恶。齐硕姆指出,如果这样的观点站得住脚,那么就有可能拥有内在是善的证据基础;当然也有可能拥有内在部分是善的、部分是恶的证据基础。认知的优选性就从属于这样的事实:每个证据基础和能够成为证据基础的每个事物必然是这样的,即把它和某种信念状态结合起来就会内在地好于把它和其他信念状态结合起来。总体而言就是,"如果对 S 而言,拥有信念状态 A 优于信念状态 B,那么,S 的证据基础就是这样的证据基础,即拥有这个证据基础连同拥有信念态度 A 优于拥有证据基础 B 连同信念状态 B"。

在齐硕姆看来,如果上述的推论是正确的;那么,我们就可以系统地把我们的认知概念还原为内在价值论的概念。至此,齐硕姆完成了知识论或认知确证论的价值论还原。从价值论的意义上,齐硕姆给认知优选性原则进行了价值论意义上的重新定义,即:

"对 S 来说,相信 p 优于相信 q,其定义是:对并不包括相信 p 与相信 q 的 S 的那些纯粹的内在性质而言,必然地,拥有那些性质和相信 p,优于拥有那些性质和相信 q。"②

齐硕姆认为,如果上述界定正确无误的话,那么所有的认知概念都可以还原为内在的价值。在文中,齐硕姆明确地把他的这一理论称为"价值论"。当然,齐硕姆并没有满足于或止于价值论,他最后探讨了价值论和义务论的关系,并从需求理论的视角重新定义了义务论以及认知优选性原则。齐硕姆认为,伦理学的基础概念是"要求"(requirement)。要求可以理解为:做出承诺就要求履行承诺,冤枉了别人就要求向别人道歉,美德就要求得到回报,犯了罪就要求被惩罚或受到报复。齐硕姆根据要求理论对内在优选概念进行了重构尝试。他认为,只要这种尝试取得成功,就可以把价值论还原为要求理论。齐硕姆以布伦坦诺意向性理论做类比对内在优选概念进行了重构,即:

"p 内在地优于 q,可以定义为对 x 而言,p 和 q 必然是这样的,x 对 p 和 q 进行的沉思要求 x 选择 p 而非 q。"③

从以上分析可以看出,齐硕姆最终使确证论走向义务论的本体论,但他此时的义

① CHISHOLM R M. Self-Profile [M]//BOGDAN R J. Roderick M. Chisholm. Dordrecht: D. Reidel Publishing Company, 1986: 52.

② CHISHOLM R M. Self-Profile [M]//BOGDAN R J. Roderick M. Chisholm. Dordrecht: D. Reidel Publishing Company, 1986: 53.

③ CHISHOLM R M. Self-Profile [M]//BOGDAN R J. Roderick M. Chisholm. Dordrecht: D. Reidel Publishing Company, 1986: 55.

务论无论是从价值还是需求的角度探讨认知原则，都丝毫没有谈及知识论的终极目的，即获得知识以及求真避假。从这个意义上可以说，齐硕姆此时的义务论完全丧失了求真避假的终极目的。

以上探讨了齐硕姆的内在主义转向，那么这一转向是否能够成功避免怀疑主义的困扰呢？事实上，齐硕姆的这一转向仍然不能逃脱怀疑主义的滋扰。正如雷尔、普兰廷加以及考恩布利斯所言，齐硕姆放弃了义务论的求真避假的终极追求，从表面上看，这一理论似乎和外在主义划清了界限，并且弥补了前期理论的根本缺陷；从实质上看，它却使得内在主义失去了存在的所有依据，并且放逐了人类的所有认知希望。诚哉斯言。

第四章

戈德曼的信赖主义的外在主义

在上一章中我们探讨了齐硕姆的基础主义的内在主义思想,在本章中,将就戈德曼(Alvin I. Goldman)的确证的外在主义思想进行探讨。戈德曼对当代知识论研究的贡献并不逊于齐硕姆。这体现在,在当代知识论的发展过程中,戈德曼不仅亲身参与了语境主义、自然知识论、社会知识论、德性知识论等新的学术流派的建设,而且,更重要的是,他与邦久共同揭开了内在主义与外在主义之争的序幕,主创了确证的主流学派:外在主义(externalism)。他的确证的信赖主义(reliabilism)在 20 世纪 70 至 80 年代更是成为当代知识论研究中独树一帜的外在主义主流学派。所有这些都昭示着戈德曼对当代知识论研究的重大理论贡献。正是基于此,我们首选了戈德曼的确证的信赖主义,把它作为研究外在主义的起始点。

戈德曼的确证的信赖主义并非一块整钢,在同行的批评特别是内在主义批判之下,30 多年来,戈德曼的这一理论历经了多次重大变化,分别表现为:历史信赖主义、规则信赖主义、双重确证论、德性确证论等。无疑,当我们考问戈德曼的确证的外在主义的理论实质及其演化进路之时,我们当然主要应在这些理论形式上下工夫,但我们同样不能忽略了信赖主义确证理论形成前的准备工作。正如上文所指出的,在戈德曼正式提出确证的信赖主义之前,他是拒绝知识的确证条件的。为了回应葛梯尔问题,60 至 70 年代,戈德曼明确提出了两种知识的外在主义理论:因果知识论与知识信赖主义。在这两种知识理论中,戈德曼鲜明地提出了取消传统确证理论的主张,但也正是这两种否定确证的知识理论,为日后戈德曼提出确证的信赖主义作了很好的预设和铺垫。

第一节　因果知识论

戈德曼对认知确证的信赖主义理论的预设与铺垫是从因果知识论开始的。1967年戈德曼发表了《因果知识论》一文。该文主要是回应葛梯尔反例的,在该文中戈德曼首次表达了对确证的看法。这一时期,戈德曼立足于自然实在论,强调用信念与事实之间的因果联系来保证知识的真。他把事实与信念之间的联系当成他为传统的知识分析"增加了一个要求"①。其基本理路是:如果事实 p 是某一真信念 p 的原因,并且存在着连接事实 p 与该信念 p 的链条,则某一真信念 p 是知识;反之,假如某人的信念并没有因果地与相关的事实相联系,它就不是知识。

基于以上分析,戈德曼认为,葛梯尔反例会出现,原因就在于真信念与使该信念为真的事实之间缺乏因果的联系,也即葛梯尔反例中的史密斯所相信的东西并非事实,而他由之推论出来的东西则纯属巧合。因此,为杜绝类似葛梯尔反例的出现,必须强调信念与事实之间的因果联系。

戈德曼是这样展开其因果知识论论证的:

首先,戈德曼认同葛梯尔的观点,即经验知识的传统论述是有缺陷的,需要修补其理论缺陷。但如何修补这种理论? 一种方法是继续延续传统路径对确证的本质加以重构,另一种是另辟蹊径对知识的三元构成加以改造。戈德曼回避了知识的确证问题,选择了第二条路径。

戈德曼首先从葛梯尔反例中的第二个案例展开分析,从而找出这种所谓反例的本身的缺陷,然后对经验知识论的几种主要来源一一分析,逐步构建出其知识的因果理论。

葛梯尔反例中的第二个案例②如下:

史密斯有很强的证据证明以下命题:

(f)"琼斯有一辆福特车。"

史密斯的证据可能是,史密斯记得琼斯长期以来有一辆车,而且是福特车。琼斯在开车时还载过史密斯一程。现在假设史密斯还有另一位名叫布朗的朋友,史密斯完全不记得布朗家在哪个城市。史密斯随意选择了三个城市名,然后构成了以下三个命题:

(g)或者琼斯有一辆福特,或者布朗家在波士顿。

(h)或者琼斯有一辆福特,或者布朗家在巴塞罗那。

(i)或者琼斯有一辆福特,或者布朗家在布里斯特-利托夫斯克。

上面三个命题都被命题(f)所蕴涵。设想史密斯知道他所构成的三个命题都是(f)的蕴涵项,于是他进而接受(g)(h)(i)基于上述蕴涵关系。这里,史密斯从很强的证据中正确地推论出(g)(h)(i)。史密斯因此确证地相信上述所有命题。当然,史密斯依然不知道布朗家在何处。

但是,进一步设想两个条件。第一,琼斯自己没有车,他开的是一辆租来的车。

① GOLDMAN A I. A Causal Theory of Knowledge[M]//POJMAN L P. The Theory of Knowledge. California:Wadsworth Publishing Company,1993:138.

② GETTIER E. Is Justified True Belief Knowledge? [J].Analysis,1963,23:135-136.

第二，特别巧合的是，史密斯完全不知道命题(h)中的地址恰恰就是布朗的家乡所在地。如果这两个条件成立，那么，史密斯就不知道(h)是真的，即便(1)(h)是真的；(2)史密斯确实相信(h)是真的；(3)史密斯确证地相信(h)是真的。

葛梯尔用上述反例说明，知识的传统定义没有给知道某个命题提供充足条件，因此是站不住脚的。

在戈德曼看来，葛梯尔反例确实暴露出传统知识论知识定义的漏洞，但他并没有抓住问题的关键。换言之，史密斯不知道命题(h)是真的，并非确证理论出现问题，而是问题出在别处。戈德曼指出，使(h)成真的是布朗的家乡在巴塞罗那的事实。也即布朗的家在巴塞罗那的事实和史密斯相信命题(h)之间没有因果联系，如果史密斯相信(h)基于他读到来自巴塞罗那的信，那么我们可以说史密斯知道(h)；另外，如果琼斯确实拥有一辆福特车，他也顺路载过史密斯一程，这也使得史密斯相信(h)，那么我们也可以说史密斯知道(h)①。因此，戈德曼得出初步结论："这个案例中似乎缺失的某种东西是使(h)成真的事实和史密斯的信念(h)之间的因果联系。而这种因果联系的要求就是我希望加入传统分析的东西。"②戈德曼认为，他的这一结论可以满足所有经验知识的分析。

戈德曼逐一分析了经验知识产生的几种经典类型：感觉知识、记忆知识、推论知识。不仅巩固了其最初的结论，而且使得这一结论更加趋向严密。

戈德曼首先分析了感觉知识。比如，某人 S 看到眼前一个花瓶，该如何分析这一情况？戈德曼认为，S 看到眼前有一个花瓶的必要条件就是，花瓶的存在和他相信花瓶的存在之间有某种因果关联。类似的这种视觉知识一定包含某种因果要求，而且如果这一因果过程没有出现，我们就会悬置做出某人看到某物的断言。假定，尽管 S 眼前有一个花瓶，但某个激光照片正好植入花瓶和 S 之间，因此遮挡住了 S 的视线。然而，激光照片正好也是一个花瓶，它对 S 来说看起来和真的一模一样。于是，当照片照亮时 S 形成了眼前有一个花瓶的信念。戈德曼认为，这里我们应当否认 S 看到眼前有一个花瓶；因为真的花瓶完全被遮挡，因此它没能在他的信念生成时产生因果作用。当然，S 在被遮挡的情况下可能知道有真花瓶，如果站在某处的他人告诉了他这个事实；但是，这种因果过程不是有一个纯粹的视觉过程，也不能说 S 看到眼前有个花瓶。

如果说，感觉、记忆产生的知识都是直接的非推论知识，它们的产生都需要在事实和信念之间有个直接的因果联系，那么，推论知识也是一种知识存在，应该如何存在？戈德曼进而分析了推论知识。

---

① GOLDMAN A I. A Causal Theory of Knowledge[M]//POJMAN L P. The Theory of Knowledge. California：Wadsworth Publishing Company，1993：138.

② GOLDMAN A I. A Causal Theory of Knowledge[M]//POJMAN L P. The Theory of Knowledge. California：Wadsworth Publishing Company，1993：138.

关于推论知识,戈德曼举了这样一个例子:假定 S 在乡下发现火山岩浆,基于这个信念,加上很多关于岩浆产生的"背景信念",S 推论出多个世纪以前附近的山体火山喷发。假定附近乡下火山喷发,留下大量岩浆,岩浆在 S 看到时还在那里,S 推断说火山喷发,那么 S 确实知道火山喷发。假定火山喷发后留下的岩浆被人清理干净,多个世纪后,假设某人根据火山爆发的场景在原地复制了岩浆。如果 S 碰巧经过那里得出此地火山喷发的结论,那么,就不能说 S 知道火山喷发。这是因为火山喷发的事实不是 S 相信它喷发的原因。因此,推论性知识的条件是:"S 知道 p 的必要条件是他的信念 p 和 p 被因果链条相联。"①

在知识因果论中,戈德曼首次明确表达了取消传统知识论的确证观的意向。他指出,因果论"公然违背了知识论的传统,即知识论问题是逻辑的或确证的问题,而不是因果的或发生学(genetic)的问题的观点"②。也即,在戈德曼眼里,理解知识的关键在于事实引起信念,而非用理由来确证信念。至于缘何取消传统确证观,戈德曼提供了两个理由。一是,因果论提出了比传统知识论"更强"的要求,即提出了传统知识论中所没有的因果联系和正确重构的要求,这些要求使得因果论可以避免葛梯尔反例;二是,因果论比传统知识分析"更弱",它不要求认知者必须对他所认识的命题加以确证,即提供理由或有关的证据。如此,一些被传统知识论当作是缺少证据的命题,在因果论那里就是有效的。

总之,在知识因果论时期,戈德曼明确表达了取消传统确证观的意向,并没有提出独立的积极的确证理论。

第二节　知识信赖主义

1976 年,戈德曼发表了《区别与感知知识》一文,集中表达了他对知识的信赖主义理解。文中戈德曼修正了前期的知识因果论,放弃了认知者的信念必须与事实相关联的理念;取而代之,戈德曼把可信赖的因果过程或认知机制设定为知识的前提条件。其基本理路是:一信念成为知识,就必须产生于一定的可信赖的因果过程或认知机制;"可信赖性"表现为,这种过程或机制不仅能在事实情境中产生真信念,而且能在相关的反事实或虚拟情境中,禁止假信念;这要求可信赖的过程或机制必须具备在不相容的事态中进行区分或识别的能力③。

---

① GOLDMAN A I. A Causal Theory of Knowledge[M]//POJMAN L P. The Theory of Knowledge. California:Wadsworth Publishing Company,1993:139.

② GOLDMAN A I. A Causal Theory of Knowledge[M]//POJMAN L P. The Theory of Knowledge. California:Wadsworth Publishing Company,1993:145.

③ GOLDMAN A I. Discrimination and Perceptual Knowledge[M]//POJMAN L P. The Theory of Knowledge. California:Wadsworth Publishing Company,1993:163.

可信赖的过程或机制如何在不相容的事态中具备区分或识别的能力？在该文中,戈德曼重点提出了"相关选择论",并把其作为知识信赖主义分析的一个前后贯通的链条。他指出,某人知道 p 的前提是他必须能够在相关选择中区分或者识别 p 的真。

但究竟哪些选择项可以视为相关选择？毫无疑问,如果要求排除所有逻辑上的选择项就不会产生知识。为此就必须对"相关选择"做出合理限定。戈德曼举了经典的谷仓反例展开其论证:

亨利驱车去乡下发现很多东西,比如母牛、拖拉机等,他也注意到有一个谷仓。对谷仓的特点他是非常清楚的,而且这次所有的东西都映入眼帘。亨利的视力良好,而且他有充足的时间认真合理地观察它们,也没有交通事故妨碍他的视野。

在假定这些信息的前提下,可以认为亨利知道这是一个谷仓吗？戈德曼认为,我们大多数人可能都会毫不犹豫地认为是。但是当我们给这个案例附加上其他信息,事情就会发生变化。比如,我们被告知,在亨利已经进入的区域到处充满着纸质的谷仓复制品,这些复制品从路边看和真的谷仓别无二致,但它们确是实实在在的赝品,既没有后门也没有内部空间,不能作谷仓用。但这些情况亨利本人并不清楚。在进入这个区域时,他没有遇到任何复制品,他看到的就是一个真谷仓;假设那个位置的那个东西就是一个假谷仓,那么,亨利将会把它误认为是一个真谷仓。在这种情况下我们将会有强烈的倾向不会主张亨利知道那个对象是真谷仓,这样,我们该如何解释前后态度的转变？[①]

戈德曼认为,在上述情况下,传统知识的"三元定义",以及他自己曾经提出的知识因果论、皮特·乌格(Peter Unger)的非偶然性分析、流行的不可击败理论等都无法解释。这就需要对该现象做出新回应。戈德曼认为,用相关选择论可以解决该问题。即某人 S 知道 p,只有在 p 在其中为真的现实事态能够被某人从 p 在其中为假的相关可能事态中区分或识别出来;如果出现某个 p 在其中为假的相关可能事态,而且某人无法把它和现实事态区别开来才成立,那么,就不能说某人知道 p。回到谷仓最初案例中,最初没有丝毫信息显示有谷仓复制品的情形,因此我们有理由认为亨利知道。但当引入复制品假设后,就有了关于对象的相关选择假设,根据假设,亨利无法区分出真假事态。一旦这种状况出现,我们就倾向于认为亨利不知道。

但是上述知识的"相关选择"理论可能会遇到笛卡儿的恶魔假设的反击。也即,亨利看到的谷仓可能是被恶魔左右的结果,这在逻辑上是可能的。如果不能排除笛卡儿恶魔假设的困境,谷仓反例用目前的"相关选择"理论则无法得到有效解释。换言之,何谓"相关的选择"仍需要进一步深入解读。

在确认"相关的"选择项的问题上,戈德曼提出了两种观点。一种认为,在任何

---

① GOLDMAN A I. Discrimination and Perceptual Knowledge[M]//POJMAN L P. The Theory of Knowledge. California:Wadsworth Publishing Company,1993:164.

情况下对于何种选择项是相关的问题,都可以有一"正确的回答"。这种观点认为,"认识"的语义内容蕴涵了一些规则,它们将认识者的环境的集合,与一个相关的可选择者的集合相映射,有关认识的分析必须辩明这些规则,否则它就是不完全的。另一种观点认为,认知者的环境并非唯一地决定一个相关可选择项的集合,而是认知者心理的规则支配着哪些可选项事实上得到选择。戈德曼进而指出,第二种观点又包含两类不同看法。第一类把命题看作是一种从可能的语词到真值的函项,认为命题的决定因素是语句及其语境,其中一个重要的语境即是语句说出者所预设为前提的东西。第二类看法指的是,"我认识 p"这种形式的语句表达了某种含糊的、不确定的命题。这类命题不需要通过完全辩明可供选择者而得到更明确的确定。戈德曼认为,他比较欣赏第二种第二类的观点。这就意味着,在戈德曼看来,不仅认知者的环境影响认知者的选择,而且,说话者的语言和心理的语境在认识中也发挥着重要作用①。

在上述理论延展的基础上,戈德曼以感知知识为例对"相关选择"的内涵进一步丰富,并在此基础上对知识的定义尤其是感知知识进行界定。

戈德曼以"双胞胎姐妹"识别为例进行深入挖掘分析:

朱迪(Judy)和储迪(Trudy)是双胞胎姐妹,长得非常相像。除其家人能够很好识别她们外,外人一般都会混淆。某日山姆在大街上遇到二人中的一个。假设他遇到的是朱迪,认出了她也相信是她。由于储迪是一个相关选择项,我们可以认为山姆真的知道她是朱迪吗?

戈德曼认为,如果山姆经常把朱迪认作朱迪,把储迪认作储迪;那么,他明显有办法区分二人。这样可以认为他知道他遇到的是朱迪。但是如果山姆经常把朱迪认作储迪,把储迪认作朱迪;那么,即便他这次偶然认出朱迪,也不能说他知道朱迪。

于是,戈德曼从最初的"相关选择"解释进而过渡到"感知等价物"并对"感知等价物"展开分析。戈德曼认为,"某个使得某一真信念不能成为知识的相关选择项一定是现实事态的'感知等价物'","感知等价物"就是那种产生相同或足够相似的感知经验的可能事态②。戈德曼的分析并没有止步于此。他认为,"感知等价物"还必须相对于主体、时间对象、对象的所有属性的集合,以及距离-方位-环境(DOE)等才能得到完整描述。在上述关系条件下,戈德曼把"感知等价物"重新定义为:

"如果对象 b 拥有某个最大集合的属性 J 而且在时间 t 该对象和认知主体 S 保持 DOE 的关系 R 中;如果 S 在时间 t 有着某种感觉 P,这一感觉来自于拥有 J 和与 S 保持关系 R 的 b 所因果地导致;而且如果感觉 P 非推论性地导致 S 相信拥有属性 F 的

①　GOLDMAN A I. Discrimination and Perceptual Knowledge[M]//POJMAN L P. The Theory of Knowledge. California:Wadsworth Publishing Company,1993:166.

②　GOLDMAN A I. Discrimination and Perceptual Knowledge[M]//POJMAN L P. The Theory of Knowledge. California:Wadsworth Publishing Company,1993:167-168.

对象 b;那么,在时间 t 对 S 而言相对于属性 F,〈c,K,R*〉是〈b,J,R〉的感知等价物,当且仅当

(1)如果在时间 t 对象 c 有 K 且和 S 处于 R* 关系中,那么这将感知地导致 S 在时间 t 有某些感觉;

(2)P* 将导致 S 非推论性地相信对象 c 有 F,且

(3)在任何因果地和 S 的 F 信念相关的方面 P* 将无法和 P 区分开来。"①

正是基于对"感知等价物"做如上分析,戈德曼对感知知识进行了重新定义:

"在时间 t,S 非推论性地感知到对象 b 有某种性质 F,当且仅当(1)对最大集合的非关系属性 J 和某些 DOR 的关系 R,对象 b 在时间 t 有 J 而且和 S 处在 R 关系中,(2)F 属于 J,(3)(A)b 有 J 而且和 S 处在 R 关系中导致 S 在时间 t 有某种感觉 P,(B)P 非推论性地导致 S 在时间 t 相信对象 b 有属性 F,(C)没有选择性的事态〈c,K,R*〉,以至于(i)在时间 t 对 S 而言相对于性质 F,〈c,K,R*〉是〈b,J,R〉的感知等价物;(ii)F 不属于 K。"

以上就是知识信赖主义的大致含义。戈德曼指出,建立在相关选择论基础上的知识信赖主义有如下优势:首先笛卡儿式的传统知识分析把知识论与确证观结合在一起,主张 S 在时间 t 知道 p,当且仅当 S 完全确证地相信 p;而确证观又主张 S 确证地相信 p,当且仅当或者(A)p 对 S 在 t 来说是自证的,或者(B)p 对 S 在 t 被其他自证的命题所完全支持。他认为,笛卡儿对知识的要求条件太高。而他的知识论只要求关于经验知识仅由可信赖的过程或认知机制所因果地导致即可;戈德曼最后表达了知识植根于人类以及类人类原始的、能区分事物的认知活动中的理念②。

一言以蔽之,在这一时期,戈德曼依然沿袭着前期知识因果论的模式,继续否认确证在知识形成中的作用,但与前期知识因果论相较,这一时期戈德曼明确表达了知识的信赖主义,而这种知识信赖主义为即将到来的确证的信赖主义准备了资料与养分。

第三节　历史信赖主义

前文指出,在知识因果论及知识信赖主义时期,戈德曼否定了确证在知识论中的作用。但 1979 年,戈德曼发表了《何谓确证的信念》一文,却在汲取知识因果论及知识信赖主义基础上,积极建构了他的确证理论:因果信赖主义或历史信赖主义。这篇

---

① GOLDMAN A I. Discrimination and Perceptual Knowledge[M]//POJMAN L P. The Theory of Knowledge. California:Wadsworth Publishing Company,1993:169.

② GOLDMAN A I. Discrimination and Perceptual Knowledge[M]//POJMAN L P. The Theory of Knowledge. California:Wadsworth Publishing Company,1993:174.

文章开宗明义:"本文的目的就是勾画一种信念确证的理论,我所考虑的是一种解释性理论,一种能够用某种一般的方式解释为什么某些信念可以算作是确证的而其他的是不被确证的。不像一些传统方法,我并不试图规定有别于或者比普通标准更高的确证标准。我只是试图解释普通标准,我相信这一标准和经典的,比如笛卡儿的标准有着非常的不同。"①

前文所述,齐硕姆认为,确证是个评价性的概念,并且基于此展开其内在主义论证。戈德曼这里认同确证的评价功能,而且也基于此展开其新理论的架构。但是,就是在这个确证属性的逻辑前提下,戈德曼表现出迥异于齐硕姆等内在主义的研究路径及模式。在前文中,我们可以看出,齐硕姆尽管把确证看作评价性范畴,却把确证看作群概念,而且通过设定基础性未经定义的"比……更合理"逐层推导出 13 个不同层级的确证概念。戈德曼认为,这种方式是错误的;这种错误体现在用评价性的概念定义另一评价性的概念,这就需要元评价性概念。戈德曼认为,这样只能让确证陷入无限回溯中。新的确证理论只需要详细说明确证的实质性条件即可。换言之,新的确证理论不需要认知术语介入其中。比如"确证的""担保的""有好的根据""有理由相信""知道什么""明白什么""领会什么""表明什么""确信什么"等都是认知术语。与之对应,"相信""相信什么""是真的""导致""是必需的""暗示"等都是非认知术语。概言之,纯粹信念的、形而上学的、模态的、语义学的或句法学的表述都是非认知的。

在对确证概念进行非认知性限定后,戈德曼初步给出他的确证的"过程理论"。戈德曼指出,以往的确证理论要求当某人确证某信念时,既要求他知道信念是确证的,而且要求知道确证是什么,还要求他能够解释确证是什么。基于这个理论,确证就是论证、辩护或者一套支持信念的理由。戈德曼明确地说,他的理论仅仅假定信念被确证仅是因为它来自某些确证它的过程或性质。简言之,必定有某种授予确证的过程或者性质;但不必是某个论证或理由或者被相信者"拥有的"东西。

前文指出,齐硕姆建构确证理论时首先确定确证的原则,并基于确证原则授权确证的群概念。戈德曼也认同这个观点。指出确证理论必须事先提出一套能够说明"S在时间 r 确证地相信 p"的图式的真值条件的原则。戈德曼首先批判了信念 p 是确证的,当且仅当"p 是不可驳斥的"或"p 是自我明证的"或"p 是自我呈显的"或"p 是绝对正确的"等确证原则。从戈德曼批判的这几种类型看,显然他的理论指向性非常明显,即齐硕姆式的确证理论。戈德曼认为,上述理论的错误可以归结为,这些尝试在赋予某个信念确证资格时都没有解释为什么信念被持有,比如基于什么因果地引起了该信念或支撑了它。"我建议,因果要求的缺失可以解释前面原则的失败。""正确的信念确证的原则一定是做出因果要求的原则,这里的'原因'可以广义地解释为信念的支撑者或引发者。"

①　GOLDMAN A I. What Is Justified Belief[M]//PAPPAS G S. Justification and Knowledge. Dordrecht:D. Reidel Publishing Company,1979:1.

在明确"原因要求"的确证要求基础上,戈德曼对确证原因的类型进行了概括分析。

首先,戈德曼对信念的形成过程进行区分,他指出:"……某些错误的信念形成过程,它们的信念输出将被归入非确证的一类。……混乱的推理、任意的思想、情感的附属物、单纯的预感或猜测,以及草率的概括。这些过程的……共有特征是'不可信赖性':它们往往在大多数情况下产生错误。相反,什么样的信念形成过程(或信念的保持过程)是直观上产生确证性的? 这包括正常的知觉过程、记忆、好的推理,以及内省。这些过程所具有的共同性是'可信赖性':它们所产生的信念一般是可以信赖的。"①

分析至此,戈德曼对确证的"过程"理论又进了一步。即:一信念的确证状态是因果地导致其产生的、可信赖的单一或复多过程的功能,这里的可信赖性指的是一过程产生真信念而非假信念的倾向性②。

在戈德曼看来,"可信赖性"只能做模糊的解释,泛指过程产生真信念而非假信念的倾向性,完全的可信赖性是得不到的。至于"信念形成过程",他认为,它指的是某种功能运作或程序,产生的是从某些状态(输入)到另一些状态(输出)的"映射"(mapping)。并且,一个过程指的是一个类型(type)而非个例(token),因为只有类型才有比如在某一时段产生80%真理的统计属性,恰是这种统计属性决定了一个过程的可信赖性。

其次,戈德曼把信念的确证区分为"独立于信念"与"依赖于信念"两种。两者的区别在于,前者作为知觉过程,并不需要信念作为输入物;后者作为推论过程,则有此需要。无条件的可信赖过程是通常产生真信念输出的"独立于信念"过程;有条件的可信赖的过程是通常产生真信念输出的"依赖于信念"的过程。以此为基础,戈德曼对信念的确证下了递归定义:

(1)如果S在t之相信p是(直接)产生于一个(无条件的)可信赖的独立于信念过程,则S在t之相信p是得到确证的。

(2)如果S在t之相信p是(直接)产生于一个(至少是)有条件可信赖的依赖于信念过程,并且如果这一过程用以产生S在t之相信p的诸信念本身是得到确证的,则S在t之相信p是得到确证的。

至此,戈德曼认为"我们已经有了一个完整的信念确证论",它的实质即是:"一信念是确证的,当且仅当它是'完好形成的'(well-formed),也即存在一系列可信赖的,

①　GOLDMAN A I. What Is Justified Belief[M]//PAPPAS G S. Justification and Knowledge. Dordrecht:D. Reidel Publishing Company,1979:9-10.

②　GOLDMAN A I. What Is Justified Belief[M]//PAPPAS G S. Justification and Knowledge. Dordrecht:D. Reidel Publishing Company,1979:10.

以及（或者）有条件的可信赖的认识运作，该信念是这一过程系列的最终结果。"①他把这种"完好形成的"理论称为"历史的或发生学的（historical or genetic）"理论。他指出，这种理论与流行的"当下时段的（current time-slice）"确证理论的显著区别在于，"当下时段的"的理论（包括内在主义的基础主义与一致主义）把信念的确证状态皆追溯至当下的精神状态，而他的理论强调的是确证的"过程"，把确证的信念看作是具有在先发生的"谱系"，是发生学意义上的、表现为一系列"论证之树"的结果。因此，在这个意义上，"由于我的理论强调信念产生的可信赖性，所以可以被称为'历史的可信赖主义'"②。从这里可以看出，戈德曼的确证理论明显是属于外在主义类型的。

在戈德曼看来，"历史信赖主义"可以避免"当下时段的"确证理论无法克服的难题，具有极强的理论说服力。戈德曼认为，"当下时段的"确证理论，历史上最典型的是笛卡儿的基础主义确证论，当下最典型的就是齐硕姆的内在主义确证论。这种确证理论假定信念的确证状态是某种确证者在相信时能够知道或决定的。而历史信赖主义不做此承诺。实际上有诸多事实是认知者对之缺乏"优先把握的"，信念的确证状态就属此类。当然这里并非说认知者在某一既定时刻对他当前的认知确证状态是无知的，这里只是否定他必须有或者能够得到关于这种状态的知识和真信念。正如人们可以知道而不必知道他知道，所以，他能够确证地相信而不必知道它是确证的。

而历史信赖主义却不同，这种理论在精神上和因果论相通。确证的信念和知识一样都有适当的历史。但是它们却有可能不是知识，或是因为它们为假或是因为它们基于某些其他要求。比如，某个信念是确证的尽管认知者并不知道它是确证的，因为确证它的证据由于时间久远而被遗忘。但如果当初的证据太强烈，认知者原初的信念可能已经被确证，并且这个确证状态通过记忆一直保存下来。但既然认知者已经记不清他为何以及如何相信，他可能不知道信念是确证的。这里，如果有人问起他是如何确证的，认知者可能茫然无知，但该信念仍然是确证的，即便认知者无法展示他是如何确证的。

然而，历史的可信赖主义却遇到了普遍性问题及两个重要反例的质疑。"普遍性问题"被认为是戈德曼的"确证论遇到的最根本的困难"③。简单说，即：既然一个特殊的信念产生自一个过程个例（process token），而这一个个例又分属于许多不同的过程

---

① GOLDMAN A I. What Is Justified Belief[M]//PAPPAS G S. Justification and Knowledge. Dordrecht：D. Reidel Publishing Company，1979：14.

② GOLDMAN A I. What Is Justified Belief[M]//PAPPAS G S. Justification and Knowledge. Dordrecht：D. Reidel Publishing Company，1979：14.

③ POLLOCK J L，CRUZ J. Contemporary Theories of Knowledge[M].2nd ed. Lanham：Rowman & Littlefield Publishers，Inc.，1999：117.Also see，CONEE E，FELDMAN R. The Generality Problem for Reliabilism[M]//KIM J，SOSA E. Epistemology：An Anthology. Oxford：Blackwell Publishers，2000：372. Also see，GOLDMAN A I. Reliabilism[M]//DANCY J，SOSA E. A Companion to Epistemology. Oxford：Blackwell Publishers，1992：435.

类型(process types),不同的过程类型又具有不同的真比率,则到底何种类型能提供信念的确证?若过程类型选得过宽,一个非确证的信念就会变成确证的;若过程类型选得过窄,将只有问题中的过程个例,在这种情况下,过程类型的真比率或为1或为0。显然,无论为1还是为0,都是不可接受的。应当说,戈德曼在本文中不是没有注意到这个问题,但他的解决方案看来并不可行,他在文中说:"关于过程类型的普通想法是宽主张,但我不能提供一个准确的解释。"①

关于两个反例,之一是:有这样一种逻辑可能,即:假定一个仁慈的魔鬼(与笛卡儿的邪恶魔鬼相对),它安排得如此精巧,以至于通过臆想过程形成的信念皆变成真,该反例质疑了信念的确证必须经过可信赖的过程的理论设定。戈德曼在本文中,对该反例的处理观点模糊,在以下两种选择中他不知该作何决断。一种是承认在此种可能的世界里,通过臆想而来的信念是确证的;另一种是修正文本,只承认信念形成过程的适用范围只是在"我们的世界里"或在"非操作的环境下"。戈德曼最终的结论是:在确证的目的设定的前提下,"重要的不是臆想的真假,而是我们认为臆想是不可信赖的"②。显然如此处理是自相矛盾的,把信念过程的可信赖性归诸我们相信是可信赖的过程,如此一来,确证即完全变成主观任意的东西,这恰是违背戈德曼本人初衷的。

之二是:某人通过一个可信赖的过程得到一个信念,该信念事实上的确是真的;但该人没有理由相信导致这一信念过程是可信赖的;或更糟的是,该人有理由相信导致这一信念的过程是不可信赖的。在这种情况下,戈德曼认为,有必要在既定的确证条件之上再追加一个条件,即:S无法得到另一可信赖的或条件可信赖的过程,若加诸实际运用的过程之上,则将导致S不再在t相信p③。显然,戈德曼对这一附加条件并非十分肯定,他承认该设定有几个问题有待解决。一是技术性的问题。二是何谓"可得到的"问题(available),比如史前期的人可以得到现在的科学方法?况且似乎也不能说所有的"可得到的"过程均要应用;更有甚者,"可得到的"一词有内在主义之嫌,从他本人后来的文章可以看出,"可得到的"恰恰是他所批判的内在主义的核心概念。面对重重问题,戈德曼最终只得承认他的观点"有点儿模糊"④。

基于以上分析可以看出,戈德曼在这一时期,虽自以为提供了确证论的完整文本,但实际上却存在着许多问题。这些均为他的信赖主义授以被内在主义攻击的口

① GOLDMAN A I. What Is Justified Belief[M]//PAPPAS G S. Justification and Knowledge. Dordrecht:D. Reidel Publishing Company,1979:12.

② GOLDMAN A I. What Is Justified Belief[M]//PAPPAS G S. Justification and Knowledge. Dordrecht:D. Reidel Publishing Company,1979:17-18.

③ GOLDMAN A I. What Is Justified Belief[M]//PAPPAS G S. Justification and Knowledge. Dordrecht:D. Reidel Publishing Company,1979:20.

④ GOLDMAN A I. What Is Justified Belief[M]//PAPPAS G S. Justification and Knowledge. Dordrecht:D. Reidel Publishing Company,1979:20.

实,这即要求,历史信赖主义必须在以后的发展中克服以上缺陷。

第四节　规则信赖主义

即如上文,历史信赖主义面临诸多难题亟待解决。在 1986 年,戈德曼出版了《知识论与认知》一书,对其历史信赖主义进行了全面修正。在该书中,戈德曼提出了新的规则信赖主义,大致理路是:S 在时间 t 的信念 p 是确证的,当且仅当(a)S 在时间 t 的信念 p 被一个正确的 J－规则系统 R 所允许,并且(b)这种允许不能被 S 在时间 t 的认知状态所破坏[①]。戈德曼指出,以上只是有关确证的大致思路或形式原则,他认为,哲学确证论的主要任务是要研究"J－规则系统 R 正确性的标准(criteria)"[②],只有如此,方能设定一个确证理论的完整规则框架。出于以上考虑,戈德曼在该书中重点分析了 J－规则系统正确性的标准。

戈德曼首先分析了 J－规则系统正确性的多个可能标准:

(C1)R 是一个从逻辑中推演出来的系统。

(C1*)R 是一个规则系统,该系统被某个相信所有关于逻辑的真理的人所选中,却忽略了所有偶然的事实。

(C2)R 是一个被某个语言游戏的玩家所接受的规则系统。(维特根斯坦)

(C2*)R 是一个被某个学术共同体的成员所接受的规则系统。(库恩)

(C2**)R 是一个被同行接受的规则系统。(罗蒂)

(C3)遵守 R 将确保信念系统的一致性。

(C4)R 允许信念态度与证据的力量相匹配。

(C5)遵守 R 将使得认知者获取的真信念的总量最大化。

戈德曼认为,上述标准皆存在问题,不足以作为 J－规则系统正确性的标准。比如,C1 标准充其量对演绎性的推理有用,但对非演绎性的推理则无能为力。比如(C2)家族性标准强调确证规则正确性的社会或共同体视角。但人们会质疑某一特殊社会或共同体的可错性以及特权地位。比如(C3)面临回溯推理的质疑。(C4)应用了"证据"一词,犯了以待证作为论证前提的错误。(C5)强调真的量化,而这不是确证所需要的。

在多个可能的标准中,戈德曼进而区分了义务论(deontological)和结果论(conse-quentialist)两种诉诸某个目的或价值(value)的标准,并展开分析。简言之,结果论强

---

① GOLDMAN A I. Epistemology and Cognition[M].Cambridge:Harvard University Press,1986:63.

② GOLDMAN A I. Epistemology and Cognition[M].Cambridge:Harvard University Press,1986:63.

调,正确性是结果的功能,它坚持规则系统的正确性是遵守或实现规则(或规则系统)结果的功能。而义务论把正确性全部或者部分地压在非结果性事实上。比如上述的诉诸逻辑真理、证据匹配等。戈德曼认为,义务论标准至今都没有令人满意的情形。而结果论似乎有一定希望。为此,戈德曼分析了结果论的五种情形:

(1)证实性结果:相信真理不相信错误。

(2)一致性结果:在信念整体中获得一致性。

(3)解释性结果:相信解释其他被相信命题的命题。

(4)实用性结果:实现某人的实际的、非理智的目的。

(5)生物学结果:存活、生产、增殖基因。

在分析比较以上五种结果论的基础上,戈德曼认为证实性结果更有希望,但由于它只是一种价值理论并且是一种客观主义的结果论,我们依然需要一个具有决定性意义的正确性标准。戈德曼认为,上述分析虽然没有得出具有决定性意义的正确性标准,但只需要对证实性标准进一步限制就会导向信赖主义方法。比如,根据证实性标准产生的真信念的比率超过 50%,证实性标准就是一种信赖主义。

最后,戈德曼在可信赖主义的范畴中,区分了资源独立与依赖于资源(resourse-dependent)两种可信赖主义。

戈德曼认为,在诸多标准中,他最倾向资源独立的"标准模式"(criterion schema),即:

某个 J—规则系统 R 是正确的,当且仅当 R 允许某些(基本的)心理过程,并且这些过程的实现将导致信念的真比率达到某个特定的高限(大于 50%)。

基于以上分析,不妨把所谓的完整的规则信赖主义表述如下:

S 在时间 t 的信念 p 是确证的,当且仅当(a)S 在时间 t 的信念 p 被一个正确的 J—规则系统所允许,并且(b)这种允许不能被 S 在时间 t 的认知状态所破坏,(c)某个 J—规则系统 R 是正确的,当且仅当 R 允许某些(基本的)心理过程,并且这些过程的实现将导致信念的真比率达到某个特定的高限(大于 50%)。

以上是对规则标准性的全部分析,作为一个普适性的理论,规则信赖主义理论同样要应对以往各种信赖主义面临的各种挑战,比如,下文将要论及的、内在主义的主要代表邦久提出的反例就对这种理论的充分性提出了挑战[①]。在邦久的反例中,提及马德和诺尔曼两个人物。马德通过完全可信赖的透视能力,得知总统正在华盛顿访问,事实确是如此;马德坚信他有这种能力,尽管有强的证据证明他并不具备该能力。诺尔曼如同马德,也是通过完全可信赖的透视能力得到如上信念,与马德不同的是,他没有证据证明或反对有透视能力的存在,或他本人就拥有该能力。根据可信赖主义,马德和诺尔曼均拥有确证的信念。但根据直觉可知,他们不应具有确证的信念。

---

① BONJOUR L. The Structure of Empirical Knowledge[M].Cambridge,MA:Harvard University Press,1985:38-52.

在戈德曼看来,邦久的反例并不能驳倒他的理论,虽上述诸例中的信念的确来自可信赖的过程,却违背了他所设定的规则中的第二条,即:这种允许不能被 S 在时间 t 的认知状态所破坏。以马德为例,既然他有证据证明他没有透视能力,他就应当推出不具备这种能力,但他不去这样做,结果只能非确证地得到以上信念,诺尔曼也是如此。

值得注意的是,戈德曼匪夷所思地设定了"前确证"(ex ante)的概念并以之理解"非破坏性子句"。戈德曼指出,以上所述仅表达了"后确证"(ex post)的概念,而后确证理论只适用于事实信念的确证的状况;前确证理论则适用于虽确证地相信某一命题,但事实上并不相信的状况。戈德曼主张,前确证理论与后确证理论强调规则的允许性不同,它强调规则的义务性。在马德的例子中,一个正确的规则系统就应当要求他利用某些推理过程,这些过程将导致他从他拥有的科学证据推出他并不具备透视力,这足以破坏他的信念的允许性①。要指出的是,"前""后"确证理论虽可暂时解决"非破坏性"的问题,但根本破坏了可信赖主义通过"信念形成过程"达成确证的根本理念,并导致了前确证与后确证之间无法克服的内在矛盾②。笔者以为,如果规则信赖主义无法克服这种矛盾,就永远无法摆脱怀疑主义的困扰。

再比如,笛卡儿恶魔的例子再次直接挑战规则信赖主义的必要性(注:与历史信赖主义不同的是,这一次的恶魔是邪恶的恶魔)。假定有这样一个可能世界,一个笛卡儿恶魔系统性地欺骗了认知者,虽认知者应用了与你我同样的心理过程,但他形成的信念却均是错误的,既然他的认知过程不可信赖,根据可信赖主义,他的信念是非确证的;但直觉上看,他的信念又是确证的。

戈德曼认为,该反例再次涉及规则信赖主义的使用范围问题。他指出,恶魔反例植根于这样的假设,即:在"可能世界"(possible world)W 里,一个信念的确证状态取决于在 W 里信念过程的可信赖性;而这是他恰恰反对的;而且,即便该信念的确证状态取决于"事实世界"(factual world)里的同等过程的可信赖性也不可行,因为,事实世界有可能也是一个被恶魔扭曲的世界。为此,戈德曼设定了"正常世界"(normal)的概念来解决反例。他说"我的提议是……在任何可能世界里,规则系统正确性的参照系,只能是在正常世界里也能有足够高的真比率"③。但在笔者看来,戈德曼"正常世界"的设定是不尽如人意的,理由如下:既然,戈德曼对"正常世界"的设定是"(正常世界)是和有关我们事实世界的一般信念一致的世界"④,既如此,不妨认定,戈德曼对

①　GOLDMAN A I. Epistemology and Cognition[M].Cambridge:Harvard University Press,1986:112.

②　HAACK S. Evidence and Inquiry[M].Oxford:Blackwell Publishers,1993:147.

③　GOLDMAN A I. Epistemology and Cognition[M].Cambridge:Harvard University Press,1986:107.

④　GOLDMAN A I. Epistemology and Cognition[M].Cambridge:Harvard University Press,1986:107.

"正常世界"的设定是以"事实世界"为参照系。如此一来,逻辑矛盾似乎不可避免。既如上文,戈德曼假定了"事实世界"并不足以作为参照系,更何况,事实世界也有被魔幻的可能。如此一来,戈德曼所设定的所谓的"正常世界"理念不过是镜花水月[①]。据笔者了解,"正常世界"概念遭到许多知识论家的批判。普兰廷加指出,既然正常世界的构建以事实世界的一般信念为基础,则该选取哪些事实世界中的一般信念作为正常世界设定的基础?可以想象,不同的选择坐标,会产生不同的正常世界,则一个规则系统的正确性就应当以它在所有的正常世界中的真比率为条件?索萨指出,既然正常世界的设定以我们关于事实世界的一般信念为参照系,则"我们"意味着什么?指事实世界中的每一个人?显然,不同的人种,信念有很大不同,如何在这些不同的一般信念中进行取舍?科亨指出,即便这些问题均得到解决,"正常世界"的设定还有一个无法克服的技术性问题,即并不清楚该理论如何运用:假定一个可能的非正常世界完全不同于我们的世界,在这样的世界里人们一般地形成有着很高比率的真信念;但如若以正常世界的标准来看,则不具备如此高的真比率;在此种情况下,通过这些过程形成的信念不应当算作确证的信念吗?显然,这些问题正常世界理论均无法应对[②]。

总之,在本书中,尽管戈德曼试图用规则信赖主义全面改造历史信赖主义,以克服历史信赖主义所遭遇的反例,但结果却事与愿违;相反,戈德曼的信赖主义却步步陷入怀疑主义的泥沼。

第五节　双重确证论

在规则信赖主义面对以上强烈质疑的情况下,经过两年左右的思考,1988 年,戈德曼发表了《强与弱的确证论》一文,进一步修正了他的确证观,以完善他的信赖主义确证理论。文中他提出了强与弱的双重确证理论,基本理路是:一信念是强确证的,当且仅当它是完好形成的(well-formed),也即在任何可能的世界里导致该信念产生的过程都是趋于真理的(truth-conducive);反之,一信念是弱确证的,当且仅当它是扭曲形成的(ill-formed),但它不该受到责备,也即在任何可能的世界里,导致该信念产生的过程虽不可信赖,但信念者本人并不知晓该过程的不可信赖性,而且他也无法通过可得到的方式去判断此种不可信赖性[③]。

① HAACK S. Evidence and Inquiry[M].Oxford:Blackwell Publishers,1993:149.

② GOLDMAN A I. Strong and Weak Justification[M]//CRUMLEY II J S. Readings in Epistemology. London:Mayfield Publishing Company,1999:400.

③ GOLDMAN A I. Strong and Weak Justification[M]//CRUMLEY II J S. Readings in Epistemology. London:Mayfield Publishing Company,1999:395.

在戈德曼看来,双重确证论"比前面的可信赖主义更自然地应对某些问题"[①],更符合我们的直觉,以及能在更大的信赖主义的框架下得以应用。戈德曼依然延续之前的论证方式,首先他列举了某个蒙昧时代的认知者的信念确证案例,并展开论证引出双重确证论。案例大致如下:

在前科学的蒙昧时代,某 S 依靠时人普遍认为合适的占星术、神谕以及符号显灵等方法形成关于未来或看不见的事物的一些信念。这些方式在科学发达的今天被认为是极不值得信赖的。假定在某个特殊情形下,某 S 应用上述在那个时代比较流行的查看星座符号的方法形成了战争逼近的信念,暂且把这种方法称为方法 M,试问,这个人的信念是否得到确证?

在戈德曼看来,上面的案例实际上是个两难问题。在今天看来,不同视角会有不同回答。

假设基于戈德曼前期提出的信赖主义,某一信念的确证必须基于恰当的、适当的方法;可以认为蒙昧时期某 S 应用的方法 M 是不恰当的、不合适的方法,因此他的关于战争临近的信念是非确证的;但如果考虑到 S 所处的历史时代环境,以及那个时代每人都在应用并信赖这些方法,而且他也没有决定性证据不再信任占星术等方法,就没有理由苛责他应用这种方法 M,也不能苛责他如此相信什么。因此,似乎也可以认为,蒙昧时期某 S 的战争信念是确证的。[②]

为了回答上述问题,戈德曼提出了强弱双重确证理论。即如上述:一信念是强确证的,当且仅当它是完好形成的(well-formed),也即在任何可能的世界里导致该信念产生的过程都是趋于真理的(truth-conducive);反之,一信念是弱确证的,当且仅当它是不恰当地形成的(ill-formed),但它不该受到责备,也即在任何可能的世界里,导致该信念产生的过程虽不可信赖,但信念者本人并不知晓该过程的不可信赖性,而且他也无法通过可得到的方式去判断此种不可信赖性[③]。

为了进一步论证双重确证论的合理性,戈德曼基于规则信赖主义中的"信念形成过程"与"信念形成方法"两种信念形成路径,提出了信念确证两个层面的观点。也即:基于信念形成过程的"基本确证"(primary justifiedness)与基于信念形成方法的"辅助确证"(secondary justifiedness)。在此基础上,戈德曼分析了基于信念形成过程的"基本确证"的强弱双重确证条件,和基于信念形成方法的"辅助确证"的强弱双重确证条件。

关于信念形成方法的"辅助确证"的强弱双重确证条件,戈德曼认为,判断某种方

　　① GOLDMAN A I. Strong and Weak Justification[M]//CRUMLEY II J S. Readings in Epistemology. London:Mayfield Publishing Company,1999:394.

　　② GOLDMAN A I. Strong and Weak Justification[M]//CRUMLEY II J S. Readings in Epistemology. London:Mayfield Publishing Company,1999:394.

　　③ GOLDMAN A I. Strong and Weak Justification[M]//CRUMLEY II J S. Readings in Epistemology. London:Mayfield Publishing Company,1999:395.

法是否值得信赖通常要看应用这种方法能否产生充分高的真比率。强确证就是要求应用的方法能够得到充分高的真比率。从这个角度看，蒙昧时期的某 S 基于时人普遍认为合适的占星术对战争的预判就是非确证的。但是如果从弱确证的角度看，蒙昧时期的某 S 的信念就是确证的。只需把弱确证解释为："S 的信念是弱确证的，当且仅当(1)信念产生的方法 M 是不可信赖的；但是(2)S 不相信 M 是不可信赖的；(3)S 既没有拥有也没有得到某个可信赖的方式告诉他 M 是不可信赖的；(4)不存在 S 认为是可信赖的方式，如果使用会导致 S 相信 M 是不可信赖的。"[①]

戈德曼认为，基于信念形成方法的"辅助确证"的强弱双重确证条件的设定，可以很好应对蒙昧时期认知者的信念确证。某 S 相信战争逼近基于不恰当的信念形成方法，但他并不知道他的方法是不可信赖的；而且，他也无法得到或拥有其他方法导致他相信占星术方法是不可信赖的；最后不存在 S 认为是可信赖的方式，如果使用会导致 S 相信那个判断。[②] 戈德曼用类似的方式分析了基于信念形成过程的"基本确证"的强弱双重确证的条件，并得出大致相同的结论。

即如上述，规则信赖主义无法有效应对恶魔反例。在《双重确证论》中，戈德曼仍然把恶魔反例视为最需要回答的问题。戈德曼认为，他的强弱双重确证论可以有效应对恶魔反例。虽然在恶魔反例中，恶魔的受害者虽然应用和我们完全相同的信念形成过程，但得出的都是假的信念。"基本确证"的强确证的条件，显然对恶魔受害者是不适用的；但"基本确证"的弱确证的条件，恶魔受害者确是完全适用的。因为：(1)他不相信它们是不可信赖的；(2)他没有可信赖的方式告诉他这个；(3)不存在 S 认为是可信赖的方式，如果使用会导致他相信这个结论。

戈德曼认为在规则信赖主义时期，他提出的"正常世界"的理论虽然可以解释恶魔反例，但确实存在很大局限。最大的问题是：可能世界 W 中的信念确证问题。根据戈德曼的"正常世界"的理论，信念系统规则的正确性是一成不变的，不会随着世界不同而改变。这样一来，恶魔反例中的受害者信念的确证就不取决于他的信念形成过程在恶魔世界是否可靠，而是取决于正常世界。而且根据该理论，假设事实世界就是恶魔世界，我们的信念将是系统性幻觉，这些信念依然是确证的。

戈德曼认为，除了可能世界中的信念确证问题，"正常世界"理论还需要回答事实世界与正常世界的关联性问题。再者当谈论"正常世界"由"我们"关于"事实世界"的一般信念所固定时，"我们"的指代问题是事实世界中的每个人还是全部人类？等等。

戈德曼认为，要解决上述"正常世界"理论所带来的挑战，必须破除关于系统规则正确性的僵硬设定，最明智的办法是让它随世界的不同而不同。

① GOLDMAN A I. Strong and Weak Justification[M]//CRUMLEY II J S. Readings in Epistemology. London：Mayfield Publishing Company，1999：396.

② GOLDMAN A I. Strong and Weak Justification[M]//CRUMLEY II J S. Readings in Epistemology. London：Mayfield Publishing Company，1999：396.

在本文中,戈德曼还谈到规则信赖主义存在的搭便车的技术问题,要求规则系统的所有亚系统均保持正确性。值得注目的是,在本文中,戈德曼还突出了运气(luck)在确证以及知识中的不可避免性。

双重确证论较诸前述理论,在理论的圆融程度上的确更进一步,这是该理论的优点;但双重确证论有着丧失信赖主义理论内核的危险。即如上述,戈德曼在对恶魔问题的解决上,抛弃了规则系统正确性的强硬(rigid)标准,转而诉诸规则系统正确性的相对化标准,更有甚之,他还诉诸运气来解决确证及知识问题;如此一来,信赖主义理论赖以立身的"真"这一强外在条件即荡然无存,所剩的只能是和他一贯批判的内在主义进行媾和。事实上,戈德曼本人的确表达了此种意向,在本文的最后他指出:"我不知道是否确证的双重理论意味着外在主义与内在主义的联姻,如果的确如此,那我并不反对这种结合。"①

第六节　德性确证论

受自然主义知识论以及德性知识论的影响,戈德曼的确证观在上世纪 90 年代初又发生了剧烈变化,在 1992 年发表的《认知民间方式与科学知识论》一文中,戈德曼表达了德性确证论的观点。其基本理路是:一信念是确证的(justified),当且仅当它来自于一个"德性的"(virtuous)心理过程链条;反之,当一信念来自于一个"邪恶的"(vicious)的心理链条时,它即是非确证的(un-justified);另,当一信念来自于一个既非"德性的"又非"邪恶的"心理链条时,它即是无确证的(non-justified)②。

要想清楚明白地理解戈德曼的新的德性确证论的理论内涵、逻辑思路以及应用价值,必须从他在这一时期对知识论的使命或者元知识论问题的新思考说起。

在 20 世纪 90 年代,自然知识论异军突起对知识论发展及走向产生很大影响。以奎因为代表,这种知识论摈弃传统知识论对知识的元知识论探究,从自然科学特别是心理学、认知科学等获得养分,提出知识的心理学理解或自然科学的解释。比如奎因曾这样重构他心中的知识论:"可能更有作用地说知识论仍然可以继续,尽管在新的设定和新的归类的情形下,知识论或者某些类似的东西,简单地看作心理学或者自然科学的一章。它研究自然现象,也即物理的人类主体。这种人类主体被给予某种实验上的可控的输入——某种根据可控的频率释放的辐射模式——在充足的时间内该主体以输出的方式对三维外在世界及其历史进行描述。这种贫乏的输入与汹涌的

① GOLDMAN A I. Strong and Weak Justification[M]//CRUMLEY II J S. Readings in Epistemology. London:Mayfield Publishing Company,1999:401.

② GOLDMAN A I. Epistemic Folkways and Scientific Epistemology[M]//SOSA E,KIM J. Epistemology:An Anthology. Oxford:Blackwell Publishers,2000:439.

输出之间的关系就是我们希望研究的一种关系,同样的原因也适用于知识论的研究。"①

当然索萨的德性知识论对戈德曼的转型也影响巨大。索萨在上世纪80—90年代提出了著名的德性知识论,即认为知识是德性的真信念(具体见第七章)。戈德曼明确指出,他的德性知识论"和索萨的认知德性有着相同的核心概念"②。正是在奎因的自然知识论和索萨的德性知识论的双重影响下,戈德曼重新思考知识论的定位,并把确证理论的分析转向德性确证论。

戈德曼提出新知识论要有两重使命。一重是把知识论的概念及规范贴上民间方式(folkways)的标签,一重是构筑一套更准确的、完美的或者是系统的认知规范,以超越天赋的认知本领。戈德曼认为,知识论植根于民间日常的实践和概念,拒绝知识论的民间理解就无权把新的学科称为知识论。当然,仅从民间去理解知识论,就将授人以幼稚、不系统等口实,必须借鉴认知科学发展的成果。因此,还应当汲取自然科学的营养,把民间知识论变成科学事业来对待。这样,"既然知识论的使命都在重要方面依赖科学尤其是认知科学的拯救,让我们把我们的知识论就称为科学知识论吧。科学知识论有描述的和规范的两个分支。一方面描述的科学知识论瞄准刻画我们的日常认知看法,另一方面规范的科学知识论则继续做出认知判断或者形成这种判断的系统原则"③。

正是基于对知识论的新的理论构想,在充分借鉴索萨的德性知识论核心概念的基础上,戈德曼逐步构建了他的有关确证的德性确证理论。也即,"基本方法大致是,把确证概念看作认知德性实践的概念。通过一系列'德性的'心理过程链条得到的(或保持的)信念有资格视为是确证的。那些部分来自于认知'邪恶的'过程可以被视为非确证的"④。

为更加详尽论述这种德性确证论,戈德曼提出了"认知评价者"(epistemic evaluator)的概念。戈德曼认为每一个认知评价者皆有一套内在的认知"德性"(virtues)及认知"邪恶"(vices);在进行认知评价时,人们通常把产生信念的过程和其心中的认知"德性"与认知"邪恶"进行比照,当发现某过程仅与德性匹配时,该信念就是确证的;反之,当发现某过程仅与邪恶相匹配时,该信念就是非确证的;除此,当某过程既不与"德性"相配又不与"邪恶"相配时,该信念就是无确证的。

---

①　QUINE W V. Epistemology Naturalized[M]//SOSA E,KIM J. Epistemology:An Anthology. Oxford:Blackwell Publishers,2000:297.

②　GOLDMAN A I. Epistemic Folkways and Scientific Epistemology[M]//SOSA E,KIM J. Epistemology:An Anthology. Oxford:Blackwell Publishers,2000:439.

③　GOLDMAN A I. Epistemic Folkways and Scientific Epistemology[M]//SOSA E,KIM J. Epistemology:An Anthology. Oxford:Blackwell Publishers,2000:439.

④　GOLDMAN A I. Epistemic Folkways and Scientific Epistemology[M]//SOSA E,KIM J. Epistemology:An Anthology. Oxford:Blackwell Publishers,2000:439.

关于何谓"德性"与"邪恶",戈德曼指出,"德性"包括基于视觉、听力、记忆、以某种"被认同的"方式进行的推理等信念形成过程;"邪恶"包括基于猜测、臆想,以及无视证据等形成信念过程。至于"德性"与"邪恶"划定的标准,戈德曼再次诉诸"可信赖性",他指出,基于视觉、听力、记忆或(好的)推理的信念形成过程之被认定为德性的,即在于它们将产生高比率的真信念;反之,基于猜测、臆想和无视相反证据的信念形成过程之被认定为邪恶的,即在于它们被认为将产生低的真比率。

以上是对戈德曼的德性确证观的基本述略,在戈德曼看来,德性确证理论较诸前述信赖主义理论有更大的普适性。比如"恶魔反例",戈德曼认为,恶魔反例的受害者的信念在很多人看来是确证的,是符合直觉的,的确如此。因为评价者将把受害者的视觉认知过程与他的认知德性中的某些款目进行匹配,并以此评判受害者的信念是确证的①。再看邦久的透视眼反例,如上所述,在规则信赖主义中戈德曼对此采取一概否认的态度;然在本文中,戈德曼却把马德与诺尔曼的例子分为两类。在马德的例子中,因为评价者将会把马德的信念形成过程与无视证据的邪恶进行匹配,因此,马德的信念是非确证的;但像诺尔曼的例子就有所不同,既然诺尔曼无证据证明或反对他拥有透视的能力,评价者即可认为他是无确证的(non-justified)。

戈德曼认为,德性确证论还可以很好地回答普兰廷加的"脑功能障碍患者"反例:

普兰廷加假定的"脑功能障碍患者"的所有信念都来自于这种功能失调的认知过程;普兰廷加设想在每一种情形中该脑功能障碍患者的认知过程都是可信赖的,但不能称为认知确证。戈德曼认为基于他的德性确证论,普兰廷加的反例容易解答。由于普兰廷加设想的过程和任何认知评价者德性系列中的德性都不匹配,因此,至少这些信念是无法确证的。如果认知评价者事先有病理学的知识,他就可以把"脑功能障碍患者"的信念过程称为"邪恶的"过程,从而把他的信念认为是非确证的。

然而,戈德曼的德性确证观并无想象的那么乐观。既然认知"德性"或"邪恶"依赖于"可信赖性"假定,那么就将再次涉及可信赖性的适用域或适用环境。于是问题再次提出,即:判断过程的可信赖性的相关域是什么?比如,普洛克就举了一个这样的例子:颜色视觉在地球上是可信赖的,但在宇宙的大尺度内就未必如此。既如此,颜色视觉的可信赖性的判断域是什么?②索萨也表达过类似的看法③。

在戈德曼看来,上述挑战并不成立,他指出:假定认知评价者对上述问题保持敏感是错误的,我们对理智德性通常的理解是大致的、非系统的,对任何域或环境的相对性的理论渴望并不强烈。因此,只要我们专注于认知民间方式的描述,一切域或环

①　GOLDMAN A I. Epistemic Folkways and Scientific Epistemology[M]//SOSA E,KIM J. Epistemology:An Anthology. Oxford:Blackwell Publishers,2000:440.

②　POLLOCK J L. Contemporary Theories of Knowledge [M]. Totowa, NJ: Rowman and Littlefield,1986:118-119.

③　SOSA E. Knowledge and Intellectual Virtue[J].The Monist,1985,68:226-631.

境的指责皆烟消云散①。戈德曼还指出,根据民间心理学,普通人皆有"范畴保守主义"(categorical conservatism)的倾向,只有哲学家才会对什么"恶魔假定"或"透视眼反例"怀有兴趣。笔者以为,戈德曼的上述反驳也不成立。从上述论证可以看出,戈德曼应用了"我们"一词,这即是说,他的上述反驳是建立在"自然齐一性"的假定之上,恰是在同一篇文章中,他却表达了反对"自然齐一性"的观点。在谈到认知德性时,他说:"当然,并不假定所有说话者均有一套相同的理智德性和邪恶,他们可以有对可信赖过程不同的意见,并且因之在理智德性的系列中有所区别;或者,他们分属于同一语言共同体中不同的亚文化,这些将影响他们的德性系列;哲学家有时似乎假定认知判断的更大齐一性,这种假定可能来自于哲学家自己判断的事实,并且他们是同一亚文化的成员。主体范围的扩大化将揭示几乎没有所谓的齐一性。"②同一文章出现如此逻辑矛盾,也许戈德曼本人并无意识,但这确是不争之事实。若戈德曼无法消除以上逻辑矛盾,其理论即将丧失应有的逻辑自洽性。

戈德曼最后把他的德性确证论回到民间方式上,为了回应"人们有一套理智德性和邪恶,判断德性和邪恶的证据是什么?"他提出:"回答'X知道什么'的问题,通常的回答是'他看到它''他听到它''他记得它''他从某某证据推出它'等等,因此,基于看见、听到、回忆和好的推理等信念方式都被民间视为认知德性,反之回答'X知道什么'的问题是基于'猜测''臆想'或者'忽略证据'等这种信念形成模式都可以看作认知邪恶。"

回顾戈德曼关于知识论的双重使命即可发现,知识论第一条使命是通过民间方式发现认知德性或认知邪恶,第二条使命是超越民间方式提出精致化的认知规范。但是当面对许多质疑时,戈德曼又回到认知民间方式回答认知规范的根据,这本质上就是循环论证。因此,我们认为,德性确证论并没有戈德曼本人设想的如此美好:"不说解决所有前面理论遇到的著名的反例,但至少解决它们中的绝大多数。"③本文中出现如此多的逻辑矛盾或逻辑不自洽,其实是戈德曼内心矛盾的潜意识流露,反映在一方面他要捍卫信赖主义理论内核,诉诸过程的可信赖性以解决确证问题;另一方面,在各种反例的进攻面前,他被迫向内在主义的"把握主义"进行媾和,又诉诸不可琢磨的理智德性作为补充。如此一来,出现矛盾实属必然,这也同时反映了戈德曼可信赖主义的尴尬之境。

---

①　GOLDMAN A I. Epistemic Folkways and Scientific Epistemology[M]//SOSA E,KIM J. Epistemology:An Anthology. Oxford:Blackwell Publishers,2000:442.

②　GOLDMAN A I. Epistemic Folkways and Scientific Epistemology[M]//SOSA E,KIM J. Epistemology:An Anthology. Oxford:Blackwell Publishers,2000:441.

③　GOLDMAN A I. Epistemic Folkways and Scientific Epistemology[M]//SOSA E,KIM J. Epistemology:An Anthology. Oxford:Blackwell Publishers,2000:443.

第五章

邦久的一致主义的内在主义

以上分别探讨了齐硕姆的基础主义的内在主义与戈德曼的信赖主义的外在主义,如果说上述两种思想相对而言较为"传统",接下来我们将要探究的则是当代内在主义与外在主义争论中凸显的两种"新"的思想。它们分别由邦久(Laurence Bonjour)与普兰廷加(Alvin Plantinga)两个学术"新锐"所提出,分别代表着当代知识论研究中的"新"内在主义与"新"外在主义。在本章中,我们首先研究邦久的一致主义的内在主义思想。

邦久其人在当代英美哲学界并不享有多高盛名,从哲学的建树来说,他远远比不上齐硕姆与戈德曼;但在当代知识论研究领域,他却相当知名,是著名的知识论家。邦久的知名度来自于两个方面。(1)他和戈德曼二人1980年在美国《中西部哲学研究》(*Midwest Studies in Philosophy*)第5卷上分别发表了两篇针锋相对的文章:《确证的内在主义构思》及《经验知识的外在主义理论》。这两篇文章针锋相对,揭开了当代内在主义与外在主义论争的大幕,从此使得当代英美知识论研究主要集中在有关知识或者信念确证的内/外在主义之争上;(2)邦久本人在1985年出版了《经验知识的结构》一书,在该书中,邦久阐发了被众多知识论认为是最深刻、最精致的一致主义的内在主义,这一理论在当代知识论领域深有影响,一举奠定了邦久在当代知识论研究中的地位,并使他成为当代内在主义的强有力的捍卫者。以下就是我们对邦久的内在主义确证理论的集中阐释。

第一节 批判基础主义与外在主义

邦久的确证的内在主义肇始于他对基础主义和外在主义的批判。如上所述,自柏拉图在《泰俄泰德》及《美诺》篇中提出"知识是确证的真信念"以来,知识的"JTB"模式就构成了知识的经典定义。但1963年,葛梯尔反例对"知识是确证的真信念"进行了质疑,使得确证的问题逐渐凸显为当代知识论的中心问题。在1985年出版的《经验知识的结构》一书中,邦久明确表达了他对知识的传统定义的捍卫,并确认了确证概念在知识论中的中心地位。在邦久看来,我们之所以成为认知者就在于我们拥有信念的能力,我们认知努力的唯一目的就是真理。但如果真理可以直接把握,在任何情形下我们可以直接选择相信真理,根本无须确证概念;然而令人遗憾的是,真理是无法直接把握的,这种理想的境况很难实现。既然无法直接达到真理,但为了最终能够得到真理性的认识,在探索真理之途中,人们的信念至少应该是有理由的或者说是得到确证的,为此,研究确证的本质和标准当是知识论研究的第一要务,也是每一个追求真理者的义不容辞的义务①。

然而,在选择如何确定信念确证的标准时,我们首先就要面临"认知回溯问题"。所谓"认知回溯问题",即在人们确证一个信念时,最自然的方式就是产生一个确证的论断:信念 A 通过援引信念 B 得以确证。在这一关系中,信念 A 是以某种可以接受的方式从信念 B 中推论出来,信念 B 也由此能够作为信念 A 的理由。但如此一来,信念 B 本身又必须以同样的方式得以确证,如此反复进行,就使得确证陷入一个无限的回溯系列。对"认知回溯问题"的解决,有四种可能方案:(1)回溯终止于某一未经确证的信念;(2)回溯继续无限后退,新的有待确证的信念不断加入进来;(3)回溯可能返回自身,有待确证的信念又成为该信念确证的前提;(4)回溯终止于一个无须其他信念确证的确证的信念。邦久分别对以上四种方案进行了分析②。在他看来,第一种方案虽看似合理,但如果它是正确的,那么从认知的观点看,经验知识似乎最终依赖于完全任意的而且是完全不能带来任何真正确证的信念之上,而这只能导致怀疑主义的结果。关于第二种方案。邦久认为,如果这种方案是正确的,那么主张者似乎首先必须宣称这种无限的后退是非邪恶的;其次,主张者还似乎必须能够把握这些无限多数目的信念。很显然,这两种要求都缺乏合理性。至于第三种方案,邦久指出,第三种方案并不优于前两种方案,因为,第三种方案事先假定了每一个待证的信念本身已经是确证的,这犯了以未证来进行证明的错误。在排除了前三种方案之后,邦久认为表面看来只有第四种方案更具有吸引力,而第四种方案就是基础主义的解决方式。

关于基础主义,奎因顿给出了一种解读:

"如果任何信念需要被确证,一定需要某种不把自己的可信性再归诸他者的终端信念。对信念确证而言仅仅接受是不够的,更不要说仅仅是得到:一定要有好的理由去接受它。进而,对待确证的推论性信念而言,支持它的信念一定要本身是确证的。因此,就需要有某种不把确证寄托在他者身上的信念。除非有这种情形出现,否则根本不会有信念确证一说。因为,要确证一信念就需要一个无限序列的信念得到事先

① BONJOUR L. The Structure of Empirical Knowledge[M].Cambridge,MA:Harvard University Press,1985:7-8.

② BONJOUR L. Can Empirical Knowledge Have a Foundation? [J].American Philosophical Quarterly,January 1978,15(1):3.

确证。终端的需要把确证带向终点的信念,在自身确证上不需要是严格自我明证的。所有必须的就是他们不应从他者那里得到确证。"①

邦久认为,基础主义其实并不可行。邦久把基础主义分为三类并逐一进行反驳:第一类是承认有一个无须确证的基础信念存在的相对温和的强基础主义,回溯问题的第四种解决方案即属此类。这种基础主义强调基础信念可以终结无限回溯。它本身自带足够的认知保证、独立于任何其他经验信念,他们完全能够对经验知识的确证提供起始点,也可为确证的回溯提供终结点。第二类是把基础信念当作是不可错的、确定的、不可更改的、不可驳斥的更强的基础主义,比如笛卡儿的基础主义。第三类是弱基础主义。该类基础主义承认基础信念只有一定的确证度,如果某一信念要成为知识,这一信念不仅需要基础信念,它还要加入整个大的系统中,看其是否能够和其他信念保持一致。弱基础主义实际上是强基础主义和一直主义的混合体。邦久认为无论哪类基础主义,面临的最大挑战都是基础信念确证的二元悖论。

邦久以齐硕姆的目的论作比喻说明这种二元悖论:"基础信念实际上是一种认知上的不动的推动者(或者自动者)。它能够给其他信念以确证,但明显地它无须对它进行确证。但这种资格在知识论中比在目的论中更易于理解吗?一个信念除非它本身是'运动的',否则它如何向其他信念传递确证?甚至更为悖论的是,某个信念如何在认知上推动自己呢?"②

邦久进而论证,确证的本质就是确认和认知目的真的内在关联。放弃了这一真的追求在认知上就是不负责任的。而且,认知确证还需要论证确证标准的合理性,即需要对确证进行元确证,否则就没有理由认为该确证是确证的,是导向真的。以此反观基础主义确证观,无论哪一种基础主义都违反了上述有关确证本质及其元确证的要求。

邦久认为,如果我们接受确证本质的上述论证,那么,对基础主义而言就要求基础信念必须具备某种特征,使得它构成基础信念成真的好的理由。这就必然要求基础信念既要能够说明导向真信念,又要能够说明它具备导向真信念的特征。同时还要求认知主体能够把握这个基础信念具有这方面特征。显然,如果确证基础信念具备上述特点要么通过先验的方式,要么通过经验的方式。毫无疑问基础主义并不采纳以先验的方式来确证经验信念。但是,如果确证基础信念的最终是经验,则该经验必定具备某种特殊性质。但问题是这种特殊性质在何种意义上可以作为基础信念确证的依据?如果这种性质被理解为知觉信念或类信念,则基础信念就丧失了基础信念的资格,因为确证它的知觉信念或类信念本身就有待确证;如果该经验的性质并不

①　BONJOUR L. Can Empirical Knowledge Have a Foundation? [J]. American Philosophical Quarterly,January 1978,15(1):3.

②　BONJOUR L. Can Empirical Knowledge Have a Foundation? [J]. American Philosophical Quarterly,January 1978,15(1):5.

采取知觉信念或类信念的形式,如果我在理解该性质时,并没有在认知上意识到它的特殊性,则进一步确证的事的确可以避免,但代价是很难理解此种性质是如何确证基础信念的。邦久认为,任何一种基础主义都无法克服这种确证的二元悖论,如此一来,任何一种基础主义均难逃破产的命运。

为了应对认知回溯现象,邦久还清算了基础主义标准版的"认知被给予性(givenness)"的传统理论。被给予性主张基础信念的确证不应依靠进一步的信念,而应是在这个世界上被"直接理解的"、"直接呈显的"或"直觉到的"事态。这种依靠非认知事态的确证避免了进一步确证的需要,因此也终止了认知回溯。邦久认为,"被给予性"理论也于事无补。以"直觉到的"为例。如果直觉到基础信念是确证的,那么,问题是为什么直觉本身不需要确证? 而且,如果直觉本身不需要把握到,如何确定直觉能够给认知者理由认为他的信念是真的或有可能为真? 邦久批驳了奎因顿的被给予性理论。奎因顿主张:基本命题理论和真的符合论密切相关。符合论主张信念系统和使它得以确证的世界关联。邦久认为,这种依靠符合论的直觉理论同样会陷入二元悖论。即,如果直觉或直接理解被解释为认知的,那么它们就既能够提供确证也需要确证;如果它们被解释为非认知的,那么他们不需要确证但也明显不能提供确证。从这个意义上说,"被给予性"理论也是一种神秘主义。

邦久同样反驳了确证的外在主义。在解决认知回溯问题上,外在主义主张:拥有基础信念的主体对基础信念根本无需任何确证的理由,甚至无须认为有任何理由存在的必要;构成知识的信念仅仅需要依赖外在关系,根本不需要主体对客观情境的把握,因此根本无所谓回溯问题的产生。在邦久看来,阿尔斯顿、戈德曼都是外在主义的代表,但最能代表外在主义观点的是阿姆斯特朗的"温度计模型"。阿姆斯特朗对外在主义有一个形象的比喻,他认为一个正常的温度计必能准确地反映温度;同样,一个正常的人也必能准确地反映客观世界,因此,任何非推论性(基础)的信念的真均来自于信念主体对现实世界的正确反映[1],邦久通过反证的方式层层反驳了确证的外在主义。

邦久指出,既然非推论性(基础)信念的经验来源是感觉—知觉和内省,而有关这些非推论性信念的外在主义又具有普适性价值;那么,这种外在主义必能适用于像透视眼这样的感觉特例。邦久通过透视眼例证试图证明,根据外在主义观点,某一信念是非理性以及不负责任地得到,但它仍然是确证的,比如说仍然满足阿姆斯特朗的信赖的一般标准。也即,这个信念也许事实上是可信赖的,即便某人没有理由相信它是可信赖的,或者说即便他有理由相信它是不可信赖的。邦久列举了透视眼的五种表现:

比如例一:张三相信他有透视的能力,尽管他没有理由赞成或者反驳这一信念。一天,在没有任何理由的情况下,他相信总统在纽约。他诉诸他的透视能力坚持这一

① ARMSTRONG D. Belief, Truth, and Knowledge[M]. London: Cambridge University Press, 1973:166-171.

信念,尽管同时他意识到有大量包括新闻报道、报刊、电视图面等似乎更合理的证据证明总统正在华盛顿。现在总统事实上就在纽约,大量官方报道主要是出于保护总统的需要而虚假发布的。进言之,张三事实上有完全可信赖的透视能力,他的前一信念就是来自于他的透视能力。

在该例中,邦久认为外在主义的确证标准的确得到了满足,但似乎直觉上张三并不具有确证的信念或知识。理由是他完全非理性地或者说是完全不负责任地抛弃了大量证明总统不在纽约的合理证据,而依据没有任何理由能证明其存在的透视能力去相信总统就在纽约。邦久认为这种非理性以及不负责任性足以排除张三信念的确证性。

例二:李四相信自己有透视能力,尽管他没有理由相信他有该能力。但他坚持他有这种能力而完全不顾他所谓的透视能力带给他的几乎都是虚假的事实。某日,李四没有理由地相信总统在纽约,事实上总统确实到了纽约。李四坚信他的这一判断来自于他的透视能力。在邦久看来,这种情形下,仍然不能认为李四的信念得到确证。理由是,虽然李四的信念来自于可信赖的过程,但他完全不顾他所谓的透视能力带给他的几乎都是虚假的事实证据,因此从认知意义上李四是相当非理性和不负责任的。

邦久指出,通过以上的类似这种透视眼的例证,可以看出外在主义无力应对认知回溯的大致原因在于:回溯问题产生的首要原因在于,为了使某人的某个信念得到确证,不仅要求某人得到一些真的前提作为确证的基础,而且某人还要知道或者确证地相信这些前提并应用它们进行论证。外在主义似乎放弃了这一要求。因此,从某种意义上讲外在主义更像是认知回溯问题的事后结论。

邦久认为,上述论证虽然不能根本上驳倒外在主义,但似乎从直觉上仍给予了外在主义沉重打击;更重要的是,如果外在主义要想摆脱此类困境,它至少应当承担相应的举证之负[①]。邦久的结论是,由于外在主义自身存在上述难以克服的问题,所以,这种主张只能被视为是和知识论的主要问题毫不相干的,而持有这种主张的哲学家要么会陷入一种无望的混乱之中,要么被人视为完全改变了知识论研究的主题。因此,从这个意义上,外在主义是对传统知识论的激进偏离。

第二节　内在主义的一致主义的理论建构

如上所述,基础主义无法有效回应"认知回溯问题"。所有基础主义面临的问题是一致的,即:为基础信念提供非推论性担保的原理或根源是什么? 如果某个经验的

---

① BONJOUR L. Externalist Theories of Empirical Knowledge[M]//KORNBLITH H. Epistemology:Internalism and Externalism. Oxford:Blackwell Publishers,2001:53-73.

偶然的信念对某人而言是确证的,假设它不能先验地可知;那么,似乎某人必须为认为信念 B 的真或可能为真提供理由。很难看出这个理由会是什么,除了确证地相信(a)B 有某种性质或特征 Φ;(b)有某种的性质或特征 Φ 的信念都有可能为真。这样确证的信念将为信念 B 提供确证性论证,但依靠它们就意味着 B 不再是基础信念。但是,某人如何确证地接受某个他自己都不相信的信念?而且他也不知道任何使之成真的东西。邦久认为,基础主义如此割裂了确证与真的关系最终使得没有任何原理对基础主义来说可以站得住脚。为此,邦久提出了一致主义的解决方式。邦久认为,一致主义主张经验信念的确证在特征上总是推论性的,对经验知识而言原则上不存在基础信念或者基础。信念将在一个闭合系统中得到确证,认知确证的基本单位是系统,系统将会根据一致性得到确证。

然而一致主义又会因为确证的线性需要以及在逻辑闭环中存在,所以也无法回应"认知回溯问题"。在邦久看来,这种一致主义:"可以肯定的是,诉诸循环不能解决回溯问题。回溯的每一步都是一个论证,其前提一定要在提供给结论确证前事先得到确证。说回溯在一个闭环中就是说前期作为结论的信念现在又会作为确证的前提。"邦久认为,一致主义由于循环论证的存在,基于此是不能得到真正的确证或知识的。为此,必须摆脱这种线性的一致主义,才能打破回溯论证的邪恶循环。那么,我们需要一种什么样的一致主义?

邦久构建的一致主义,用他的话说,是一种相对纯粹的一致主义。这种新的一致主义有四个方面的突出特征,既可以解决基础主义面临的问题,又可以摆脱传统一致主义循环论证的困扰,因此是一种相对纯粹的一致主义的理想重建。新的一致主义具有如下特征:

一、整体性的特征

邦久认为,传统的一致主义由于论证的线性特征,只能在信念系统的闭合空间循环论证,从而无法避免邪恶循环的困扰。采取整体或系统一致主义(holistic or sys-tematic conception)就可以解决邪恶循环的困扰。其基本理念是:一信念是确证的,当且仅当该信念在整个一致的信念系统的语境下得到其他信念的相互支持。也即,在整体性的一致主义状况下,信念的确证单位不是一个单一的信念,而是整个信念系统①。邦久认为,整体的或系统一致主义包括两个层面的确证问题。一个层面是解决具体的个别信念的确证问题,另一层面是解决信念系统的整体确证问题。如果假定信念系统本身是当然的或根据假定是无须争论的,那么该层面就不存在无限回溯问题。这样个别信念在该信念系统中也能得到辩证地确证。

在邦久看来,整体或系统一致主义如果仅仅停留在上述理解就略显粗糙,还必须

---

① BONJOUR L. The Coherence Theory of Empirical Knowledge[J].Philosophical Studies,1976,30:286.

进行精致化打磨。也即,在对具体信念进行确证论证时还必须详细阐释以下四个紧密相联的步骤:

1.来自其他特殊信念的可推论性,以及特殊信念之间的进一步的推论关系。

2.整体信念系统的一致性。

3.整体信念系统的确证。

4.根据系统成员关系,特殊信念的确证。

邦久认为传统一致主义只是关注到步骤 1 和 4,而忽略了步骤 2 和 3。然而步骤 2 和 3 对整体一致主义确是至关重要的。邦久认为这四个步骤环环相扣,从 1 到 4 均需要详尽阐释。

比如,从步骤 3 到 4 容易理解,但从步骤 1 到 2 就需要对"一致性"(coherence)一词进行仔细梳理,为此,就必须认真诠解"一致性"在知识论中的含义。

二、"一致性"的新诠解

邦久认为,虽然"一致性"的解释在学术界尚无定论,但至少它体现了四个方面的特点。首先,一致性与和谐性并不等同;一致的系统一定是和谐的,但和谐的系统不一定一致。一致性与系统成员有关,并不仅仅处理矛盾冲突。其次,一致性存在度的问题,对信念系统的确证来说,不只是某种程度的一致问题,而是比其他选项更合理的问题。再次,解释性关系是一致性的中心成分。最后,一致性将通过概念的变化而增强。关于一致性与和谐性的关系,邦久认为,和谐性只是一致性的必要条件,一个和谐的系统未必就是一致的。关于一致性与信念的相互可推导性的关系,邦久既反对了观念主义的强相关,也即,任何信念皆被信念系统所蕴涵;又反对了概率主义的弱相关,也即,信念的合理性仅在于前后信念的概率关系。在此基础上,就有关一致性与信念可推导性的关系,邦久提出了类似于"统一科学"的观点。关于解释性与一致性的关系,邦久指出,虽然解释的观念在一致性概念中发挥重要作用,但解释性并不代表一致性的全部。关于一致性将通过概念的变化而增强,邦久的解释是,当一个科学信念系统面临反例无法解释时,最好的方法就是改变理论术语,从而使得反例得到解释,也使得信念系统更加一致。

在对"一致性"进行诠解的基础上,邦久认为,对整体一致主义而言,步骤 2 到 3 的论证问题更重要也更为困难。这里涉及一致性与确证的关系问题。也即,为何如果信念的整体是一致的,那么它就是确证的?邦久认为这个问题实际上又牵涉到对以下三个问题的回答:

第一,根据一致主义,构成经验知识的信念系统只是依靠一致性得到确证,但一致性不足以选出信念系统。因为存在多个并不兼容的选择系统,这些系统根据一致主义都同样是一致的和确证的。

第二,根据一致主义,如果经验信念仅仅根据和其他信念以及信念系统的关系得到确证,则现实世界无从介入。但这意味着被断定的经验知识系统从世界中被剥夺了所有输入。可以肯定,这样一个自我闭合的信念系统不能构成经验知识。

第三,完整的知识论一定要确立确证和真的关系。它一定要表明确证是真导向的(truth-conductive),寻找确证的信念至少可能发现真信念。但一致主义能做的就是接受真的一致主义和荒诞的形而上学。

邦久认为,上述三个问题中第三个问题最基本,第一个最熟知,第二个最重要。只有回答了第二个问题,其他两个问题才能得到有效解答。而要回答第二个问题就必须解决好外在世界的输入问题。这样唯一的解决之道就是让观察概念进入一致主义的信念系统。

三、明确观察在信念确证中的作用

邦久认为,明确观察的作用可以解决一致主义系统闭合问题。针对有人提出观察信念都是非推论性的,而所有确证的信念都是推论性的看法,并由此反对观察信念可以进入信念系统,邦久指出上述观点其实混淆了信念是推论性的(或者非推论性的)两层含义。第一层意义是,关于信念的来源或起源问题:信念是来源于实际的推理过程还是来自其他信念的推论?第二层意义是,信念是如何得到确证或者担保的:它是通过和其他信念的推论关系得到的还是通过其他方式得到的?因此,信念是推论性的还是非推论性的实际上有两层意义。上述反对其实把信念的来源和信念的确证混淆了。因为在第一层意义上,观察信念是典型的非推论性的;但是在第二层意义上,所有确证的信念都是推论性的。

邦久认为,观察出自感觉经验,通过观察形成的"瞬时性信念"(spontaneous belief)以一种强迫似的、违背意愿的以及非推论的方式进入信念者的大脑;但这并不影响观察可以在一致主义框架下得到推论似的解释,而且观察只有在一致主义而非基础主义和外在主义的框架下才能得到科学的解释。邦久举了一个例子,比如,我观察到桌子上有一本红色的书,我形成了一个"桌子上有一本红色的书"的瞬时信念。对该信念的确证有几个条件:首先,我意识到或我能通过内省意识到这一事实;其次,观察的条件比较适合,像光线好、眼睛功能正常、没有阻挡等,同样我能知道这些事实;最后,对我来说,在那样的条件下所形成的瞬时性信念是可信赖的,是非常可能成真的,这是规律,而且我也知道这些规律。在这样的状况下把以上几个事实结合起来,我就能够为我的瞬时性观察信念提供内在主义的一致主义的确证。邦久指出,任何一种合理的一致主义理论都必须明确观察在确证中的作用,这是铁的事实。

邦久还探讨了观察概念与一致主义兼容的三个要件:

第一,必须有一个对某个范围主体事务产生认知瞬时信念的过程。第二,如此产生的信念一定要是可信赖的。第三,认知主体一定能够知道所有这些事情。

四、设置"元确证"

邦久认为:"内在主义的一致主义理论要求信念者对他的信念系统有一个准确的

把握或表征;因为,一致性以及确证的事均和系统有关。"①而要准确地把握或表征一个整体信念系统,就必须有许多详细刻画系统信念内容的元信念(metabeliefs);但这些元信念自身该如何确证? 显然,在一致主义的框架下,无法确证它们。在邦久看来,这是对其一致主义理论的最大挑战。邦久采取了设置"信念假定"(Doxastic Presumption)的方式。他认为,既然人们有一个信念系统,既然人们在现实中的确有许多确证的信念,则虽然元信念无法得到确证,但假定其得到确证也是合情合理的。相反,如果没有"信念假定"的存在,确证问题,乃至整个知识论的事业均无法开展。

就是从以上四个方面,邦久确立了被诸多当代知识论家认为是最精致的、最深刻的内在主义的整体性的一致主义理论。

第三节　内在主义的一致主义所遭遇的批判

邦久构建的内在主义的一致主义虽然被众多学者认为是最精致的、最深刻的理论;但这一理论却有着诸多的矛盾与问题,其中有些矛盾或问题至少对该理论来说是尖锐的或者说是致命的。这样,邦久的内在主义的一致主义理论遭到学者的批判与围攻就在所难免。事实上,自邦久的经典之作《经验知识的结构》1985 年问世以来,批评之声从未中断,1989 年名为《一致主义的现状》一书的出现即是明证。《一致主义的现状》富集了十余篇批判邦久一致主义的文章,这些作者从多个角度、多个层面对邦久的这一理论进行了批判的分析与检视。当然除此之外,诸如戈德曼、阿尔斯顿、普兰廷加等大的知识论家还在众多刊物上撰文或出版书籍,重点批判了邦久内在主义的基本信条。重压之下,邦久本人在上个世纪九十年代之后,逐渐放弃了其最初聊以自矜的一致主义,转而投向其曾批判过的内在主义的基础主义,进而,他还放弃了其内在主义赖以立身的"义务论信条",走向和外在主义媾和的道路。

对邦久的内在主义的一致主义的批判至少可以归纳为三个方面:

一、"元确证问题"

"元确证"的设置,被邦久认为是其一致主义理论区别于其他一致主义理论的标志,是其一致主义理论中最有特色、最有优先地位的部分,也是其构建别具一格的知识论的关键。在邦久看来,其他的一致主义只解决了确证的标准问题,也即信念的确证只要满足一致主义的条件即可;但问题的关键是:其他的一致主义理论都没有进一步追问其确定的标准是否正确,是否能引导确证的信念趋向真理。因此他的知识论的主要任务可分为两个部分:"第一部分是给出确证标准的描述;第二部分将提供我

---

① BONJOUR L. The Dialectic of Foundationalism and Coherentism [M]//GRECO J, SOSA E. The Blackwell Guide to Epistemology. Oxford:Blackwell Publishers,1999:126.

所称之为的元确证（metajustification），从而表明所提供的标准是足够导向真理的。"①
从这个意义上讲，邦久的"元确证"标准事实上是"标准的标准"。

正是因为"元确证"的设置在邦久的内在主义的一致主义理论中有着举足轻重的
地位，它也成了众多学者批判的矛头指向。在众多的批判声中戈德曼（Alvin
Goldman）与考恩布利斯（Hilary Kornblith）观点最具代表性。

戈德曼认为，"元确证"的设置会产生系列问题②。

1."元确证"将会使得"确证"的标准失去意义。根据邦久对确证标准的定义，S的
信念 B 是确证的，当且仅当 B 不仅满足某个正确的认知确证标准；而且 S 也要对标准
的正确性拥有元确证。但是，假设这个要求被采用，就没有可以作为确证的充要条件
的正确的确证标准了。因为，对任何你选择的标准 D，满足这个标准对确证是不充分
的，因为确证还要求拥有 D 的真导向性的元确证。如果，这样理解确证标准，显然这
样的确证标准不能作为确证的充分必要条件，而只能作为确证的必要条件。

2."元确证"自身会导致循环论证，理由是该理论主张："S的信念 B 是确证的，当
且仅当有一个 B 能满足的标准 D，并且 S 确证地相信 D 是导向真理的。"戈德曼认为，
这个理论在设置确证标准之前，邦久运用了待证的"确证的"概念，因此是一种循环论
证。邦久为了避免这一明显的循环论证先验确证（a priori justification）来论证"元确
证"。新理论如下："S的信念 B 是经验地确证的，当且仅当有某个标准 D、信念 B 满足
D 且 S 先验地确证 D 是导向真的。"戈德曼认为，应用"先验确证"为"元确证"进行辩
护依然会陷入循环论证。首先，"先验确证"也是认知资格的一种类型；其次，采用"先
验确证"进行辩护只能延迟辩护困难不能解决辩护困难。因为，"先验确证"依然需要
"先验辩护"，这样最终还是走向循环论证。

3."元确证"的设置犯了层级混淆的错误。邦久曾说："如果所设定的标准是正确
的；那么，似乎顺理成章的是：只有靠知道那个标准能够真正地导向真理，认知者才能
最终知道确证的标准是正确的或合理的。而这又明显意味着：知识论的提倡者有义
务提供一个论证或原理，表明他的确证标准是真正导向真理的，根据它去接受信念将
最终导向真理。"③这里，邦久把确证的标准和表明确证的标准是真理指向性的两个信
念混为一谈，是典型的层级混淆（level-confusion），对此，阿尔斯顿在一篇《知识论中的
层级混淆》中，表达了与戈德曼相同的观点，并认为，这是所有内在主义的通病。（详
见第八章）

4.元确证中"信念假定"的承诺更不可靠。根据邦久的观点，"信念假定"假定相信

① BONJOUR L. The Structure of Empirical Knowledge[M].Cambridge,MA：Harvard University
Press,1985：9.

② GOLDMAN A I. Bonjour's The Structure of Empirical Knowledge[M]//BENDER J W. The
Current State of the Coherence Theory. Dordrecht：Kluwer Academic Publishers,1989：106-114.

③ BONJOUR L. The Structure of Empirical Knowledge[M].Cambridge,MA：Harvard University
Press,1985：10.

者的整个信念系统是基本正确的。换言之,它担保了元信念大部分是真的。戈德曼认为,"信念假定"被认为可以解决元信念如何确证的问题是相当神秘的。

5.要求对"元确证"或对整个认知系统进行把握现实中也很难做到。邦久认为:"如果认知者根据被给的认知确证标准去接受信念是认知负责的话,那么,似乎应该跟随的是对那些标准的适当的元确证,原则上至少是认知者一定能把握的。"戈德曼认为,假定对认知系统能够把握在实际上是不太可能的。特别是对孩子和没有经过训练的成年人而言,提出这种要求不太现实。

6.提出用"先验确证"为"元确证"辩护,其实质是把确证标准分为两个分支。实际上确证标准只可能为一个统一标准。

考恩布利斯集中火力攻击邦久的"信念假定"承诺。考恩布利斯论证逻辑有这样两步:首先从邦久的文本分析"信念假定"的来源,然后从邦久主张"信念假定"的合理性来自于认知主体的反思或内省的能力出发,用类比的方法论证了内省或反思的可错性,揭示了邦久认为内省或反思的可靠性不可怀疑的说辞,从而论证了"信念假定"前提的错误。并由此出发,考恩布利斯进而论证了内在主义的错误①。

关于为何邦久的确证论需要"信念假定"承诺?考恩布利斯认为,这首先基于邦久对确证的把握要求。正如邦久所言:"现在我们必须要问的是,某个信念以这种方式一致的事实是否以及如何在认知上被相信者本人所把握;如此就能够给他一个理由接受这个信念。"考恩布利斯认为,正是这个把握性要求导致了对信念系统的准确把握的进一步要求。即:"如果一致性的事实被相信者所把握,那么随之而来他就必须以某种方式对他的整个信念系统有一个准确把握。"②这样,如果需要对信念系统准确把握,那么,怀疑论者就会继续质疑信念系统准确把握何以可能?如果对系统准确把握要在系统内部,显然会导致循环论证;这样就需要先验地假定信念系统是准确的或会导向真信念的。这样邦久的"信念假定"就顺势出场。邦久认为,信念假定不仅对确证重要,而且事关知识论整个事业。理由是没有信念假定就不会有真正的确证,正因如此,"信念假定"对知识论事业具有特殊的地位和资格。

考恩布利斯认为,邦久的"信念假定"并不具有特殊的地位和资格。在考恩布利斯看来,邦久主张的"信念假定"的合理性来自于认知主体的反思或内省的能力的基本假设。然而这个假设是不成立的。"根据这个理论,认知反思开始于我自己作为有如此特别的信念系统的表征:只有相对于这一表征确证问题才是有意义的和能够得到回答的。这种表征大概是某种像内省一样的东西的产物。"考恩布利斯恰是以内省或反思为突破口,认为,基于反思和内省而来的信念并不能给"信念假定"提供担保。

① KORNBLITH H. How Internal Can You Get? [M]//KORNBLITH H. Epistemology:Internalism and Externalism. Oxford:Blackwell Publishers,2001:112-124.

② BONJOUR L. The Structure of Empirical Knowledge[M].Cambridge,MA:Harvard University Press,1985:102.

因为,这样的信念经常可能是错误的。考恩布利斯认为,根据奎因的观点,怀疑主义植根于科学发展中,科学告诉人们我们早期的信念很可能是错误的。同样,关于内省的力量心理科学不断给出答案。换言之,我们的内省能力和日常的感知能力其实没有多少不同,既然来自感知过程的信念总体是可信赖的,但也不排除出错的可能。比如幻觉的情形。同理,来自内省的信念总体是可信赖的,但我们也应对内省能力保持警惕性。这样一来,基于内省或者反思的"信念假定"只能说很可能是真的,但不能认为绝对保证真。因此,"信念假定"充其量只能是高阶的经验发现,根本不具有特殊的地位和资格。考恩布利斯认为,信念确证需要"信念假定",但只能在可错的意义上使用。这一点得到经验科学的证明。当然,另一种选择就是在笛卡儿绝对无误的前提下设定"信念假定",二者只能取其一。但显然邦久已经拒绝了笛卡儿的绝对确证标准。这样一来,从"信念假定"可能出错的角度看,邦久的"信念假定"不仅不具有特殊的地位和资格,而且也由此推导不出内在主义的必然。①

二、"反基础主义问题"

前文指出,邦久的一致主义是在批判基础主义的前提下建立起来的,而这一点也是学者批判的焦点。在反驳邦久对待基础主义的态度的观点中,有这样三种观点值得注意。

(一)阿兰·戈德曼(Alan H.Goldman)的自然主义的基础主义

在阿兰·戈德曼看来,邦久对基础主义的反驳是不成立的。理由一,邦久认为,信念的确证既需要信念和信念系统保持一致,又需要准确把握信念系统,这对普通人而言几乎是不可能的。"普通人获得大量知识而没有把握或者评价和系统的一致性,而且也丝毫没有提及知识论家关于整体一致性导向真的对立论断。他们的事实信念系统装满了各种反常和完全的不协调,许多信念可能是非理性地获得的,这些不协调使得信念系统内在不一致,但绝不影响他们获得感知知识。"②理由二,邦久对基础主义的基础信念的反驳,没有注意到自证现象的存在。所谓自证现象,即一些信念的确证是无需其他任何理由的,这些信念的确证来自于自我。比如,"我看到窗外大街上有一辆救火车疾驰而来"这一信念。确证这一信念的就是"我就是以这种方式被呈显"(to be appeared in certain ways)。解释"我被如此呈现"的理由还是"我被如此呈显"。阿兰·戈德曼认为,我以被呈显的方式获取信念,比如我被呈显红色的信念的解释就是简单的我被呈显红色。这里我们获取了信念其解释就在它本身的真。这就是自我确证的信念并因此可以作为感知信念的基础。知识论家可以诉诸其他信念去

———————————

① KORNBLITH H. How Internal Can You Get? [M]//KORNBLITH H. Epistemology:Internalism and Externalism. Oxford:Blackwell Publishers,2001:122.

② GOLDMAN A H. Bonjour's Coherentism[M]//BENDER J W. The Current State of the Coherence Theory. Dordrecht:Kluwer Academic Publishers,1989:128.

证明这一主张的真,但它的真确实不在其他信念而是自我包含。承认感知信念的自证现象,就能够为基础主义的基础信念进行辩护。理由三,自然实在论是应对恶魔反例以及疯人反例的最佳理论。阿兰·戈德曼认为,仅凭邦久主张的系统一致性根本无法应对上述反例,但是诉诸主体际的同意和自然主义的观点就可以解决上述问题。基于这种观点,阿兰·戈德曼认为人类的这些能力,是这一种群在长期的进化中形成的,它足以保证人类的生存和繁衍。[①]

(二)斯度帕(Matthias Steup)的内在主义的基础主义

如上所述,认知回溯问题始终困扰着知识论者。基础主义为了终结认知回溯提出了基础信念的设想,强基础主义甚至认为,基础信念具有不可错性、不可更改性以及不可辩驳性。无疑,基础主义的强主张遭到不少内在主义知识论家的批判。他们认为,信念的确证不仅需要理由而且人们还要把握这些理由,否则信念的确证是不负责任的、不理性的。因此,基础信念的设定是错误的。邦久的内在主义的一致主义就是建立在反驳基础主义基础之上的。但斯度帕认为,邦久对基础主义的反驳是建立在对基础主义的错误认知上。如果我们对基础主义加以改造不仅可以反驳邦久等人的观点,而且可以抵御怀疑论者的攻击。

斯度帕认为,基础主义需要做的就是,首先应当把基础信念的确证设定在非信念的心理状态上(nondoxastic psychological state),比如确证"我的书桌上的钢笔的颜色是红色的"信念的东西不是别的,恰是我的钢笔呈显于我的红色的感知状态。另外,基础信念并不享有不可错性、不可辩驳性、不可更改性或者自我确证的认知特权。在斯度帕看来,只要完成这两个设定,基础主义的确证理论完全经得起辩驳。

那么,邦久对基础主义的反驳错在何处?斯度帕认为,邦久的错误体现在以下几个方面:第一,邦久混淆了确证基础信念与确证地接受基础信念的差别,犯了答非所问的错误。比如,在邦久看来,"某人 A 拥有基础信念 B,A 要确证地相信 B 是基本的"。斯度帕认为,这个论断其实包含两层混淆。即:(i)"确证地有了某个特殊的基础信念 B",和(ii)"确证地接受某个特殊信念 B 作为基础信念"。其结果就是,当他事实上应当关心(i)"确证地有了某个特殊的基础信念 B",却在关心(ii)"确证地接受某个特殊信念 B 作为基础信念"。他应当给出的论证区别于他事实上给出的论证。当邦久混淆了这两个层级的区别后,他对基础主义的指控就站不住脚。

第二,斯度帕指出,正是因为邦久混淆了上述层级区分,因此,他在建构内在主义的一致主义理论时基本抛弃了确证标准,而集中精力论证第二个层级的元确证。但是斯度帕认为,除非元确证的回溯能够在某个早期阶段就终止下来,否则元确证需要确证的要求使得信念的确证以及经验知识皆不可能。斯度帕认为,邦久试图通过引入观察输入的方式解决认知回溯问题,实际上等于向提倡基础主义的外在主义媾和。

---

① GOLDMAN A H. Bonjour's Coherentism[M]//BENDER J W. The Current State of the Coherence Theory. Dordrecht:Kluwer Academic Publishers,1989:130-132.

具体而言,在引入观察输入时大量使用可信赖的过程等概念就是变相向信赖主义示好。但信赖主义存在的过程与类型"一般性问题"同样是邦久理论无法克服的。因此,斯度帕归结道,邦久反对基础主义之所以失败,就在于他根植于一个不能接受的原则预设:第一层级的确证需要元确证。当时,邦久没能告诉人们为何要接受这个原则;这个原则使得怀疑主义不可避免;他的论证中无法分清信念的真和信念的确证,实际上在偷着使用基础主义原则;如果邦久放弃元确证的论断,那么他的反基础主义的论证不攻自破①。

（三）布莱克（Carolyn Black）的生活世界的基础主义

布莱克在论证邦久的观点不成立时,采用了后维特根斯坦的生活世界的观点。在维特根斯坦看来,诸如"地球已经存在了许多年"以及"我们有祖先"等信念,构成它们基础的东西只能是语法规则（grammatical rule）,这些语法规则就是我们生活的惯例和一般实践。用歌德在《浮士德》中的话说,"一开始就是行为"。我们只在乎行为,是它提供了信念确证的基础,这里根本没有回溯问题。维特根斯坦主张,"如果'真'是需要理由的;那么这个理由既不真也不假"。维特根斯坦还用河床与河水做比喻,认为如果把河水比成知识,那么河床就是知识的根基。然而河床会变化甚至消失,人们还是喜欢区分河水流动还是河床流动,其实有时候两者是很难区分的。维特根斯坦还以巴黎的标准米尺为例,认为所谓米尺的标准长度是一米还是不是一米其实就是看它在语言游戏中的角色作用。维特根斯坦还认为,在正常的生活过程中,任意的怀疑是无聊的或疯狂的或只能表明某种误解。所谓的怀疑也产生于某种语境中,而任何的语境都是日常的生活场景。布莱克认为,假设维特根斯坦的观点是正确的,那么,邦久对基础主义的反驳就是失败的。因为,就像我们都有祖先这个被维特根斯坦视为基础信念的信念,虽然它和其他信念相联,把它视为基础的或者作为部分根据,不是把它看作完全是经验的而且视为不需要基础或者其他信念的确证。任何对它的怀疑和质疑都是奇怪的。②

三、"义务论问题"

从前文的论述中可以看出,邦久的内在主义的一致主义理论和齐硕姆的理论同样是建立在义务论的基础之上。这一点从邦久主张追求确证标准是每个认知者义不容辞的义务;到邦久在透视眼反例中,通过"非理性的"及"不负责任的"说辞驳斥外在主义;再到元确证的设置方面,邦久提出知识论的提倡者有义务论证其所提出的标准是真正导向真理的等等方面皆可看出。

---

① STEUP M. Bonjour's Anti-foundationalist Argument[M]//BENDER J W. The Current State of the Coherence Theory. Dordrecht:Kluwer Academic Publishers,1989:198.

② BLACK C. Foundations[M]//BENDER J W. The Current State of the Coherence Theory. Dordrecht:Kluwer Academic Publishers,1989:200-203.

正是由于"义务论"是内在主义的根本原理,所以邦久的义务论成为学者们诟病的又一焦点,也是外在主义者们对邦久所代表的内在主义进行釜底抽薪的关键所在。对邦久的义务论批判,尤以戈德曼、阿尔斯顿、普兰廷加、考恩布利斯等外在主义为代表,其他比如富梅顿、普洛克、费德曼等内在主义左翼也表达了反对的意见。

在戈德曼、普兰廷加等人看来,义务论对内在主义之所以关键,即在于没有义务论就没有内在主义的落脚点。这里面有一个逻辑链条的存在。也即:如果信念的确证在于履行义务,那么一个信念确证与否,就要看其是否被允许或被禁止,这就要求信念者必须明白他的认知义务的内容。如果信念者必须明白他的认知义务的内容,这就要求信念者必须对确证其信念的"确证者"(justifier)知道或把握。而这就进一步要求信念确证的"确证者"必须是内在于信念者心灵的东西。这样内在主义的两个要件——"内在状态"和"把握内在状态"就清晰地展现出来。纵观邦久的整个理论,可以看出邦久的内在主义是符合这一判断的。

在论齐硕姆的内在主义时,我们已经指出,戈德曼通过解析义务论与内在主义之间的逻辑链条,驳斥了齐硕姆的内在主义。他的这一批判事实上也同样指向了邦久。在《易受攻击的内在主义》一文中,戈德曼开篇写道:"认知义务或责任的主题已经在许多当代知识论家那里得到响应。包括邦久(经验知识的结构)、齐硕姆(知识论)、吉内特、莫塞、斯度帕、费德曼以及考恩布利斯等。"在这篇文章中,戈德曼运用反证的方式论证了从义务论到内在主义的论证矛盾重重。戈德曼首先重建了被广泛接受的内在主义原理的三段论。即第一步假定了确证的指导—义务论概念。第二步对来源于指导—义务论概念的确证的确证者进行限制,即要求认知主体必须把握或者知道确证者。第三步把握性或可知性限制暗示着内在条件可以作为合法的确证者,所以确证一定是纯粹的内在事务。戈德曼认为,基于义务论的内在主义从义务论出发根本无法有效推演出内在主义。

戈德曼区分了强内在主义和弱内在主义两个类型,强内在主义强调对确证者直接把握或者知道,但这种内在主义无法解决"信念储存"问题。简单说,就是我们日常生活中除了拥有即时的内省或反思信念,更多的是保留很多记忆信念。显然强内在主义无法有效应对"记忆信念"问题。弱内在主义主张在保留内省信念的基础上可以接纳记忆信念,但无法解决"证据遗失"问题。也即,我们很多确证的信念最早来自于可靠的证据,但随着时间的流逝这些证据都不再记得,由此形成的信念依然存在。

另外,无论哪种内在主义在讨论确证时都应用了逻辑的或者概率的事实作为支撑,但实际上普通人是无法把握这种逻辑链条的,除非使用计算器或者认知者本身受过良好训练。再者,确证原则理应包含在确证者的范畴,但这些原则由于要求过高无法满足内在主义的把握要求。戈德曼认为,内在主义存在的这诸多矛盾要得到解决,仅凭把握内在状态是无法完成任务的,更不用说坐在扶手椅上就可以完成,必须借鉴自然科学或者认知科学发展的结果才能得到完满解决。因此,可以归谬地得出结论,基于义务论的内在主义是不成功的知识论。邦久的内在主义符合了戈德曼对内在主义批判的所有特征①。

与戈德曼略有不同的是,阿尔斯顿认为,邦久的"视觉内在主义"(perspectival internalism)的前提"义务论"会倒向"意志论"。所谓意志论,即如果我要履行义务,要使我的信念的确证不被谴责或被允许,我就必须能够直接控制我的信念。阿尔斯顿认为这种直接控制自己信念的行为,在大多数状况下是不可能的,理由是:我们信念的绝大部分是任意形成的。比如,"当我看到卡车疾驰而来时,我是几乎不能自由选择相信卡车疾驰而来还是抑制这一信念的"。(具体见第八章)②普兰廷加在《理证的当代争论》一书中,也同样批判了义务论的错误,他指出:义务论并非确证的充要条件,这一批判适用于邦久的内在主义的一致主义③。(具体见第六章)

第四节 内在主义的基础主义再确立

前文指出,邦久的内在主义的一致主义理论遭到了学者们的一致批判,特别是戈德曼在《易受攻击的内在主义》中的观点对邦久触动很大,所有这些迫使邦久需要认真反思该理论的逻辑可行性。90 年代之后,经过几年的痛苦思索,邦久的确证理论发生巨大变化,在一系列文章中,邦久几乎全盘推翻了其 80 年代精心构建的一致主义理论;不仅如此,邦久还抛弃了内在主义的基本信条"义务论",并重新诠释了内在主义,以此为基础,邦久全面向基础主义靠拢,并最终构建了一种新型的内在主义的基础主义。

一、颠覆一致主义理论

过去纯粹的一致主义理论面临诸多问题无法克服,主要体现在三个方面:

第一,纯粹的一致主义似乎矛盾地蕴涵着认知确证需要来自于信念系统之外的外在世界的输入或和外在世界联系。

第二,似乎可以完全任意的方式制造无数可替代的理论,并且使它们都完全地内部一致。

第三,似乎在信念系统的一致性和认知的目的真之间没有必然联系。

为了摆脱纯粹一致主义的上述困境,如上所述,邦久构筑了他认为的相对纯粹的一致主义。这种一致主义通过四种方式对纯粹一致主义进行改造。首先通过赋予一

① GOLDMAN A I. Internalism Exposed[M]//KORNBLITH H. Epistemology:Internalism and Externalism. Oxford:Blackwell Publishers,2001:208-214.

② ALSTON W P. Internalism and Externalism in Epistemology[J].Philosophical Topics,Spring 1986,XIV(1):196.

③ PLANTINGA A. Warrant:The Current Debate[M].New York:Oxford University Press,1993:63-65,88-90.

致主义整体性特征改造一致主义的线性特征。也即把信念系统本身作为确证的基本单位,系统成员的确证要根据和系统的关系得到确证。其次,通过对一致性进行新的诠解,使得一致性的理解不再仅仅停留在系统中信念的彼此适合或匹配上,而是其中蕴涵着逻辑一致性、概率一致性以及解释性关系等。再次,通过引入观察信念进入信念系统解决纯粹一致主义有关信念和外在世界的关联问题。最后,通过引入"信念假定"解决信念确证的元确证问题。

那么,通过上述改造一致主义是否能走出理论困境呢? 答案当然是否定的。邦久在重压之下经过认真反思后认为:"一致主义从一开始就是作为一个摇摇欲坠的有问题的辩护立场出现,它遭致大量问题和矛盾,而这些问题和矛盾似乎只能减轻却无法根本回答。假定一致主义反驳基础主义还存在表面上的力量,连同外在主义本身不可接受,一致主义似乎是一个值得尝试的工程,尽管从最开始它就面临诸多的古怪反常。然而,对我而言现在似乎是时候承认,它并不成功而且几乎不可能成功。"[①]邦久几乎完全认同戈德曼等人的批判,认为包括他前期构建的所谓最精致的一致主义还面临三个致命的反驳。

(一)最明显的"信念假定"问题

邦久认为,所谓的信念假定不仅于事无补,而且正如其他学者指出的那样,这种设定的结果只能是"一种绝望的及令人困惑的怀疑主义"。在邦久看来,前期他的一致主义理论的压舱石"信念假定"注定失败,因为,如果一个本身没有确证的假定是正确的,那么各种各样经验信念都有可能为真。邦久的结论是:"尽管一些怀疑主义不可避免而且不得不与之同在,但我发现它(信念假定)越来越难以置信。"

(二)同样严重的"观察输入"问题

邦久指出,虽然以一致的方式似乎可以解决部分观察输入问题,但这种输入以内在主义可以接受的方式进行有效辨识和确认并不清楚。更重要的是,只要观察输入以内在主义接受的方式进行解释,那么对确证的输入要求不会成功。理由是可选择的一致系统的反对会一直不断。因为,只要认知输入在系统内得到明确规定,那么就会有无数个以完全任意的方式选择的竞争性的一致系统出现。邦久认为,虽然前面他把观察信念的确证建立在系统被实际相信且应用基础上,但这种成功又建立在默示性地直接意识到自己的实际信念基础上。在邦久看来,只要瞬时性信念的发生以及满足观察要求建立在满足一致主义基础上,即使一致主义合法存在,反对也会一直相伴。

(三)"长期一致性"问题

在邦久看来,"长期一致性"的设定本来是为了解决确证和真理的关系而来,但它

① BONJOUR L. The Dialectic of Foundationalism and Coherentism [M]//GRECO J, SOSA E. The Blackwell Guide to Epistemology. Oxford:Blackwell Publishers,1999:128-129.

根本无法回答记忆信念的问题,这样它当然无法回答确证和真的关系问题[①]。而这个问题和一致主义是否可行最具相关性。根据一致主义理论,要解决确证和真的关系,就要假定一致不在一时而是要经过一段时期而且至少相当长一段时间。因为,通过新观察摧毁某个任意形成的系统需要时间,建立确证和真的关系也需要长时段的或相对持久的一致性。但是,记忆信念问题的存在成为一致主义无法回答的问题。因为,系统长时段的一致性需要记忆把握,但记忆信念本身需要确证。如何确证记忆信念?如果继续在一致主义框架下确证就会遭致邪恶循环的论证。

邦久认为,正是由于其前期的一致主义无法回答以上三个根本问题,显而易见,一致主义不具可行性。从邦久对其早期内在主义的一致主义的三个致命弊端的认识可以看出,邦久在这里显然接受了戈德曼等外在主义的批判思想,因为,邦久概括的上述三点,正是戈德曼等外在主义者在前面的批判中所指出的。

二、摧毁义务论理论前提

除此,邦久显然还接受了戈德曼等人对其内在主义的理论前提——义务论的批判,因为,邦久在后期的思想发展中,对其前期一致主义的理论中所提出的"义务论"展开了批判。在一篇名为《内在主义与外在主义》的总结文章中,邦久开宗明义指出,内在主义的根本原理"义务论"是错误的,即便可能不是完全错误的。

义务论概念的中心主张是:关系到接受某个特殊信念的认知责任或义务的满足,对该信念的确证而言既是充分的又是必要的。换言之,认知义务或责任是信念的确证充分必要条件。邦久认为,认知义务或责任对信念确证来说,既非充分条件也非必要条件。

首先看非充分条件。邦久指出,如果人们认知的义务必须是真理,那么,根据义务论要求,认知主体必须能够得到认知资源。但是假设出现以下情况,比如,当某人处于这样一种情境中,即他所能得到的认知工具、认知方法、证据的种类相当贫乏。在这种状况之下,你怎能要求他和一个处于正相反的情境中的人一样去履行追求真理的义务呢?假设处在这种境况的这个人尽其所能相信那些并没有充分证据或理由甚至有时根本没有证据的信念,他是因为违反认知义务应该受到责备还是应该被视为在认知上不该受到指责?认知义务包括追求真理避免错误,如果坚持在这种可怜的情境中,人们只能接受个别基于好的证据或理由的信念,而抑制对其他诸多事物去下判断,则无异于使得避免犯错的观念凌驾于追求真理之上[②]。

邦久认为,事实上很少个别内在主义者愿意把处在这种极端情形的信念视为在

---

① BONJOUR L. The Dialectic of Foundationalism and Coherentism[M]//GRECO J, SOSA E. The Blackwell Guide to Epistemology. Oxford:Blackwell Publishers,1999:129-130.

② BONJOUR L. The Dialectic of Foundationalism and Coherentism[M]//GRECO J, SOSA E. The Blackwell Guide to Epistemology. Oxford:Blackwell Publishers,1999:136.

认知上是确证的。这个人可能已经竭尽全力做到最好,从这个意义上他不应受到指责,但基于那样贫乏的基础得到的信念不能使它成真并且不能算作认知上是确证的。这样认知贫乏的案例表明了这样一种情形,即履行了认知义务但没有得到确证的信念。

邦久进而指出,还有一种相反情形是可以设想的,即信念能够得到认知确证,也即有好的导向真的理由去相信,却没能满足认知义务。这种情形是否可能取决于认知义务的范围以及它所要求的准确数量。如果认知义务包括时下流行的认知德性所框定的范围,那么基于好的证据或理由相信某个信念但因思想不开明或不具有创造性,这些都达不到认知义务所要求的范围或高度。因此,邦久做出归纳,履行义务和认知确证并非正相关的关系,履行义务未必就一定得到确证的信念①。

必须指出,虽然邦久基本放弃了义务论的说教,他仍然坚持内在主义基本信条:确证是需要理由或证据的。并认为,义务论只有在这种内在主义的前提下才能发挥有限的作用。邦久认为,放弃义务论不意味着内在主义。他认为,至少在相对认知资源富足的情形下寻找好的认知理由和证据并把信念建基其上,这是可行的。这是认知者的责任也许是最中心的责任。这样,满足认知义务就不能很好地解释认知确证的本质,而且被限制有助于理解内在主义理由或证据论上。同样必须指出,正像房屋抽去了脊梁,就必然岌岌可危;所以在邦久放弃了确证的义务论说教之后,虽然邦久继续坚持内在主义的优越性,但他最后不得不放弃前期认为"外在主义是一种无望的激进主义"的说法,转而承认外在主义在信念确证中的作用。这表现在这篇文章的后半部分。在这篇文章的后半部分,邦久既接受了戈德曼与索萨有关动物性知识与反思性知识的二元划分,又提出了内在主义与外在主义同具合法性的新看法,并且邦久还强调了"没有令人信服的理由证明二者谁更具有优越性"。邦久是这样看待内在主义和外在主义在知识论研究中的各自作用的,并认为,两者优势各有不同但可以相互补充。他认为,内在主义以外在主义无法做到的方式强调了基于第一人称确证的根本问题,而对许多重要的和明显的知识论问题外在主义是完全适合的以及可能是不可或缺的。比如,是否能以某个特殊的方式对某个特殊领域组织起科学研究以便可能成功地发现真理。最自然的方式就是通过某种组织形式去研究一些样本从中发现结果是否可信赖。这就是典型的第三人称的方式进行的研究。在外在主义或者信赖主义的意义上,应用科学组织进行研究将被证明对认知确证是行之有效的。比如一直困扰一致主义的记忆信念问题,通过认知科学可以得到很好解决,这种方式就是外在主义或者信赖主义的,是基于第三人称的视角进行的确证行为。邦久进一步认为,没有统一的和唯一正确的知识概念。事实上,有不少知识论家主张有两个或更多的知识概念。有些在外在主义特征上多一些,有些在内在主义特征上多一些。比如索

---

　　①　BONJOUR L. Internalism and Externalism[M]//MOSER P K. The Oxford Handbook of Epistemology. Oxford:Oxford University Press,2002:236-237.

萨主张的"动物性知识"和"反思性知识"的二元知识理论。

邦久认为,确证毋宁是一个技术术语,它完全可以是开放的,可以具有内在主义特征也可以具有外在主义特征,可以完全不同甚至不可通约。但允许确证和知识的内在主义和外在主义存在是容易理解并且是合法的。比如,对动物、儿童以及阅历不深的人而言,他们可以在"动物性知识"层面拥有知识。对笛卡儿恶魔的受害者而言,可以在内在主义框架下认为他的信念是确证的,当然在外在主义看来是不可行的。如上所述,既然后期的邦久放弃了内在主义的逻辑前提——义务论,以及又把内在主义的范围加以限制;那么,如此一来,邦久的内在主义就成了一种极其偏狭的无根基的理论。但也正是在这样的"限制性"的内在主义基础之上,邦久重新检视了其前期对基础主义的批判,矫正了以往的错误看法,再次确立了确证的内在主义的基础主义。

三、确立内在主义的基础主义

在一致主义面临重重矛盾的情形下,邦久认为,内在主义的确证理论并不可行。这就需要重新检视其以往对基础主义的批判是否如其所是。前文指出,一致主义知识论家认为,基础主义面临所谓的无法克服的"二元悖论"。也即产生基础信念的经验特征如果被理解为类信念的或者命题状态,那么,它就不能为进一步的信念提供理由,而且它本身需要确证;如果它不被理解为类信念的或者命题态度,这个经验不需要确证,但代价是该经验失去了为类信念的或命题态度提供确证的机会。①

邦久认为,就是这个貌似"二难悖论"的东西构成了对基础主义的根本反对。因此,要确立确证的基础主义,关键在于破除这个"悖论"。邦久认为,回应这个所谓悖论的一个比较容易的方式,就是举一个基础信念的例证。比如,我有一个特殊的偶发(occurrent)信念的元信念,那么这个元信念该如何确证?无疑确证这个元信念的只能是拥有这个偶发信念的经验。这里,又将面临经验信念的性质问题。邦久指出,逃避二元悖论的一个关键的事实就是:我的最根本的经验或我对自己的偶发经验的意识(awareness)既不能是需要确证的知觉信念或类信念,也不能是不能反映被理解状态的特殊特征的非认知的意识。取而代之,拥有一个偶发信念事实上就是拥有一个对该信念内容的意识。这种意识在本质上不是反映的或知觉的,它部分是由第一层面的(first-level)偶发信念本身所构成。邦久认为,就是诉诸这种非知觉的、构成性的意识,某一知觉的元信念得以确证。也可以说,是这种非知觉的意识而非元信念本身更应称得上是"基本的"。邦久进一步指出,对偶发信念来说最关键的是意识状态,而且在拥有某个信念时所意识的完全是命题内容。这一内容的意识明显构成我拥有某个带有那个内容的偶发信念的元信念的确证理由。但是,由于意识的非知觉的、构成

---

① BONJOUR L. The Dialectic of Foundationalism and Coherentism [M]//GRECO J, SOSA E. The Blackwell Guide to Epistemology. Oxford:Blackwell Publishers,1999:131.

性特征,这种嵌入式的(built-in)意识本身既不需要确证也不能认可任何确证之事。事实上,这种非知觉的、构成性的意识严格地说是不可错的。

邦久认为,尽管这种本身不需确证的嵌入式的(built-in)意识,从传统基础主义的意义上讲是绝对的,是不可错的,但这并不影响元信念的可错性。理由是,信念内容本身的模糊或复杂,或其他问题可能会影响信念者对元信念的领会。但除非这种错误领会的概率非常之大,否则,这种错误的概率不足以阻止元信念通过诉诸构成性的意识得以确证。就是如此,邦久认为,他的理论摆脱了所谓的"二元悖论",论证了基础信念的合理性,由此也铺设了其构建一种新型基础主义的基础①。但如何让这种"嵌入式的"基础意识扮演真正的确证角色? 如何真正构建一种成功的基础主义? 就笔者目前掌握的文献来看,要想完成这一任务,对邦久来说依然任重而道远。

---

① BONJOUR L. The Dialectic of Foundationalism and Coherentism[M]//GRECO J, SOSA E. The Blackwell Guide to Epistemology. Oxford:Blackwell Publishers,1999:130-139.

第六章

普兰廷加的保证的合适功能主义①

在本章中,我们将继续探讨普兰廷加(Alvin Plantinga)的"新"外在主义。普兰廷加是美国当代著名的宗教哲学家、著名的知识论家,曾和约翰·希克以及理查德·斯温伯恩一起被誉为当代英美宗教学界的三大巨头②。在当代英美宗教哲学界、知识论界,他的保证(warrant)的合适功能主义,被看作是 20 世纪以来"最复杂、最具涵盖性以及最有挑战性的理论之一"③。作为一种"新型"外在主义,保证的合适功能主义出现在 20 世纪 80 年代后期,其完整形态体现在普兰廷加 20 世纪 90 年代初出版的两卷本《保证:当代争论》和《保证与合适功能》之中。

---

① 值得注意的是,普兰廷加采用了"warrant"而非"确证"(justification),作为知识的必要条件,并声称,只有"warrant"加上"真信念"才能确保知识的产生。事实上,普兰廷加把"确证"概念仅仅局限在义务论的意义上,如果我们广义地理解"确证",则"warrant"依然从属此列。但为保持普兰廷加理论的原貌,下文我们还是一律采用"warrant"范畴进行理论分析。至于对"warrant"一词的翻译,国内有人把它译为"理证",有人译为"担保"。笔者以为把"warrant"译为"保证"更为合适,因为,虽从词源学上看,该词在中古英语、古高地德语以及古北方法语中皆指"担保"或"担保者"的含义,但如果把它译为"担保"似乎又偏似法律术语。因此,为了既体现"warrant"一词的担保之意,同时又把该词放在广义的确证传统中,我们选择在"担保"和"确证"两个词中各取一字,把"warrant"一词翻译为"保证"。我们认为,这样的翻译是合适的,另外,从后文的论述中也可发现,把"warrant"译为"保证"也符合普兰廷加刻意选择该词以避免葛梯尔反例对知识侵扰的初衷。

② 张志刚.宗教哲学研究:当代观念、关键环节及其方法论批判[M].北京:中国人民大学出版社,2003.

③ POJMAN L P. The New Externalism:The Theory of Warrant and Proper Function[M]//POJMAN L P. What Can We Know?:An Introduction to the Theory of Knowledge. 2nd ed. Belmont,CA:Wadsworth Thomson Learning,2000:164.

第一节　批判内在主义与信赖主义

普兰廷加的保证的合适功能主义立足于对内在主义与信赖主义的总体批判之上,他认为,内在主义无论是理论源头——义务论,还是主要表现形态——一致主义皆是错误的;而信赖主义虽较诸内在主义有较大的合理性,但也面临诸多难以克服的问题,因此构建一个周全合理的保证理论就必须对内在主义和信赖主义展开总体性批判。

一、批判内在主义

普兰廷加对内在主义的批判首选齐硕姆作为理论批判的靶子。普兰廷加这样说:"在过去30多年来,齐硕姆提供了一系列更精致的、更有穿透力的知识论核心范畴的解释理论,很明显没有比考虑把他的这一影响深远和富有典范的工作作为出发点更合适了。"普兰廷加选择齐硕姆作为批判的靶子最重要的原因还是,齐硕姆的知识论是对笛卡儿、洛克等经典内在主义的当代继承与发展,可以说齐硕姆的内在主义就是当代最经典的内在主义。如果能够完成对齐硕姆知识论的批判,对顺利构建其本人的合适功能主义大有裨益。

那么,批判齐硕姆内在主义批判就需要找到最直接的切入点。在普兰廷加看来,批判义务论就是最佳切入点。普兰廷加指出,经典内在主义有三个主旨。第一个主旨是:认知确证(也即主观认知确证,换言之我不受责备)完全取决于我并在我的掌控中。第二个主旨是:对一个大的、重要的和基本的客观义务种类而言,客观义务和主观义务是重合的,你客观上应该做的要和事实相匹配,假设你不去做你就是有过失的和应该受到责备的。第三个主旨是:对是否确证某个信念和什么使它得到确证我要有某种有保证的把握,我不能(如果我没有遭致认知缺陷)不受责备地但错误地相信某个信念被确证。

从以上内在主义三个主旨来看,义务论贯穿其中,并且是三个主旨的逻辑起点和逻辑归结点。无疑,作为内在主义的当代经典,齐硕姆理应通过义务论作为逻辑起点构建其内在主义确证论或知识论。如上所述,齐硕姆事实上也正是这么做的。在本书第三章中,我们已经分析过,齐硕姆从未经界定的"某某比某某更合理"的术语出发构建了十三个层级的确证理论。齐硕姆选择"认知合理性"作为论证出发点,同时这一出发点被称为认知优选性原则(epistemic preferability)。而人们为什么在认知确证中要遵循认知优选性原则,齐硕姆认为,其目的就是要求真避假,从根本上说求真避假就是人们的义务和责任。下面,我们可以再引用齐硕姆的两段原话回顾下他的理论建构的逻辑起点。第一段是:我们可以假定每个人都受纯粹认知要求所支配:也即尽其所能对其思考的任何信念 p,他接受 p 当且仅当 p 为真。第二段是:人们可能

会说这是作为理智的人的责任或义务。那么，重复以下对术语"在时间 t 对 S 而言 p
比 q 更合理"的另一种表达，即"在时间 t,S 的处境使他作为理智的人他的认知要求、
他的认知责任，通过 p 比 q 得到更好履行"。

通过以上引述可以看出"齐硕姆的核心主张是：认知要求、责任或者义务或者职
责是诸如证据、确证、积极的认知资格以及知识本身的基础。因为，知识就是根据合
理性连同真以及信念得到界定的"①。既然义务论在齐硕姆的知识论或确证论建构中
发挥中流砥柱的作用，因此，选择从义务论作为切入点检讨齐硕姆的内在主义得与失
是最好不过的。

那么，齐硕姆的论述是否有说服力？在普兰廷加看来，义务论之于知识的"保证"
既非充分，亦非必要。"首先，齐硕姆提供的认知原则和他关于保证（warrant）是履行
义务之事的官方主张并不匹配。如果保证如其官方所言；则大多数他的认知原则都
是错误的。这表明他有关保证的官方所言和所思是矛盾的。其次，我将要争论的是
积极的认知资格不能如此解释。我的主张是认知义务或要求的履行对保证知识而言
完全不充分，而且也不必要。"②

关于认知义务之于保证的非充分性，普兰廷加首先以齐硕姆的确证的第六个原
则"确定"（certain）原则进行分析。齐硕姆的认知第六原则即："如果 F 的属性是自我
呈显的，那么，对每一位 x 而言，如果 x 有属性 F 且如果 x 在思考他有这个属性；那么
对 x 来说他有 F 是确定的。"普兰廷加认为，齐硕姆的这个原则存在着所言与所思之
间的紧张。普兰廷加以"我感到悲伤"为例论证第六原则的错误。他说，假设我在时
间 t 感觉到悲伤，那么我真的相信我感觉到悲伤无论如何是在尽力履行我的认知义务
吗？无论如何，假如做某事 A 是一种我能够尽力促成某种事态的方式，我能够想象到
A 将是如此这般的，即至少在逻辑上我能够思考并能够执行它，有在可能世界去思考
并执行它，但也有在可能世界我思考它但不执行它。现在的情形并非如此。因为，我
感到悲伤的命题对我是自我呈显的，因此，（根据齐硕姆）在广义逻辑意义上，这是不
可能的。即：我事实上应当感到悲伤并且我在思考是否我在悲伤，但是我要抑制着去
相信我在悲伤。如果事情果真如此，这个命题怎么可能是这样的情况，也即我接受它
比拒绝或悬置它更能履行我的认知义务呢？你可能会说假如我在那种情况下就是在
思考我是否在悲伤，我事实上相信我在悲伤，如此一来我不相信我在悲伤可能表明我
不在尽我的认知义务，也许如此。但即便如此，那也不表明我依靠相信我在悲伤就能
满足任何的认知义务。

普兰廷加还举了这样一个例子说明认知义务的非充分性。假定我得了一种罕见
的大脑疾病，这种疾病促使我相信我将成为美国下一届总统。我无法证明该信念，也
从来没有过任何实质的从政经验。然而，由于我的认知功能的失常，我将成为下一届

① PLANTINGA A. Warrant:The Current Debate[M].New York:Oxford University Press,1993:32.
② PLANTINGA A. Warrant:The Current Debate[M].New York:Oxford University Press,1993:36.

美国总统的信念对我来说其真理度就像 $1+1=2$ 一样明显。那么现在,拒绝该信念还是接受该信念更能履行我的认知义务?拒绝接受更能履行我的求真义务吗?显然不是。我将成为美国下一届总统的信念对我来说似乎完全是自明的,我也完全没有意识到认知官能欺骗了我。所以,如果我要获得认知的优越性,我将接受该信念。但在这种环境下我获得认知优越性的唯一方式,就是根据我认为最能达到这一目的的信念去行动。而这个信念对我来说太真切了,真切到足以让我相信,达到认知优越性的唯一方式就是接受该信念。如果我们愿意,我还可以补充说,我对认知义务极为关切,我急切地渴望得到真理,而且我将为真理而牺牲一切。此时,我可以肯定地说,接受该信念是正在尽我的认知义务,但该信念并不能得到一丝一毫的保证,即使以后阴差阳错,我真的成为美国总统,我也并不知道我将成为美国总统。

在该例中,普兰廷加认为,虽然"我"尽了认知上的义务,但"我"将要成为下一届美国总统的信念并没有得到保证,也就是说,我的有关将要成为美国下一届总统的信念不能构成知识。

关于义务论对知识保证的必要性,普兰廷加还举了另一个例子:

关于认知义务的履行之于保证的非必要性,普兰廷加设计了这样一个案例。假设我不该受到任何谴责地形成了这样一个信念,即:星座上的征服者厌恶我拥有正在察觉到红色东西的信念。我也相信他们正在监控着我的信念,并且,当我形成了看见红色东西的信念的时候,他们就会使我相信我的绝大多数信念都是假的,并因此剥夺了我的任何认知优越性的机会。这样,当我看见红色的小球、红色的救火车等东西时,我就有义务抑制这些信念。当然,此时我依然和其他任何人一样有着相同的认知倾向,即:当我眼前呈现红色的景象时,我有一种强烈的冲动相信我看见了红色的东西。然而,我还是凭借巨大的努力和意志力使我养成了这样的习惯,即:当我看见红色的东西时,我就抑制自己不去形成看见红色东西的信念。一天早晨我到伦敦郊外散步,我不止一次地看见红色的东西,比如红色的邮箱、红色的交通信号等,每次我都能成功地做到不去相信这些东西是红色的,但这需要付出巨大的努力,我变得精疲力竭而且愤愤不平,最后当一辆红色的公共汽车急驰而过时,我叫了一声"让认知义务见鬼去吧!",此时我无比高兴地形成了我正在察觉到红色东西的信念。在该例中,由于我违反了认知义务,我看到红色东西的信念对我来说就是非确证的,但它能构成知识。

普兰廷加得出结论:义务论意义上的确证虽然是个好东西,无论从内在还是外在价值上看,都是有意义的,但它对保证来说既不充分也不必要。"齐硕姆的强有力的并得到极力完善的义务论的内在主义——传统的齐硕姆内在主义——必须要被拒斥。"[①]

二、批判一致主义

普兰廷加不仅批判了内在主义的义务论前提,而且还重点批判了内在主义的一

---

① 　PLANTINGA A. Warrant:The Current Debate[M].New York:Oxford University Press,1993:45.

致主义。普兰廷加认为,一致主义是错误的。正如普洛克所言,一致主义是一种所谓的"信念"理论。在纯粹一致主义看来,信念的确证完全是认知主体信念系统之内的事,简单说,一信念的认知资格完全被其他信念所决定。如果你在两个不同环境下持有同一信念,那么你将在两个环境下拥有相同的确证度。在一致主义者看来,一致性对保证而言既是充分的又是必要的。普兰廷加指出:"一致性对保证而言既不充分也不必要。关于充分性,普兰廷加认为,也许某个人的理性结构完全一致尽管某些信念根本没有得到保证。"普兰廷加举了大量的例子以证明纯粹一致主义的荒谬性。在他所举的例子中,其中一个比较有趣。有位来自美国中部大草原内布拉斯加州的小伙子,极端崇拜毕加索。在超市里,他拿起一幅毕加索的《民族的探寻者》的复制品,陶然其中,突发奇想,认为毕加索乃是一位外星人,并由此相信自己也本是外星人,是被他的外星人父母在宇宙探索中遗弃到内布拉斯加州大草原上的。接着,这位年轻人所形成的其他信念都和这个信念相一致,但即便如此,他的这些想法都不能说是得到保证的,即便他真的是外星人,他也肯定无法知道这一点。[①] 通过此类例证普兰廷加得出断言,纯粹"一致主义完全是个错误"[②]。

普兰廷加还举了这样一个例子论证一致主义对知识保证的非充分性。假设某人由于酗酒导致记忆功能受损严重,他完全忘记了他生活的后三十年。他相信他只有18岁,尽管他已经48岁了。他相信今年是1992年,尽管今年已经是2022年了。他的所有信念都是一致的,但他的许多信念由于这种受损严重的病理特征却很少能够得到保证或根本没有得到保证。

普兰廷加还论证了一致主义之于知识保证的非必要性。他认为,完全有可能我的信念得到大量保证,但它既非和我的理性的认知结构的其他信念保持一致,也非来自于其他彼此一致的信念。普兰廷加举了这样两个例子展开论证:

例一:我是一个树木研究专家,我在一次演讲中提出华盛顿州没有橡树。自然而然地我相信我从来没有在该州看过橡树。突然我在演讲中发现人群中的你。看到你似乎撬动了我的记忆,我似乎记得在西华盛顿大学校园里我们曾经看过一片橡树林。此刻我确实记起这件事。那么我在华盛顿州看过橡树的命题对我而言得到保证,尽管它和我的理性的信念结构并不一致。

例二:你是一位杰出的古怪的牛津知识论家,我是一位过度敏感的大学生。你提供给我一组复杂的而且相当有力度的论证证明没有人被呈显红色,我完全不能抗拒你的论证的力量并完全被折服了。第二天我正在大街上行走,而且在回味着你的论证的力量。突然一辆红色的双层巴士驶了过来差点撞了我,我惊恐地看着这辆巴士,我被暴力地呈显红色。虽然我正在反思关于你教给我的论证,但我注意到我此刻被呈显红色。除非我的理性结构遭致瞬间改变,否则我的我不被呈显红色的信念将和

---

① 陈嘉明.知识与确证:当代知识论引论[M].上海:上海人民出版社,2003:220.

② PLANTINGA A. Warrant:The Current Debate[M].New York:Oxford University Press,1993:80.

我的理性结构保持一致。然而它将有相当的保证度。

正如本书第五章所论证的,邦久曾经构建的一致主义被众多知识论家称为当代最深刻、最精致的一致主义,因此,普兰廷加针对邦久的所谓的非纯粹一致主义也展开批判。普兰廷加指出,即便邦久的一致主义标榜一致主义的非纯粹性,但该理论至少有四个问题无法得到解决。(1)一致性与现实的符合问题;(2)信念系统的符合论假定为何要比怀疑主义的相关假定更接近真实;(3)如何解决信念系统的长期一致性问题;(4)如何解决信念假定的元确证问题。普兰廷加认为,邦久的一致主义虽然较诸纯粹的一致主义有着更大的合理性,但由于它根本无法解决以上四个问题,因此该理论注定要失败。

三、批判信赖主义

关于外在主义,在普兰廷加看来:"从广义上讲,外在主义有关保证的观点是正确的,但诸如信赖主义等外在主义仅是对内在主义的反驳;而真正需要的不仅仅是对义务论和内在主义的反驳,真正需要的是一个肯定的保证理论。……虽然这些理论(指信赖主义)在方向上看起来是正确的,但它们均忽略了对我们的保证理念来说至关重要的因素。"[1]

戈德曼的信赖主义是普兰廷加批判的重点。前文已经论述过,戈德曼的信赖主义主张,一信念的确证关键在于该信念来自于一个值得信赖的认知过程。关于认知过程,戈德曼认为:

"我们把'过程'理解为某种功能运作或程序,它产生的是从某些状态(输入)到另一些状态(输出)的映射(mapping)。这里的'输出'指相信特定状态下的这一或那一命题。基于这种解释,某个过程指的是某种类型(type),而不是个例(token),这完全是合适的,因为只有类型才会在某一时刻拥有产生诸如80%的真理的统计属性,而正是这些统计属性才能够决定某一过程的可信赖性。"

普兰廷加指出,戈德曼的话清楚地表明,决定一个信念确证的东西不是过程个例而是某个过程类型。很显然,任何一个具体的认知过程都将是许多种完全不同的认知过程类型的某一个例,而这些认知过程类型又有着不同程度的可信赖性。比如,保罗形成了正在观看《王朝》这部电影的信念,这个信念来自于某个具体的认知过程,那么这个具体的认知过程无疑又属于许多种过程类型,那么到底哪一个过程类型、其可信赖程度决定了保罗的信念的确证程度呢?普兰廷加指出,这里戈德曼的信赖主义就面临着所谓的"一般性问题"。

普兰廷加分析指出,既然过程类型的可信赖度决定了信念确证或保证的程度,那么相关的过程类型必须是一个非常窄的类型,它必须窄到足以让它所产生的所有信念都拥有同等的确证度。比如,视觉就是一个较宽的过程类型,它所产生的输出就会

---

① 　PLANTINGA A. Warrant:The Current Debate[M].New York:Oxford University Press,1993:184.

有不同程度的确证度。如果以视觉作为过程类型,那么在明亮的、阳光很充足的条件下,距离你不到十英尺的地方有一个中等型号的东西,你看见了它并形成了一个知觉信念,那么,你的这个知觉信念的确证程度就会比在一个黑暗的、多雾的夜晚,距离你很远的地方你看见那个中等型号的东西而产生的信念的确证程度要强得多。既如此,我们就必须把过程类型选择到窄到足以保证其所输出的信念有着同样的确证度的地步。那么如此一来,在过程类型的选择上我们就遇到了极大的困难。如果按照戈德曼所建议的,过程类型必须根据心理学或生理学术语来解释,我们就根本无法说清楚诸如此类的类型到底是什么。更重要的是,如果这样解释过程类型,就会选出无数个我们认为是有用的过程类型,比如,有或者是心脏或者是胃的类型,也有或者是后花园里面的老虎草的类型。甚至有保罗在周六产生的信念类型或者 $4+1=5$ 的信念类型。更有甚者,可能是事件类型 e_1,后继事件类型 e_2 一直到事件类型 e_n,最后才是某个信念。这些类型明显有着相关程度的独特性。以至于最后的过程类型产生的信念一定是重言式。然而,根据这些过程类型,它们的输出将没有一丝一毫的保证。如此一来我们的选择工作就必然"陷入了死胡同"[①]。

普兰廷加还对戈德曼的规则信赖主义进行批判。并认为,诉诸规则系统来改进过程信赖主义更没希望。因为,假如某信念被某个正确的规则所允许,那么确证规则的正确性就要求它是某个正确的规则系统的一分子;而规则系统的正确性要求它能够产生高比率的真信念。普兰廷加认为,戈德曼选择规则系统而非绝对的规则进行信念确证依然会遇到过程类型的具体化问题,最终的结果是规则系统将允许任何的认知过程都是可行的结论。

普兰廷加的结论是,信赖主义相比内在主义标志着一个真正的进步,它代表着对可以追溯至亚里士多德的外在主义视角的幸运的、快乐回归;但信赖主义仍然没有提供一个正确的保证解释理论。戈德曼虽然提供了格式化的范式化的信赖主义,但它无法有效回应过程类型"一般性问题"以及人体功能紊乱问题;考虑到"信赖主义忽略了知识的三个典型特征,因此,信赖主义至多也只是向真理的零接近"[②]。

第二节　保证的合适功能主义的理论建构

在全面批判了确证的内在主义与信赖主义的基础上,普兰廷加放弃了传统的确证理论,并以"保证"(warrant)取代"确证",并系统构建了他所认为的最完备的信念或知识保证理论:合适功能主义。简单说,普兰廷加的合适功能主义指的是:

---

① PLANTINGA A. Warrant:The Current Debate[M].New York:Oxford University Press,1993:209.

② PLANTINGA A. Warrant and Proper Function[M].Oxford:Oxford University Press,1993:viii.

"一信念 B 对主体 S 来说是有保证的,仅当信念 B 是主体 S 的认知官能在适宜的环境下、根据能够可信赖地指向真理获得的设计计划、合适运作的结果。"

这里,可以清楚地看出,普兰廷加的合适功能主义包含四个必要条件,即:"合适功能"、"适宜环境"、"设计计划",以及"值得信赖"。下面我们就围绕着这四个条件详尽论述这一理论。

一、合适功能(proper function)

在普兰廷加看来,既往的确证理论"之所以难中要害,至少部分原因在于它们没能对合适功能这个概念进行很好地理解"①。普兰廷加指出,"首先要注意的是,合适功能这个范畴应是所有保证理论的奠基石"②。由于合适功能在普兰廷加心中有着举足轻重的地位,所以,普兰廷加认为:"首先,对我来说,信念拥有保证的一个必要条件就是,我的认知配置(cognitive equipment),我的信念形成和保持的装置(apparatus)或机能(powers)必须免于发生故障。一信念对你来说是有保证的,当且仅当你的认知装置正在进行合适运作(function properly),以它应该运作的方式去运作,从而产生和保持该信念。"③

普兰廷加认为,齐硕姆的所谓的负责任的认知主体,无论何时被呈显红色他总是相信没有东西对他呈显红色;普洛克的认知者由于功能障碍总是拥有错误的认知规范;戈德曼的认知偶然受损的受害者,所有信念都缺乏保证;等等。所有这些状况的恶发生都是认知功能障碍(malfunction)的结果。也即,认知功能不能正常运作,无法根据它应该有的功能去发挥功能。

普兰廷加认为,"合适功能"是一个耳熟能详的概念,它既运用在常识话语里,同时也深深植根于科学语境中。比如,你去看医生,医生告诉你你的甲状腺功能失调;你得了白内障,你的眼睛不能发挥正常功能无法像平常那样看清楚;你的心脏肌肉弹性损失导致你的左心室功能失调;如果鸟儿翅膀折了,它就不能正常飞行。再比如酒精和药物使得你各种各样的认知官能不能正常发挥功能,以至于你不能做简单的加法,不能进行基本的社会判断等。实际上,这些情形在日常生活中我们经常遇到,合适功能的概念我们都有并且都对之有大致的初步的把握且应用。

当然,并不只是日常语境中我们经常运用合适功能这个词语,这个词语还深深植根于科学中。比如,我们习惯听到各种身体器官的生物功能。心脏、肾脏等我们被告知它们的功能应该如何如何。这些器官应该做什么事的事实、它们拥有什么功能的事实都是独立于我们认为它们应该如何如何的。生物学家揭示了它们的功能,他们并没有发明或指派它们。我们也不能彼此商量商量改变这些器官的功能。心理学

① PLANTINGA A. Warrant and Proper Function[M].Oxford:Oxford University Press,1993:4.
② PLANTINGA A. Warrant and Proper Function[M].Oxford:Oxford University Press,1993:4.
③ PLANTINGA A. Warrant and Proper Function[M].Oxford:Oxford University Press,1993:4.

家、医疗研究者、神经科学家、经济学家、社会学家等经常解释人们以及其他有机体或者它们的器官等如何发挥功能:它们如何工作,它们的目的是什么,它们如何应对外在环境。按照普洛克的话说即是功能归纳。所以,普兰廷加指出,正是因为合适功能是一个与我们的日常生活经常打交道的概念,所以,尽管它仍然需要进一步解释与澄清,但它完全可以在保证理论中担当起关键角色。

二、适宜环境(appropriate environment)

普兰廷加认为,很容易看出,对信念的保证来说,"合适功能"绝不可能包打一切。这里还存在着认知官能和认知环境的调协问题。比如,尽管你的认知功能是合适的,但当你突然被带到一个完全异于地球的环境之中,或者被带入了笛卡儿恶魔的世界,此时你的信念可能并不能得到保证。这里的问题不在于你的认知官能,而在于那里的环境并不适宜你的认知。同理,你的汽车可能仍然保持良好的工作状态,尽管它在匹克山上、在水下或者在月球上不会跑很快。因此,在普兰廷加看来,必须为保证理论加上"适宜环境"这另一必要条件。关于什么是"适宜环境"?用普兰廷加的话说,即:"你的官能一定在良好的工作秩序下,环境一定要和你的认知能力的特殊指令系统相适宜。""它必须是那种被上帝或进化或两者兼而有之,为你的认知官能所专门设计的环境。"

在讨论其他几个必要条件之前,普兰廷加对以上两个条件做了补充。他首先谈到了"保证度",他认为,当认知主体处在适宜的环境之下,认知功能又保持正常之时,他同时获得的两个信念可以说都是有保证的,但当认知主体 S 更相信 B 而不是 B★ 时,信念 B 就会比 B★ 更有保证。这就涉及环境中的认知语境问题。为此普兰廷加谈到合适功能(proper function)与正常功能(normal function)的差别。比如,一只成猫由于经过多次打斗身上的猫毛大块大块脱落,但不能由此认为它遭受某种扁桃体紊乱;也许一只雄猫被阉割,但不能认为它的功能不正常;经过一场核灾难我们大部分人都变成盲人,不能认为少数还可以看见的人眼睛和大家一样功能不正常。这就需要我们区分合适功能(proper function)与正常功能(normal function)。功能合适涉及具体信念的产生。认知官能无须在所有时段都发挥合适官能。假如我听不到高音符我仍然可以借助我的听力学到更多;再比如我的视觉官能有些问题,但即便我的矫正过的视力依然很差,我仍然可以对我感知到某个圆形物体做出保证。即便我完全看不到颜色,我仍然对某个物体是红色的命题做出保证。所以,正常功能和合适功能还是有一定区别的。我们需要根据语境来对合适功能进行一定限制。当然,合适功能和完美功能也有差别。某个官能就某个信念而言无须完美地(perfectly)发挥官能就能对之做出保证;我的许多视觉信念可以构成知识即便我的视力不是 20/20,同样,我的官能可以合适地发挥功能但不必完美地发挥功能。比如,即便我的运动能力没有猎豹那样快它依然可以发挥合适功能;我的计算能力比不上计算机但它依然运算良好。普兰廷加认为,正是因为,认知官能的功能运作是否合适有着语境的相对性,因此,可以相对模糊性地看待知识和保证的概念。

三、设计计划(design plan)

在谈及保证的第二个条件"适宜环境"时,普兰廷加认为,"适宜环境"即便加上上述限定对信念保证来说仍不是充分的。普兰廷加以宗教信仰为例。关于宗教信仰的本质,弗洛伊德和马克思都给出解释。马克思认为,宗教信仰产生于一种不健康的、变态的社会秩序。变态的世界产生变态的世界意识。弗洛伊德认为,宗教信仰是"幻觉,是人类对最古老、最强劲和最固执的愿望的履行"[①]。这表明宗教信仰的普遍存在并非认知官能没有履行合适功能,或者说是认知功能失调的结果。但普兰廷加指出,这种来自于臆想或者幻觉的宗教信念尽管不是认知功能失调的结果,但也不能被视为是得到保证的。因此,保证的条件还必须在"适宜的环境下合适功能"之上加上其他条件。普兰廷加认为,为了更便于理解,我们一定要思考下面这个词的至关重要性:说明书、设计蓝图或者设计计划。

普兰廷加认为:"人类根据某种设计计划而构成,但这个术语并不承诺人类是由,比如,上帝所任意设计。"[②]"这里我使用'设计'的方式与丹尼尔·丹内特在谈及有机体拥有某种设计,以及进化产生某种最优设计的方式一样。'最终,我们希望能够根据他的设计解释人类或者动物的智力,这是这种设计的自然选择。'"[③]

在普兰廷加看来,"设计计划"是一个和合适功能同样至关重要的概念。普兰廷加认为,设计计划与合适功能可以相互解释,某物(有机体、器官、系统、人工制品)能够合适运作,当且仅当该物根据它的设计计划去运作。而某物的设计计划就是该物在合适运作时,其运作方式的详细说明。正是因为合适功能与设计计划之间可以相互界定,在普兰廷加眼里,保证的核心范畴是合适功能,但我们也可以说核心范畴是设计计划。无论如何,信念获得保证的第一要件,正如我说的那样,是由合适运作的官能所产生的;但这绝不意味着那已经够了,信念获得保证的另一个要件就是,信念产生的认知环境必须是专门为其所设计的认知环境。[④]

普兰廷加认为,根据设计计划,人体器官都有功能或目的,有远期或近期的目的等多重目的。比如心脏的最终目的是有助于健康和整个有机体的合适功能。但心脏也有更具体的泵血功能。所以器官有时以这种方式履行功能,有时以另一种方式履行功能。正如建筑一栋房子要根据图纸进行建设,人体似乎也是根据一套非常复杂的和高度合成一体的说明书构造完成的。[⑤]

① PLANTINGA A. Warrant and Proper Function[M].Oxford:Oxford University Press,1993:2.

② PLANTINGA A. Warrant and Proper Function[M].Oxford:Oxford University Press,1993:13.

③ PLANTINGA A. Warrant and Proper Function[M].Oxford:Oxford University Press,1993:13.

④ PLANTINGA A. Warrant:The Current Debate[M].New York:Oxford University Press,1993:213.

⑤ PLANTINGA A. Warrant:The Current Debate[M].New York:Oxford University Press,1993:14.

普兰廷加对设计计划的进一步解释是,根据设计计划得到保证的信念一定要指向真理(aim at producing true beliefs)。普兰廷加认识到,人类的认知官能根据设计计划所设计的目的是多种多样的,比如希望绝处逢生、免除灾难、多子多福等。在普兰廷加眼里,这些信念都是没有保证的。原因在于这些信念并没有达到追求真理的目的。所以,完整的设计计划还必须瞄向真理。

四、值得信赖

普兰廷加指出,虽然我们可以大致说,信念获得保证必须是认知官能在适宜的环境下合适运作的结果,并且这个结果是指向真理的;但这些条件严格地说,仍然是不充分的。比如一个善意的却不称职的天使着手设计一类理性的人,这种人能思考、有信念而且有知识。但结果证明设计是失败的,虽然这类人拥有信念,但他们的大多数信念都是假的。普兰廷加认为,此类案例表明,即便信念获得保证的以上几个要件皆已具备,但这样几个要件依然是不充分的,为此必须为信念的保证再追加一个要件。在普兰廷加看来,这个要件就是:"设计计划必须是好的计划。准确地说,主管该信念产生的设计计划必须是好的;更准确地说,在其他条件设定的前提下,信念成真的客观概率必须要高。"[①]更准确地说,统辖信念产生的设计计划的模块一定是这样一种东西,即根据这个模块设计的认知官能合适运作时产生的信念将是真的或者是逼真的,而且这种情况的发生在客观上是有很高可能的。换句话说,认知官能所产生的信念必须是"值得信赖"的。

从这个条件可以看出,普兰廷加实际上借鉴了信赖主义的某些元素来加强他的理论构造。当然他这里的信赖主义还是和诸如戈德曼等人的过程信赖主义或规则信赖主义有很大区别。他认为,戈德曼的信赖主义无法避免类型"一般性问题"。即如果过程类型选择过宽同样的过程会产生出不同确证度的结果;如果过程类型选择过窄,那么产生的信念都是真的。针对戈德曼认为普兰廷加很难对认知官能具体化,普兰廷加认为,没有必要对认知官能像过程类型那样加以具体化,比如你很难对高山和句子进行具体化,但不意味着你不能谈论高山和句子,因此"一般性问题"不会对合适功能理论带来任何冲击。

普兰廷加最后认为,当我们对信念的保证设置完以上条件之后,即可以为信念的保证下一个初步定义。即:"信念 B 是有保证的,当且仅当在和为 S 的认知官能所设计的环境充分类似的情况下,相关部分运作合适;而且统辖信念 B 产生的设计计划的模块(1)瞄向真理,(2)根据那些模块形成的信念客观上有很高概率是真的,而且 S 越坚定地相信 B,B 对 S 来说越是保证的。"

为了更加完整地展现普兰廷加的合适功能主义的理论风貌,下面让我们来进一步探讨普兰廷加保证理论或合适功能主义的语境基础以及合适功能主义对葛梯尔反

① PLANTINGA A. Warrant:The Current Debate[M].New York:Oxford University Press,1993:17.

例的回应。

　　普兰廷加认为，之所以我们能够如此从容地谈论保证理论的几大条件——合适功能、适宜环境、设计计划等，是因为其实这里承认知识论的自然主义。用普兰廷加的话说，即："我所提出的观点是一种激进的自然主义：声讨自然主义在今天蔚为时尚，我很高兴能够加入这场游戏。我所力促的观点从实质上看，最好被当作自然主义知识论的一例，这里我追随奎因。①"如果普兰廷加就此打住，我们可能会觉得普兰廷加的保证理论已经非常完满，但匪夷所思的是，普兰廷加却在《保证与合适功能》的最后两章激烈批判了形而上学的自然主义世界观。他的结论是：合适功能要求设计计划，而设计计划必然要求某种非自然的或者说超自然的东西。而形而上学自然主义，由于对有意识的和理性的人类采取偶然的进化论解释，这样它就无法给出一个一致的功能概念，也就更谈不上合适功能。普兰廷加进而指出，如果上述论断正确无误，则自然主义者就不能主张他们的信念是有保证的。普兰廷加总结指出，自然主义虽然是谈论保证理论的最合理的方式，但"知识论的自然主义需要人类学的超自然主义"②。

　　与其他确证理论明显不同的是，普兰廷加认为，他的这种超自然主义的合适功能主义完全可以应对葛梯尔反例。在《保证与合适功能》一书中，普兰廷加详细论述了设计计划的重重限制。而在这重重限制中，普兰廷加重点探讨了葛梯尔反例的种种情形。普兰廷加认为，葛梯尔反例指出真理和确证对构成知识而言是不充分的，因此需要加入知识的第四个条件。为此，内在主义者纷纷以加入本轮的方式寻找解决之道。于是本轮遭致反本轮，反本轮又遭致反反本轮等，世界永无止境。普兰廷加指出，葛梯尔反例所表明的只是内在主义的失败，而且只要以添加本轮的方式弥补缺陷内在主义注定失败。但葛梯尔反例对合适功能主义不构成任何挑战。

　　普兰廷加列举了葛梯尔反例的几种情形，并分别加以反驳。针对葛梯尔反例中的第二个例子。史密斯或者拥有一辆福特车或者布朗在巴塞罗那。雷尔（Keith Lehrer）的绵羊反例以及吉内特（Carl Ginet）的谷仓反例等几个知识论领域比较经典的反例。普兰廷加指出，这些例子的突出问题就在于：每一个例子中确证的信念为真都是基于偶然。也即碰巧布朗在巴塞罗那，碰巧你看到田地里有一只真羊，碰巧你看到的是一个真谷仓而不是假谷仓。那么，认为这些信念都是基于偶然想表达的就是，这些事例中的真信念确实是真信念，但不是作为由相关设计计划统辖的认知模块的合适功能产生的结果。这里，认知功能都在正常运转，但信念仍然得不到保证，其原因就在于信念形成的环境有问题。以史密斯案例为例，根据里德所谓的"轻信原则"，一般而言，我们的设计计划引导人们相信别人所告知的东西，但是，史密斯案例的情形是史密斯说了谎话，这就导致了轻信原则在这里没能瞄向真理目标。

---

　①　PLANTINGA A. Warrant: The Current Debate[M]. New York: Oxford University Press, 1993:46.

　②　PLANTINGA A. Warrant: The Current Debate[M]. New York: Oxford University Press, 1993:46.

普兰廷加认为,根据设计原则(也许是上帝),我们认知能力的设计者已经为我们设计了他们自己通常遇到的境遇情形,姑且可以把这些境遇情形称为"典型情境"(paradigm circumstance),上述的所有反例区别于这个"典型情境"。在普兰廷加看来,葛梯尔反例的实质就是,它表明内在主义理论对信念保证而言是不令人满意的。葛梯尔反例所表明的,即便每件事都按照内在主义设定的那样进行,保证仍然缺失。葛梯尔反例的意义不在于是仅仅为知识分析提供了一个相对小的技术苦恼,真正的意义在于表明了内在主义所思考的确证对保证来说是不充分的。当然,葛梯尔反例还有另一重意义,即它使得我们明白设计计划的复杂性以及要了解信念保证的更多条件。普兰廷加认为,葛梯尔反例还有更深层次的意义。也即我们没能深刻地领会到葛梯尔反例似的非"典型情境",其实背后有认知计划设计者的良苦用心。

普兰廷加指出,虽然设计者的主要目的意在真理,但由于他不得不为他的造物设计其他目的,这样一来,目的和目的之间就存在着权衡和妥协(trade-offs and compromises)的可能,比如,你需要一个割草机来帮你清除花园里的草,为了节省时间当然割草机越大越好,但是你又想降低成本而且想把割草机放在车库,这样你就不能不考虑割草机的大小。因此,你在考虑购买割草机时不得不在大小和其他方面进行权衡和妥协。所以,普兰廷加认为,设计者的主要目的是真理,但也要考虑其他因素的限制,这就需要权衡。既能够兼顾其他情形又能在各种情形下产生真信念这不太可能,为此,难免出现牺牲准确而换取效率的状况。这样葛梯尔问题似乎就在所难免了。但普兰廷加进而补充指出,毕竟这种状况并不经常出现,因此人类依旧可以获得信念的保证和获得知识。

第三节　保证的合适功能主义所遭遇的批判

普兰廷加的合适功能主义的保证理论问世于 20 世纪 90 年代初期,此时正值确证的内在主义与外在主义理论酝酿转型之时,虽然保证功能主义具有新颖性、复杂性、挑战性,受到当代英美哲学界、知识论界的广泛好评,但与此同时该理论也受到了方方面面的批判。归纳起来,当代知识论家对普兰廷加保证理论的批判主要集中在以下几个方面:

一、对内在主义的批判是错误的

珀曼认为,普兰廷加对内在主义的拒绝的错误在于,他没有看到内在主义确证概念与他所谓的保证理论之间的内在联系。珀曼指出:"内在主义从来都没有假定确证是知识的充分条件,而且部分内在主义者甚至承认确证对知识来说也是不必要的。内在主义者所坚持的是:在适当时候我们有义务检查我们的证据,培养我们认知的德性,对重要的事情要注意证据,学会公正地判断等等。"①

在珀曼看来,确证应当从三个方面理解——主观确证、客观确证以及绝对确证。主观确证指,人们在主观上有义务尽自己最大的努力得到许多内在一致的真信念,即内在主义义务论的确证。客观确证涉及信念基于最佳的证据之上,或者信念是来自于某个可信赖的过程或信念形成机制,即信赖主义和外在主义所坚持的确证理论。但由于客观确证并不能保证知识或真信念的产生,因为可信赖的认知过程或合适运作的官能偶尔也会出错,这就需要绝对确证。绝对确证是内在主义和外在主义皆欲达到的,它意味着保证或确证的信念定能产生知识。珀曼认为,普兰廷加和其他的外在主义低估了主观确证的作用,而主观确证正是内在主义所强调的。在内在主义者那里,虽然有好的意图并不是知识或绝对确证的充要条件,但它和知识是高度相关的。它的作用就在于让我们注意证据,批判地评价证据以及培养我们的认知德性。由于普兰廷加没有能够注意到内在主义确证论与保证的内在关联,因此他对内在主义的理解是错误的。

邦久认为,普兰廷加对保证的理解存在模糊性,对内在主义确证论的批判建立在一个本身模糊的概念上,是站不住脚的。邦久指出,在普兰廷加那里,保证是个技术性的范畴,但他并没有对保证给出一个明确的定义,普兰廷加仅仅把保证理解为可能不是"某个简单的性质或者量",而是"更像其他的属性或质共同作用的某一向量"。在邦久看来,至少可以认为,在普兰廷加那里,保证是一些独立性质合取的结果。而倘若如此,普兰廷加的保证范畴和内在主义的确证范畴事实上并不存在冲突。因为,这里普兰廷加的保证范畴似乎融合了知识的第三个条件与第四个条件(不可击败条件),而第三个条件即是内在主义所主张的确证条件。在邦久看来,内在主义在谈论知识时,并不反对知识需要第四条件,它不过是强调知识需要理由,需要对理由的把握而已,这并没有什么值得指责之处。在邦久看来,普兰廷加的保证理论只能算作知识的第三条件论,它只能说明知识的第三条件中需要外在因素,但这并不能排除知识的第三条件中需要内在主义成分的可能性及必要性②。邦久总结指出,普兰廷加的保证理论至多只能解释动物性知识,因为动物性知识不需要说明知识的缘由,但普兰廷加的保证理论绝对无法解释反思性知识,因为反思性知识强调对知识缘由的把握,如果普兰廷加的保证理论无法解释反思性知识,则这种所谓的保证理论就无法应对怀疑主义的挑战。

与邦久类似的是,费德曼认为,内在主义并不是普兰廷加意义上的保证理论,由

---

① POJMAN L P. The New Externalism: The Theory of Warrant and Proper Function[M]//POJ-MAN L P. What Can We Know?: An Introduction to the Theory of Knowledge. 2nd ed. Belmont, CA: Wadsworth Thomson Learning, 2000:177.

② BONJOUR L. Plantinga on Knowledge and Proper Function[M]//KVANVIG J L. Warrant in Contemporary Epistemology: Essays in Honor of Plantinga's Theory of Knowledge. Lanham: Rowman & Littlefield Publishers, Inc., 1996:57.

于普兰廷加对内在主义的批判建立在所谓的内在主义保证论的基础上,所以普兰廷加犯了无的放矢的错误。费德曼说:"大致来说,近来的非怀疑主义的知识论家绝没有人主张内在主义的保证论。特别是,被普兰廷加视为典型的内在主义者的当代知识论家都不是保证论意义上的内在主义者。……普兰廷加对内在主义的拒绝部分建立在对内在主义的误解之上。"①费德曼进一步指出,内在主义者"尽管辩护的是认知确证论,但他们认为,知识所需要的是确证的真信念加上别的东西。……而且,在任何情况下,这个别的东西都是外在的。所以,所有这些内在主义哲学家都是谈论确证的内在主义者,但绝无一人主张保证的内在主义。此处,保证指和真信念一起构成知识的东西。对所有这些哲学家来说,保证是确证加上诸如'不可击败的确证'或'无虚假的确证'此类的东西,这些都是外在主义的范畴"②。

雷尔和利茨认为,普兰廷加对内在主义的一致主义的批判也是失之偏颇的。如前所述,普兰廷加对一致主义进行了全盘批判。在雷尔与利茨看来,普兰廷加意义上的一致主义并不能涵盖他们的一致主义理论。雷尔认为,他的一致主义指,确证加上在多元竞争下胜出的可接受的背景系统,这种一致主义不仅可以化解普兰廷加所谓的"隔离论证"和"葛梯尔问题",而且还可以有效应对普兰廷加的保证理论无法应对的"Mr Truetemp"与"Ms Prejudice"等反例。利茨指出,他的一致主义是某种解释主义的一致主义,这种一致主义有两个原则:轻信原则(principle of credulity)与保守主义。轻信原则指"一开始就接受那些似乎为真的东西"③。比如关于我们的知觉、记忆和心灵的信念,这些"瞬时性"信念应当一开始就被接受为似乎为真的信念,或者说对这些信念应奉行"在证明有罪之前皆是无辜"的原则。保守原则是一种实用主义或功利主义的理论德性,它主张如果信念 T 比信念 T* 更能和我们已经接受的信念保持一致性,则信念 T 就比信念 T* 更有可取性④。利茨认为,当一致主义接受了这样两个原则,它就能成功地解释各种信念的确证状况,由于普兰廷加没有能够充分地认识到这一点,所以他对一致主义的全盘批判不能成立。

① FELDMAN R. Plantinga, Gettier, and Warrant[M]//KVANVIG J L. Warrant in Contemporary Epistemology: Essays in Honor of Plantinga's Theory of Knowledge. Lanham: Rowman & Littlefield Publishers, Inc., 1996:200.

② FELDMAN R. Plantinga, Gettier, and Warrant[M]//KVANVIG J L. Warrant in Contemporary Epistemology: Essays in Honor of Plantinga's Theory of Knowledge. Lanham: Rowman & Littlefield Publishers, Inc., 1996:200.

③ LYCAN W G. Plantinga and Coherentisms[M]//KVANVIG J L. Warrant in Contemporary Epistemology: Essays in Honor of Plantinga's Theory of Knowledge. Lanham: Rowman & Littlefield Publishers, Inc., 1996:5.

④ LYCAN W G. Plantinga and Coherentisms[M]//KVANVIG J L. Warrant in Contemporary Epistemology: Essays in Honor of Plantinga's Theory of Knowledge. Lanham: Rowman & Littlefield Publishers, Inc., 1996:6.

二、无法有效回应葛梯尔反例

从普兰廷加的保证理论的"保证"一词可以看出,在普兰廷加看来,他的所谓的保证理论足以应对葛梯尔反例以及诸如此类的反例。在多数学者看来,普兰廷加的保证理论虽然自视甚高,但这种理论并没有能够成功做到这一点。

费德曼认为,即便是最典型的葛梯尔反例"巴塞罗那反例",普兰廷加都没有做到成功回应。如上所述,普兰廷加对葛梯尔反例实际上采取了两种回应方式。一种是"环境调协论",一种是"目的妥协论"。针对"环境调协论",费德曼认为,这显然是个令人惊诧的结论。既然你能够知道那个环境下的许多东西,比如史密斯在说话,史密斯说他有一辆福特车,等等,那么这个环境对你来说就是适宜的。如果该环境对你来说并不适宜,则普兰廷加事实上在承诺这样一个结论,即:你对该环境之下的东西将一无所知,而这显然是一个荒谬的结论。如果这个环境对你的认知官能是适宜的,当你在巴塞罗那反例的情形下,宣称局部环境又是不适宜的,这明显匪夷所思[①]。针对普兰廷加的"妥协论",费德曼认为这一主张内含矛盾。因为,普兰廷加一方面说,根据设计计划,认知主体的信念依靠"轻信"(credulity)获得保证,轻信指向真理;另一方面又认为妥协并不指向真理,可能指向其他目的,这显然存在矛盾之处。费德曼的结论是:妥协与交易虽然可以解释一部分类似葛梯尔反例,但作为一个总体性的理论它是不可接受的[②]。

与费德曼不同,皮特·柯兰和马修·斯万用"击败性理论"反驳普兰廷加的合适功能主义。他们认为,普兰廷加的合适功能主义并不能有效应对葛梯尔反例以及准葛梯尔反例,在他们看来,只有击败性理论才能真正提供关于知识与信念保证的合理解释,而普兰廷加的合适功能主义无法做到这一点。比如有这样一个著名的模拟葛梯尔反例的反例:

"假定史密斯看见某人走进图书馆,从图书馆的书架上取出一本书并把它放进上衣里面。由于史密斯确信这个人是汤姆·格拉比特……史密斯报告说,他知道汤姆偷了书。然而,进一步假设汤姆的母亲,格拉比特夫人发誓说那一天汤姆不在图书馆,事实上汤姆在千里之外;当天在图书馆的是汤姆的孪生兄弟约翰。再进一步设想,史密斯完全不知道格拉比特夫人所说的这些事实。这样格拉比特夫人的陈述将击败史密斯相信汤姆偷书的理由……直到我们最后被告知格拉比特夫人是一个犯了

① FELDMAN R. Plantinga,Gettier,and Warrant[M]//KVANVIG J L. Warrant in Contemporary Epistemology:Essays in Honor of Plantinga's Theory of Knowledge. Lanham:Rowman & Littlefield Publishers,Inc., 1996:211-212.

② FELDMAN R. Plantinga,Gettier,and Warrant[M]//KVANVIG J L. Warrant in Contemporary Epistemology:Essays in Honor of Plantinga's Theory of Knowledge. Lanham:Rowman & Littlefield Publishers,Inc., 1996:215.

强迫症的说谎者,约翰·格拉比特纯粹是她杜撰的结果,汤姆·格拉比特的确偷了书。"①

皮特·柯兰与马修·斯万认为,根据他们的击败性理论可以很好地解释上述反例,但根据普兰廷加的合适功能主义就无法达到令人信服的解释效果。在上述情形中,一般认为史密斯的确知道汤姆偷了书,但问题是这里明明存在着一些击败性的证据,比如格拉比特夫人的证言等,那么为什么还要认为史密斯知道汤姆偷了书呢?柯兰与斯万二人认为,这很容易通过击败性理论加以解释。基于击败性理论,此类例子可以两种方式得以解决。一种认为,诸如格拉比特夫人的证言等所谓的击败性证据纯粹是误导性的,并不能称为真正的击败性的证据。另一种认为,误导性证据潜在的击败效果,本身会被进一步相关的证据所击败,比如格拉比特夫人本身是个说谎者。所以击败性理论强调的是,真正的击败者必须是不能被进一步的证据所最终击败的击败者。柯兰与斯万二人认为,无论是基于何种解释,史密斯确证地相信汤姆偷了书都不会被击败。因此,这个反例可以根据击败性理论得到很合理的解释。

但反观普兰廷加的合适功能主义,在该反例中,根据合适功能主义,无疑史密斯的认知功能运作是正常的,他正常地形成了汤姆偷了一本书的信念,但并不清楚史密斯的这个信念是否得到保证。理由是,根据普兰廷加的保证理论,这里无法判断史密斯所形成的信念环境是否适当。如果史密斯形成汤姆偷书的信念的环境是适当的,那么为何还会出现格拉比特夫人说谎的情形?如果史密斯形成汤姆偷书的信念的环境不适当,那么设计者为何不设计一个直截了当的认知环境?在柯兰与斯万看来,这些问题在普兰廷加的合适功能主义里是找不到答案的,如此一来,普兰廷加的合适功能主义解释功能就会大打折扣②。

三、对超自然本体论等的批判声音

除了上述两个突出问题之外,我们还可以看到来自其他方面的批判性声音,尤其是普兰廷加保证理论本体的批判。比如,索萨撰写了《合适功能主义与德性知识论》一文,文中索萨以戴维森的沼泽人思想实验为例,批判了普兰廷加的合适功能主义。戴维森的沼泽人思想实验如下:假定闪电击中沼泽地旁边的一棵死树。某人正好站在旁边,他也被闪电击中而死。而死树和闪电发生化学反应罕见地变成了那个死人的复制品。暂且把这个复制品称为沼泽人。沼泽人构造与死去的人完全一样,大脑

---

① LEHRER K,PAXSON T. Knowledge:Undefeated Justified True Belief[J].Journal of Philosophy,1969,66:150.

② SWAIN M. Warrant Versus Indefeasible Justification[M]//KVANVIG J L. Warrant in Contemporary Epistemology:Essays in Honor of Plantinga's Theory of Knowledge. Lanham:Rowman & Littlefield Publishers,Inc., 1996:141-143.And KLEIN P. Warrant,Proper Function,Reliabilism,and Defeasibility[M]//KVANVIG J L. Warrant in Contemporary Epistemology:Essays in Honor of Plantinga's Theory of Knowledge. Lanham:Rowman & Littlefield Publishers,Inc., 1996:114-117.

状态也完全复制下来,就是说知识和记忆都相同,走出沼泽的沼泽人像刚死去的那个人一样散步回到家中,和死去的人的家人打电话,接着读死去的人未读完的书,第二天和死去的人一样去公司上班。没有人能够说出区别。索萨的问题是,如果沼泽人知道很多事情并形成有保证的信念,然而这个沼泽人显然不是普兰廷加设想的设计计划的设计者有意设计的结果。

索萨认为,这个思想实验构成了对普兰廷加理论的实际挑战。如果普兰廷加在逻辑上或者形而上学上排除这种可能,那么,其合适功能主义的合理性就存在怀疑。索萨构建了集追踪真理、非偶然性、值得信赖的德性或官能以及认知视角于一体的德性知识论。索萨认为,从根本上说,普兰廷加的合适功能主义和他的德性知识论差异不大。因此也可以把普兰廷加的合适功能主义归入德性知识论的范畴之列,但普兰廷加的保证理论的本体目的论确是有问题的。主要原因就是普兰廷加希望用有神论的术语解释合适功能,并最终也是这么做的。

和索萨类似的是,柯内也对普兰廷加的合适功能主义的本体论提出了挑战。在《论普兰廷加的自然主义》一文开篇,柯内指出:"普兰廷加的保证理论——'合适功能主义'援引上帝,这个超自然实体的典范。但令人惊奇的是,他称他的保证理论是自然主义,他对此保持开放态度,他明确地为他的自然主义知识论倡导一种超自然的本体。这一致吗?我认为不是。"[①]柯内显然认为,普兰廷加的自然主义与超自然的本体论之间存在契合问题。在该文中,柯内通过对自然主义理论的一般揭示,批判了普兰廷加在上帝这种超自然的本体之下,看似提出了自然主义,实则扭曲了对自然主义的理解[②]。皮特·马吉在《保证度》一文中批判了普兰廷加的信念的保证有度的差别的观点。在马吉看来,普兰廷加的保证度的观点似乎来自于保证的原则,其实从保证的原则根本推不出保证度的原则。马吉甚至设想了在不改变合适功能主义主旨的情况下,通过信赖度以及归谬法来解释保证度的情形,但都不能达到效果。马吉最后的结论是,保证度在合适功能主义理论中,是个无根基的虚假设[③]。另外,戈德曼在美国哲学协会中部分会一次论保证的讨论会上,也曾对普兰廷加的保证理论提出过质疑,戈德曼认为,普兰廷加的保证理论同样会遇到"一般性问题"。戈德曼说:"稍微反思一下就会很清楚,认知官能的具体化也绝非是个小事情。""普兰廷加需要明确回答什么

① CONEE E. Plantinga's Naturalism[M]//KVANVIG J L. Warrant in Contemporary Epistemology:Essays in Honor of Plantinga's Theory of Knowledge. Lanham:Rowman & Littlefield Publishers, Inc., 1996:183-196.

② CONEE E. Plantinga's Naturalism[M]//KVANVIG J L. Warrant in Contemporary Epistemology:Essays in Honor of Plantinga's Theory of Knowledge. Lanham:Rowman & Littlefield Publishers, Inc., 1996:183-196.

③ MARKIE P J. Degrees of Warrant[M]//KVANVIG J L. Warrant in Contemporary Epistemology:Essays in Honor of Plantinga's Theory of Knowledge. Lanham:Rowman & Littlefield Publishers, Inc., 1996:221-238.

是认知官能,并且对一个需要确证的信念来说,哪一个官能正在合适运作?"①。等等。

第四节 对批判的回应

需要指出的是,虽然普兰廷加的合适功能主义遭到了众多学者的无情批判,但普兰廷加并没有像齐硕姆、邦久以及戈德曼等人那样轻易地改变自己的观点。综观普兰廷加这几年的学术进展不难发现,直到 2000 年普兰廷加出版《基督教信念的知识地位》一书为止,普兰廷加非但没有轻易放弃其理论的根本信条,反而逐步强化了他的合适功能主义,这种强化在《基督教信念的知识地位》一书中更是有着突出表现。在该书中,普兰廷加认为,我们不但拥有普通的自然认知官能,比如感知、记忆和推理等,它们可以使我们获得关于客观世界的知识,而且我们还具有某种特别的自然认知官能,它可以使我们形成有关上帝的信念。普兰廷加认为,我们的这种特殊认知官能和普通的认知官能一样,只要能够合适地运作,就必然产生有保证的基督教信念。而且如果这些信念是真的,那么它们就理应构成知识。

当然,在普兰廷加不断地强化合适功能主义的同时,在压力之下,普兰廷加还对该理论进行了部分微调。在纪念普兰廷加知识论的论文集《保证在当代知识论中》,普兰廷加对批评进行了回应或者答辩。在普兰廷加对批判者的答词总体回应中可以看出,虽然普兰廷加基本不太认同于上述批判者的批判观点,但在回答皮特·柯兰、马修·斯万以及费德曼等人对其理论的诘难时,普兰廷加还是承认了斯万等人就有关认知环境的提问是有穿透力的。

在总体回应中,普兰廷加仅就他认为让他受教最多的三个问题做出集中回答。

一、第一个问题是再思葛梯尔反例

普兰廷加首先感谢皮特·柯兰、马修·斯万以及费德曼等人对他的批判,但认为仅就葛梯尔反例而言,他的保证理论总体上没有问题。他说:"根据一般性的评论,我注意到葛梯尔反例涉及某些温和的认知环境污染问题;我认为,在这些案例中每一个认知环境都以一些微小的或不易察觉的方式区别于我们的认知官能被设计的环境典范或标准。""葛梯尔反例涉及的仅仅是认知能力和认知环境之间的相对微小的匹配失败,其结果就是在问题环境下真信念偶然形成。"普兰廷加补充认为,诸如恶魔的受害者以及缸中之脑式的反例严格意义上不能称为葛梯尔反例,因为,这些案例中所设置的环境不是微小的失败而是非常大的失败。至于穆勒—里尔(Muller-Lyer)等人提出的筷子在水中看起来弯曲、飞机在空中飞行时看起来很小等案例,普兰廷加认为,

① Symposium on Warrant at Central Division of the American Philosophical Association [C], St. Louis,1986.

这些也谈不上是类似葛梯尔反例的东西,只能认为是误导性的(misleading)认知回应,不涉及认知官能的障碍,对该问题的回答依然可以用必要的权衡利弊和妥协①。

二、第二个问题是决断问题

在普兰廷加看来,斯万等人就有关认知环境的提问是有穿透力的,从某种角度而言也是对合适功能主义冲击最大的。普兰廷加承认了在前两部著作中,他并没有清楚地对认知环境进行区分。由于没有对认知环境进行明晰化,导致这一理论面临罗素—葛梯尔反例(Russell-Gettier case)有些应对乏力。但普兰廷加同时认为,即便如此,他的理论中其实还是暗含了认知环境的区分,这里只不过需要把它进一步明晰化罢了。为此,普兰廷加在答词中明确提出认知的"大环境"(maxi-environment)与"微环境"(mini-environment)的二元划分。普兰廷加指出,"大环境"在大部分情况下,指的是我们所安身立命的地球,它被上帝或者自然进化所设计。"大环境"包括光和空气等特征、可见物体的存在、认知系统可以探知或无法探知的物体以及自然规律和他人的存在等;"微环境",一般说来,指的是认知主体当下所处的认知情境。这类环境是一种更加具体和细节性的事态。比如既有罗素—葛梯尔反例中的我碰巧看见时钟停留的时间是午间12点这个假的微环境,也有我稍微一瞥就看见的准确时间的微环境。普兰廷加认为,只要对认知环境做出上述划分,即可成功解释葛梯尔反例,而且"环境调协论"照样有效。理由是,在葛梯尔反例中,基本上是微环境出现了略微的偏差,或者说受到了污染,是它误导了认知主体的认知行为,以至于错把偶然获得的真信念视为知识。至于"微环境"为何会出现误导性状况,普兰廷加认为,这其实还是"妥协与交易"的问题。既然"大环境"与"微环境"二元划分可以依然保证"环境调协论"以及"妥协与交易论"同样有效,普兰廷加认为,那么斯万等人的批判并不能对合适功能主义构成致命打击②。

当然,对认知环境进行"大环境"与"微环境"二元划分,不仅能够应对葛梯尔反例,还有一个优点就是可以从容应对罗素—葛梯尔钟表反例、谷仓反例、真假孪生兄弟反例、货车被破坏反例等。普兰廷加认为,这些所谓反例的特点是,认知主体的认知官能运作合适,不存在功能障碍等物体,但是这些微认知环境均是误导性的,展示了一种糟糕透顶的决断缺乏(lack of resolution)。正是因为存在决断缺乏的状况,即便我形成了真信念,这个信念也是碰巧形成的,是一种纯粹的运气。普兰廷加认为,"决断问题"对普通认知者而言不是问题,但对知识论家而言就是个必须解决的问题。

---

①　PLANTINGA A. Respondeo[M]//KVANVIG J L. Warrant in Contemporary Epistemology: Essays in Honor of Plantinga's Theory of Knowledge. Lanham, MD: Rowman & Littlefield Publishers, Inc., 1996: 308-313.

②　PLANTINGA A. Respondeo[M]//KVANVIG J L. Warrant in Contemporary Epistemology: Essays in Honor of Plantinga's Theory of Knowledge. Lanham, MD: Rowman & Littlefield Publishers, Inc., 1996: 313-317.

至少如果他的保证理论在阐释认知环境时忽略了"微环境"问题就会产生。因为,仅仅靠被设计的认知官能产生真信念所匹配的"大环境"对保证来说是不够的。这就是罗素—葛梯尔反例带来的更一般意义上的教训。

三、第三个问题是可否挽救击败性理论问题

普兰廷加认为,柯兰、斯万、普洛克等人提出的击败性理论无法击败他关于击败性理论的论述。他以柯兰为例。认为柯兰的击败性理论本身面临诸多问题:我的理性认知结构的虚假信念问题、一般意义上缺乏弹性问题、具体意义上缺乏弹性问题、理论内含的信赖主义通常面临的问题,还包括一些不必要的问题,等等。普兰廷加认为,由于柯兰等人的理论存在诸多问题,因此对上述决断问题完全于事无补。在普兰廷加看来,还是他的"大环境"与"微环境"的环境二元论是解决决断性问题的最佳答案①。

在笔者看来,虽然普兰廷加对他的合适功能主义进行的微调,的确使得这种理论在圆融程度上更进了一程,但这种理论内部的修修补补并不能解除该理论本身面临的困境。综观普兰廷加的合适功能主义,我们可以发现,这种理论在信念或知识的保证问题上,一方面坚持常识意义上的理解,即认为我们的自然认知官能在绝大多数情况下都能保证我们获得知识;另一方面又坚持神学本体论,认为是上帝或神确保了我们的自然认知官能的功能的合适性。事实上,如果这种常识主义的确能够得到神学本体论的有力支持,则这种合适功能主义理论确实会比其他所有理论更具解释力,因为它既能满足普通认知者的直觉需要,同时又能排除怀疑主义的困扰。但关键的问题是,诉诸上帝来解决知识或信念的确证问题是否更能满足人们的理性需求,在笔者看来,这种神学本体论对合适功能主义并不能起着支持的效果,与之相反,它只能把人类的认知进一步推向神秘化,而这恰与人们的理性诉求背道而驰。如果我们揭去合适功能主义的神学面纱,我们将会发现,普兰廷加的合适功能主义并不会比戈德曼的信赖主义有着更大的优越性,事实上,如果没有神学本体论的有力支持,普兰廷加的合适功能主义同样会面临一般信赖主义所面临的同样困难。

---

① PLANTINGA A. Respondeo[M]//KVANVIG J L. Warrant in Contemporary Epistemology: Essays in Honor of Plantinga's Theory of Knowledge. Lanham, MD: Rowman & Littlefield Publishers, Inc., 1996:317-327.

第七章

索萨的德性视角主义

前面几章分别论述了当代内在主义与外在主义的几种经典理论,通过分析我们发现,无论是内在主义还是外在主义都没能摆脱怀疑主义的滋扰,换言之,在葛梯尔问题之后无论是内在主义还是外在主义均没能完成知识论的重建任务。下面将继续探讨两种试图超越内在主义与外在主义的混合主义理论,并研判这些混合主义理论是否能够续就知识论的重建任务。本章首先检视索萨(Ernest Sosa)的混合主义理论:德性视角主义(virtue perspectivism)。近年来,索萨在英美哲学界声誉鹊起,在参与内在主义与外在主义论战中,他的德性视角主义广为人知。和普兰廷加一样,索萨的德性视角主义也是立足于他对内在主义与信赖主义等所有主流确证理论的广泛批判之上。在索萨看来,上述的主流确证理论虽不乏合理之处,但它们明显不足以完成知识论的重建任务,因此,在葛梯尔问题之后,若要完成知识论的重建,首先就要批判上述理论。

第一节　批判内在主义与信赖主义

一、批判内在主义

既如上述,齐硕姆是当代内在主义主要代表,把齐硕姆作为批判的靶子最为合适。普兰廷加等就是这么做的,索萨也是如此。他直言:"谈论'内在主义'我们主要意味着齐硕姆的内在主义,即我们可以在扶手椅上就能把握我们信念的认知资格。"索萨认为,以齐硕姆为代表的内在主义的错误具体体现在两个层面上:

(一)义务论前提层面

即把义务论设定为内在主义前提是错误的。如上所述,以齐硕姆为代表的内在主义者认为,信念的确证完全可以通过扶手椅上的反思进行把握,信念确证的前提是义务论。根据义务论"S认知上确证地相信B,当且仅当相信B是S的义务或不被责备",在前一章中普兰廷加直接把义务论作为内在主义的第一主旨或信条,并由此推演出内在主义三个主旨的逻辑关系。索萨认为,从逻辑上看,义务论未必能够充当内在主义前提。另外,即便把义务论作为内在主义前提,也无法推出任何形式的反思内在主义。即便是义务论的最强形式——意志论也无法推出内在主义的反思要求。

索萨以笛卡儿恶魔反例为例:从笛卡儿恶魔的受害者来看,这个受害者在根本不知道任何他是受害者的情况下,他的信念所获得的确证既不会比我们的普通信念少也不会多。之所以会出现这种状况,就是因为笛卡儿恶魔的受害者和我们一样都是基于本体上(ontologically)内在于他的属性进行确证的。在索萨看来,"从认知确证的义务论到认知内在主义的推理链条假定了本体内在主义(ontological internalism)。它假定了恶魔受害者将和我们这些有血有肉的对应者一样拥有不少不多的确证,而且受害者的确证将来自于他的内在属性。只有基于这个假定我们才能因此推导出内在主义,即某人总是能够基于反思知道他是否得到确证"①。索萨认为,如果这个推理是可靠的,那么确证就不可能来自义务论,而是首先要假定本体内在主义才能从义务论推出内在主义。

索萨认为,即便承认义务论的作用,义务论本身也存在很多局限:

1.义务论未必抓住了知识论事业的主要关注点,甚至未必抓住了内在主义的关注点。如果拘泥于义务论,人们不仅会失去很多对内在主义确证的关注,还会失去很多值得关注的信念认知资格。包括经过审慎思考不去相信假的东西,不去相信基于认知受虐得出的信念,不去相信来自冷漠的忽视的结果等。基于此,索萨认为内在主义更应该关注的应该是认知优越性,而非认知义务论。

2.即便假定信念确证来自义务论,那么表明义务的信念也无法得到确证。因为,如果表明义务的信念来自于一个未经确证的信念,则无法推出义务的好与坏;如果表明义务的信念来自于一个确证的信念,则就有必要为义务论寻找更加基本的前提,这样就会导致邪恶循环。

3.义务论不能对一些根本无法避免的信念或在当时的状况下无法判断真假的信念提供解释。比如,1+1=2是个具有最高确定性的信念,相信这一信念根本无须义务论确证。当某人得了偏头疼病,他头疼的信念根本就是情不自禁的;这些都是明显的、无法选择的信念。再比如,对那些已经被洗脑的人或一些原初民的信念来说,就无法对其有任何义务论的要求。

4.如果我们承认上述状况的存在,显然我们应该超越义务论对确证的单一解释,我们还应该关注诸如被洗脑的人或者原初民的信念确证状况。因此,义务论并非内在主义的主要关注点,我们需要既包括避免疏忽大意又需要义务论的更加包容的内

① SOSA E. Skepticism and the Internal/External Divide[M]//GRECO J,SOSA E. The Blackwell Guide to Epistemology. Oxford:Blackwell Publishers,1999:149.

在主义确证理论。[①]

（二）理论实质层面

理论层面上看解释力有限。与诺齐克以及戈德曼一样，索萨把齐硕姆等人的内在主义也归结为"当下时段"（present-moment justification）的确证理论。索萨认为，根据这种"当下时段"的确证，可以解释诸如笛卡儿恶魔的受害者认知确证状况，因为，"当下时段"的确证理论只是主张信念的确证完全根据当下的心理状态。因此，假设有某个被恶魔造出的和我们一模一样的对应者，他们将和我们一样拥有相同确证。

但是，索萨列举了又一事例，论证了这种当下时段的确证理论的解释力局限。比如，张三和李四同时得出某个结论。张三主要基于充足的证据，李四纯粹基于谬误推理。假设由于时间久远两人都忘记了结论从何而来，只是清晰地记得结论。又假设李四是个杰出的逻辑学家，而张三只是个普通的思想者。从两人的背景看，似乎李四比张三的此时结论更加得到确证，至少同等确证。但如果基于个人"病原学"而论，显然张三的结论更加确证。因此，索萨把这种基于信念发生的"病原学"得来的确证称为"个人病原学上的确证"（person aetiology justification）。索萨认为，齐硕姆等人的"当下时段"的确证理论根本无法解释"个人病原学上的确证"的情形。

索萨还讨论了依靠他人证词（testimony）得到确证的状况，以区别于上述两种确证情形。比如，某位小学数学老师推理出$(x^n)^n = x^{n+n}$，基于该推理他得出$(2^2)^2 = 2^4$。他的学生很崇拜这位老师，假设这位老师平时很值得信赖，而且其他一切环境条件都很正常。索萨认为，孩子是应该确证地接受这个结论的。索萨把这种基于他人证词的确证理论称之为"社会病原学上的确证"（social aetiology justification）；认为这种确证理论不仅需要当下支撑信念的理性结构，不只是依靠个人病原学的性质，而且也依靠社会病原学上的性质。比如证词就至关重要。为此索萨得出结论，齐硕姆等人的内在主义的确证论充其量只能作为主观确证论，但认知确证包括客观确证的状况，而且或许任何确证中都有外在的成分在内。

二、批判信赖主义

在对待信赖主义问题上，索萨既批判了一般信赖主义，同时他又把戈德曼的信赖主义作为特例加以批判。

关于一般信赖主义，索萨基本认同了普兰廷加、费德曼、雷尔与柯内以及邦久等人的批判观点。在对上述几人的观点进行总结的基础上，索萨把一般信赖主义面临的问题归结为三个方面：一般性问题、新恶魔问题以及元不一致问题。

（一）关于一般性问题

一般性问题即信赖过程如何避免过于具体或者过于一般的问题。我们必须避免

① SOSA E. Skepticism and the Internal/External Divide[M]//GRECO J,SOSA E. The Blackwell Guide to Epistemology. Oxford：Blackwell Publishers,1999：151.

某个过程只有一个输出,或者故意挑出某个过程以至于产生的信念将是真的。如果允许这样具体的过程则每个真信念都可以出自某个可信赖的过程并且得到确证。同样还要避免过程太宽泛;如果过程太宽泛,则产生的信念既可以是确证的,也可以是非确证的,即便对正常的人类环境下感知总体上是可信赖的信念获得过程。

(二)关于新恶魔问题

新恶魔问题不是笛卡儿恶魔问题,但接近这一假设。索萨通过新恶魔问题以证明信赖主义对信念确证的非必要性,即无之则未必无之。新恶魔问题如下:假定我们的孪生兄弟在另一个可能世界里被给予和我们在每一个细节都彻头彻尾地相同的经验或思想。尽管他们对他们周围环境的本质完全认知错误,而且他们的信念获得的感知或推理过程除了系统性的错误外几乎没有正确过。那么,我们是否认为我们得到确证而我们的孪生兄弟他们没有? 他们确实都是错误的,但似乎假定他们都是非确证的也不可行。

(三)关于元不一致问题

索萨通过元不一致问题试图证明信赖主义对于信念确证的非充分性,即有之则未必有之。元不一致问题如下:元不一致问题有点像新恶魔问题的镜中图景。假定的不是内在确证而外在不可信赖的情况,而是内在非确证尽管外在是可信赖的情况。更具体地说,假定某个"总统在纽约"的信念虽然出自某人可信赖的透视过程,但仍然是非确证的。理由或者是(1)他有大量普通的证据反对它,没有任何证据赞成它;或者(2)他有大量证据反对他拥有透视能力;或者(3)他有好的理由相信不可能拥有这种能力;(4)他没有证据赞成或反对这种透视能力的可能性等[①]。

索萨认为,一般信赖主义由于无法克服上述问题,故作为一种知识和信念确证理论,一般信赖主义不具说服力。

在对戈德曼的信赖主义的批判上,索萨把矛头主要指向戈德曼的双重确证论。如上所述,为了应对恶魔问题以及元不一致问题,戈德曼修改了其更早时期提出的历史信赖主义以及规则信赖主义,在《强与弱的确证》一文中戈德曼提出了"强确证"、"弱确证"和"元确证"的三元划分。其中,强确证指,一信念是完好形成的,是通过能够导向真理的可信赖的过程而形成的。弱确证指,一信念尽管是扭曲形成的,却不该受到责备;也即,该信念虽是通过某一不可信赖的过程而得到,但信念者本人既不相信它是不可信赖的,也无法通过其他有效方式决定它是扭曲形成的。元确证指,一信念是元确证的,当且仅当该信念置于信念者的视角之下,至少是在信念者本人既不相信该信念是扭曲形成的,也无法通过其他有效方式决定它是扭曲形成的这一最低意义上。基于以上划分,戈德曼从逻辑上厘清了三者之间的关系。认为元确证蕴涵着强确证和弱确证,但强确证与弱确证之间是相互排斥的。在此基础上,戈德曼认为,

① SOSA E. Reliabilism and Intellectual Virtue[M]//SOSA E. Knowledge in Perspective:Selected Essays in Epistemology. Cambridge:Cambridge University Press,1991:131-132.

正常人和恶魔反例中的受害者的差异在于,我们的信念是强确证的,而恶魔的受害者的信念是弱确证的。但正常人和恶魔的受害者的共同点又在于,我们的信念都是元确证的。戈德曼由此认为,以上的三元划分足以应对恶魔反例,乃至元不一致问题。

索萨认为,戈德曼的确证的三元划分理论看似可以解决恶魔反例等问题,其实不然。因为该理论只能适用于特殊的恶魔反例,换句话说,只有恶魔的受害者的内在状态和我们正常人的内在状态绝无二致,并且恶魔的受害者的内在经验和他的信念同样保持一致的状况下,上述理论或可适用。但情况并非总是如此。比如,在恶魔反例中,恶魔完全可以通过随意播撒或掷色子的方式使受害者和我们正常人有着同样的信念。或者恶魔完全可以使受害者的经验与信念相互冲突,比如受害者相信头疼,但事实上他根本没有头疼。受害者相信他看见了一块立方体的黑色煤炭,而事实上他看到的是一团白色的雪球。索萨认为,如果出现上述状况,戈德曼的强、弱以及元确证的三元划分必然失去效用。最简单的理由是,在改装的恶魔反例中,受害者的信念虽然是弱确证的,但该信念在认知上却是值得责备的。①

索萨进而认为,戈德曼的元确证假设本身面临确证问题,这样元确证就会陷入认知无限回溯的泥潭。同样以恶魔受害者为例。假设恶魔受害者 S 有元确证,在强的意义上相信 p,当且仅当(a)S 对该信念拥有弱确证,而且(b)S 拥有元信念,元信念肯定性地把对象信念配诸某些官能或者德性,为了在如此的环境下得到这些信念;进而元信念还解释如此的官能或者德性是如何得到的,以及如此获得的官能或者德性是如何注定是可信赖的在 S 关注它们时。

索萨认为,恶魔受害者可能会假定拥有某个类似的元-元视角(meta-meta-perspective)以及类似的元-元-元视角(meta-meta-meta-perspective),如此如此,将会有远超人类能够攀爬的更多的上升层级。② 索萨认为,戈德曼的双重确证论的信赖主义并不能成功元确证的无限回溯问题,因此注定是不成功的。

第二节　德性视角主义的理论建构

在索萨看来,内在主义与信赖主义的根本问题事实上可以归结为两个方面:

(1)二者均忽视了主体本身的能力在确证中的基础地位;(2)二者均忽视了知识的二重划分。索萨认为,正是由于内在主义与信赖主义忽视了上述两个根本问题,所以内在主义和信赖主义虽然均拔高了确证在知识论中的地位,但这两种理论均无法

① SOSA E. Reliabilism and Intellectual Virtue[M]//SOSA E. Knowledge in Perspective:Selected Essays in Epistemology. Cambridge:Cambridge University Press,1991:137.

② SOSA E. Reliabilism and Intellectual Virtue[M]//SOSA E. Knowledge in Perspective:Selected Essays in Epistemology. Cambridge:Cambridge University Press,1991:136.

有效回应"何为知识"的追问。

索萨认为,任何一种有效的确证理论都必然和知识的追问紧密相关,否则这种确证理论就毫无意义①。而知识又可以概分为两类:动物性知识和反思性知识。简言之,动物性知识仅仅要求,信念通过某种认知官能或德性的操作,直接反映对象的刺激。它包括动物和理智尚未发育健全的小孩,通过本能即可获得的知识。而反思性知识却要求,信念不仅来自于认知德性,而且认知主体还必须意识到该信念来自于认知德性。它通常指有理性的大人通过有效的反思而获得的知识。在索萨看来,正是由于有着两类知识的存在,所以他所辩护的观点"包括两个主要成分:理智德性(intellectual virtue)的概念和认知视角(epistemic perspective)的概念"②。在回应弗雷与富梅顿的质疑的文章中,索萨干脆把他的观点直接标示为"德性视角主义"。③

下面,我们就围绕着"理智德性"与"认知视角"这两个核心概念展开对德性视角主义的分析:

一、理智德性概念

理智德性概念是索萨构筑德性视角主义理论框架的基石,这一基础地位体现在索萨对知识的定义中。在对知识的理解上,索萨用"知识是德性的真信念"取代了"知识是确证的真信念"的传统分析。这一取代意义重大,它表明,在索萨眼里,德性概念事实上已经取代了确证概念在知识论中的核心地位。关于这一点,也可以从索萨的诸多论述中得到佐证,比如,在《今日知识论:一种回顾的视角》一文中,索萨首次提出"理智德性是确证理论的根本源泉"④;再比如,在《德性知识论》一文中,索萨明确提出"一信念 B 是确证的,仅当信念 B 来自于一个或多个理智德性的实践"⑤。这些论述均表明,在索萨的知识论中,理智德性具有了认知确证无法替代的地位。

理智德性概念既然在索萨的知识论中占据核心位置,那么何谓理智德性?在多个场合下,索萨都把理智德性理解为认知主体的"power""ability""competence""disposition"等,而这几个词的基本意旨就是"能力"或"倾向"。索萨还经常用官能(faculty)与德性混用。关于理智德性是认知主体的什么能力或倾向,索萨并没有武

① SOSA E. Reliabilism and Intellectual Virtue[M]//SOSA E. Knowledge in Perspective:Selected Essays in Epistemology. Cambridge:Cambridge University Press,1991:145.

② SOSA E. Introduction:Back to Basics[M]//SOSA E. Knowledge in Perspective:Selected Essays in Epistemology. Cambridge:Cambridge University Press,1991:10.

③ SOSA E. Virtue Perspectivism:A Response to Foley and Fumerton[J].Philosophical Issues,1994,5(Truth and Rationality):30.

④ SOSA E. Epistemology Today:A Perspective in Retrospect[M]//SOSA E. Knowledge in Perspective:Selected Essays in Epistemology. Cambridge:Cambridge University Press,1991:84-85.

⑤ SOSA E. A Virtue Epistemology[M]//BONJOUR L,SOSA E. Epistemic Justification:Internalism vs. Externalism,Foundations vs. Virtues. Oxford:Blackwell Publishing,2003:156.

断地给出定义,而是通过对理智德性的环境相关性的层层限制来进行解答。

索萨认为,官能或德性首先是一种在某个环境下做某事的能力;最基本的能力就是达到某种成就。比如,我们有能力直接说出某个表面的颜色和形状,只要它是面向我们、中等尺寸、没有被阻挡、在足够的光线下等,同时某人又是在清醒的状况下观看这个表面。同样这种状况适用于其他感知官能。索萨认为,其实我们的能力还包括在达到一定推理和辨别年龄后能够说出足够简单的必然真理,在有充分兴趣的情况下保持足够简单的信念的能力等。在索萨看来,这诸多成就的取得都和某种认知官能或德性有关。

在《信赖主义与理智德性》一文中,索萨对理智德性的环境相关性做了详尽的阐释:"由于主体 S 存在某种内在本质 I 并且置于某种环境 E 之下,所以 S 在条件 C 之下最有可能正确地相信命题域 F 中的命题 X。S 可能是某个人;I 可能涉及拥有一双好眼睛和一个包括功能正常的大脑的好的神经系统;E 可能包括有着相关属性的地球表面,特别是人类世代经历的或者主体 S 毕生或较近的相当长一段时间经历的那一部分属性;F 可能指能够以比较确定和复杂的方式说明主体 S 面前对象的颜色和形状的命题域;C 可能指 S 在咫尺之间、在好的光线之下以及在毫无障碍的情况下看见某个对象。"[①]从索萨对理智德性的环境相关性以及其他条件的进一步阐释中可以看出,理智德性是一个极为复杂的概念,它涉及认知主体内在的本质,适宜的环境与认知条件以及认知主体能够确切说明的命题域等。

索萨认为,为达到知识的目的,还必须明确知识或确证的社会关联标准。在索萨看来,"人们关心确证其根本原因是它表明了主体的对社会重要且有益的某种状态"[②]。索萨把这种状态理解为:人们在某个确定环境下对成为某个确定领域的可靠信息源的某种状态。为了使得这种信息可以得到并且应用,必须对领域 F 和境遇 C 进行限定。即领域 F 和境遇 C 一定具有认知社会的正常成员在事业发展中能够重复的某种最低程度的客观可能性。

在对官能或德性社会相关性标准限定基础上,索萨又对知识或确证的语境相关性做了进一步明确。他提出,认知官能或德性赋予我们知识当且仅当这些官能或德性要在某个适宜的(appropriate)环境中运行适当。何谓适宜环境? 简单说就是这种环境一定要和知识或确证的目的相关联,而知识或确证的目的就是求真避假。这就要求我们的认知官能或德性必须是在某个确定的主体领域里具备识别真假的能力,从而能够在该领域求真避假。正是在以上种种限定之下,索萨给出认知德性的初始定义。在《信赖主义与理智德性》一文中,索萨写道:"让我们把理智德性定为这么一

---

① SOSA E. Reliabilism and Intellectual Virtue[M]//SOSA E. Knowledge in Perspective:Selected Essays in Epistemology. Cambridge:Cambridge University Press,1991:139.

② SOSA E. Reliabilism and Intellectual Virtue[M]//SOSA E. Knowledge in Perspective:Selected Essays in Epistemology. Cambridge:Cambridge University Press,1991:275.

种能力,它在某些命题域 F 里,在一定的条件 C 下,大都能够获得真理与避免错误。"①在《德性视角主义:答弗雷和富梅顿》一文中,索萨把理智德性定义为一种"能够在某种环境 C 下,在某些命题域 F 中,区分出真与假的能力"②。总之,从某种较宽泛的意义上说,索萨把理智德性理解为,一种在既定的认知环境与命题域中,认知主体能够求真避假的能力。

索萨还根据认知德性的来源把认知德性分为基础性(fundamental)德性和推导性(derived)德性。索萨认为,基础性德性一般涉及孩子关于周围事物和事件的因果的与时空的网络的信念。基础性德性通常适用于在好的灯光、一尺距离等情况下关于颜色和形状的感知知识。基础性德性大多数是天生的。而推导性德性往往通过后天习得。比如当某人通过某个朋友的传授或者通过阅读操作手册或者通过经验试错方法等学会如何阅读和使用某种工具,他获得的是比基础性德性更加根本的德性。

在对认知德性进行二元划分的基础上,索萨把知识区分为动物性知识与反思性知识。

二、认知视角概念

认知视角是索萨知识论的另一核心概念,也是索萨构筑德性视角主义知识论的另一重要支柱。什么是认知视角?认知视角何以在德性视角主义知识论中占据如此重要的地位?针对以上两个问题,我们可以从认知视角概念在索萨德性知识论中扮演的作用中得出答案。

(一)认知视角是理智德性的必然诉求

前文指出,理智德性是认知主体内在具有的一种求真避假的能力或倾向,认知主体通过理智德性获得知识和信念的确证。但是,在实际的生活中,常常发生通过偶然或巧合拥有了真信念的状况。在这种状况下,索萨认为,要保证理智德性在认知和确证中的作用,从而排除任何真信念自动确证的情形,必然要求"认知主体通过自己的认知视角把握理智德性生成的条件 C 及命题域 F"③。

(二)认知视角是理智德性判定的依据

索萨认为,通常我们把知觉、记忆、直觉等视为理智德性,这些理智德性在既定的条件及命题域内能够帮助我们做到求真避假。假设我们的"表面"直觉、"表面"记忆等所获得的信念大部分为假,则这些通过表面直觉、表面记忆等获得的信念的确证,和通过真正的直觉、真正的记忆等获得信念的确证是否一致?索萨认为,解答这些问

① SOSA E. Reliabilism and Intellectual Virtue[M]//SOSA E. Knowledge in Perspective:Selected Essays in Epistemology. Cambridge:Cambridge University Press,1991:138.

② SOSA E. Virtue Perspectivism:A Response to Foley and Fumerton[J].Philosophical Issues,1994,5(Truth and Rationality):29.

③ SOSA E. Intellectual Virtue in Perspective[M]//SOSA E. Knowledge in Perspective:Selected Essays in Epistemology. Cambridge:Cambridge University Press,1991:274.

题的关键离不开认知视角。索萨指出,所谓确证地相信表面直觉或者表面记忆等,从深层来看,其实不过是人们确证地把信念归诸真正的值得信赖的直觉或记忆等而已。而真正的直觉或记忆等的确证,在本质上取决于通过这些理智德性获得的信念集合是否一致,无疑这种对信念集合是否一致的把握离不开认知视角。

（三）认知视角和知识与确证的理解密切相关

如上所述,作为社会性的动物,我们对知识特别是确证的理解离不开与社会相关的标准。而确证的意义即在于,它表明了主体的一种对社会既重要且有利的状态。这种状态主要表现为,在既定条件及既定命题域内的是一种值得信赖的信息。索萨指出,既然这种信息值得信赖,为了能够得到这种信息并把其付诸使用,那么,既定的条件 C 和既定的命题域 F 必须具有社会共同体中的任何正常成员都能够重复做到的性质。而为了达致这一点,就需要通过我们的认知视角对上述的条件及命题域进行把握,也只有我们把握了上述的条件及命题域,我们方能把握什么德性和我们相关,从而使我们自己成为值得信赖的信息源和认知者。而且,只有依靠对我们在确定环境以及确定命题域下具有的动物性天资的精准把握,我们才能走出陷阱步入更高层级的反思性确证中。

索萨认为,为了达到对动物性天赋的真正意识,我们需要对在条件 C 和命题域 F 下持续获得真信念的倾向进行把握;而且我们还要有理由推出这种倾向不仅仅是偶然的。为了摆脱普兰廷加式的设计概念,就有必要引入反思性意识(reflective aware-ness)。正常情况下,某人有这种反思性意识仅当他已经在条件 C 和命题域 F 下连续不断地取得成功。而且这个人能够解释性地归纳出他能够在既定的条件和领域取得成功。而某种情形的偶然发生主要基于和过去归纳得来的情形有着重要不同。

（四）设定认知视角有助于解答一般性问题和新恶魔问题

1.关于一般性问题。索萨认为,一般性问题在本质上其实是涉及命题域 F 和条件 C 的范围问题,换言之,在谈到命题域 F 和条件 C 时,我们要注意两点:(1)F 和 C 不能设定得太具体,以至于在信念为真时主体总是可信赖的和确证的;(2)F 和 C 也不能设定得太宽泛,以至于根本无法解释主体的同一德性何以能够析出两个不同信念。索萨认为,一般性问题的最可能的解决方案是:(1)通过认知主体 S 所处的社会来设定 F 与 C;(2)在认知主体 S 从动物性知识自导向反思性知识时,通过 S 本身来设定 F 与 C。索萨认为,这样的二重设定足以避免一般性问题的产生,可以看出,这里一般性问题的解决一样离不开认知视角。

2.关于新恶魔问题。索萨认为,新恶魔问题的解决同样需要认知视角。如上所述,索萨把知识分为两类:动物性知识和反思性知识。与这两类知识的划分紧密相连,索萨区分了两类概念:"确证"和"适宜性"(aptness)。索萨认为,一信念 B 要达到确证状态,不过是要求它在信念者的头脑中具有推论的基础,或与其他信念有着一致性的关系。而这不过是依据主体的某些认知原则就能达到的结果。相比之下,某一信念 B 若要达到适宜状态,首先它要求和特定的环境 E 相关;其次在环境 E 之下,该信念还必须来自于理智德性,即一种达到信念的方式,在这种方式中,真理的产生多于错误①。在"确证"与"适宜性"划分的基础上,索萨认为,如果"确证"本身等同于某种认知视角之下的内在一致性,那么恶魔的受害者尽管身处恶劣的认知环境,他也明显具有某种内在一致性的东西,而且相对于那样的环境,这种内在一致性足以使他们受到称赞。如果我们相信我们所处的世界不是恶魔的世界,那么可以说,相对于我们的事实的世界 A,作为内在一致性的"确证"是一种理智德性。而相对于恶魔世界 D,则恶魔的受害者的信念就是不适宜的,并且甚至是非确证的;或者说,如果确证仅仅因为一致性,那么相对于 D,确证可能毫无认知价值。即便如此,相对于我们的世界A,恶魔的受害者的信念仍然既是适宜的也是确证的。

在对认知德性和认知视角清晰界定的基础上,索萨对认知德性和认知视角在知识获得上各自扮演什么作用做出总结:对产生知识的德性实践而言,人们必须意识到信念和信念的来源以及意识到在一般和个别事例上这种来源的德性。因此,一定是这样一种情形,即在某种条件下如果 p 真那么某人就会相信 p。而且一定也是这样一种情形,即根据命题域 F 和条件 C,如果 p 在 F 以及某人在 C,那么某人无论何时相信某个条件 C 下在 F 中的命题,他都将很可能是正确的。最后,某人一定要对某个信念通过德性的实践非偶然地反应 P 的真理有所把握。从索萨的总结可以看出,德性是知识的来源,但要想获得真知就必须通过认知视角对认知德性实践的环境条件等有所把握。

三、德性视角主义的优越性

在《信赖主义和理智德性》一文最后,索萨非常自信地归纳了德性视角主义的三个优越性:

1.对信念成为知识而言,德性视角主义不仅要求要有信念获得的信赖机制,而且它还要求信念来源于认知德性或官能。

2.德性视角主义对信念适宜性和信念确证进行了区分,即如果信念来自于某种官能或德性,那么它是适宜的。如果它只是在信念者的视角内保持一致,那么它就是确证的。这种区别能够应对新恶魔问题。

3.德性视角主义区分了动物性知识和反思性知识。对动物性知识而言仅需要信念是适宜的而且来自认知德性或官能;但与之对应,反思性知识总是要求信念不仅仅是适宜的,而且还要有一种确证,因为它必须是在主体的认知视角下和其他信念保持一致的信念。这种区分可以解决一般性问题。

综上所述,我们认为,正是凭借着"理智德性"和"认知视角"两个概念的设定,索萨构建了他的德性视角主义理论。而且这种所谓的批判理论虽然从表面上对内在主

---

① SOSA E. Reliabilism and Intellectual Virtue[M]//SOSA E. Knowledge in Perspective:Selected Essays in Epistemology. Cambridge:Cambridge University Press,1991:144.

义和信赖主义等主流确证理论口诛笔伐,但究其实,这种理论由于在多处吸纳了内在主义与外在主义的有效成分,所以该理论又是一种不折不扣的混合主义。

第三节　德性视角主义所遭遇的批判

索萨的德性视角主义虽然吸纳了内在主义与信赖主义等确证理论的许多合理成分,但这种理论一样没能逃脱遭受批判的厄运。在对索萨的批判中,邦久、弗雷、富梅顿、格里孔等四个人的观点尤为值得注意。这里我将分析的重心放在邦久对索萨的批判上,主要因为二人多次展开批判性对话,而且在 2003 年二人围绕确证理论展开对话并形成了《认知确证:内在主义对外在主义,基础对德性》的对话集。两人在这本书中集中阐释了双方最新观点,并分别对对方的质疑做了集中答辩。

一、邦久对索萨的批判

如上所述,索萨认为,他的德性视角主义解决了信赖主义面临的一般性问题、新恶魔问题和元不一致问题。邦久对索萨的批判也正是从这三个方面开始的。邦久认为索萨的德性视角主义本质上是一般意义上的外在主义和特殊意义上的信赖主义的发展版和精致版。信赖主义面临的以上问题德性视角主义一样都没有解答清楚。除此之外,索萨的德性视角主义还将面临更加根本的第四个问题。具体而言:

（一）关于一般性问题

邦久认为根据索萨的观点,这个问题可以转译为涉及理智德性的主要参数的正当价值确认问题。也即对命题域 F,条件 C 和环境 E 的价值确认问题。索萨的结论是这些参数的价值要根据其在认知共同体的概括和他自己的概括中的作用来定,而这些都会反映在认知视角中。邦久认为索萨的解题方式有两个问题。一是根本不清楚这些限制足以解决一般性问题;二是即便这一限制足以产生对认知过程的某一具体说明,但也并不清楚为何这一说明是理想的或是最优的。

（二）关于新恶魔问题

索萨的解题思路是把对不同环境的评价相对化。也即相对恶魔环境,也即恶魔受害者实际所处的环境,恶魔受害者的"经验－信念机制"在认知上不是德性的,而且他由此而来的信念也不是适宜的,而且也非确证的。然而,相对于正常人的环境,那些经验－信念机制在认知上是德性的,而且它们产生的信念也是确证和适宜的。

邦久认为,这个结论有明显的两个问题。一是信念形成的能力或者倾向完全根据内在把握特征来确认,这样就会遗漏能力的可信赖性的诸多方面,甚至经验的因果起源,而这些才是判断信念形成能力是否可信赖的主要依据。二是索萨认为对恶魔受害者的信念进行相对化处理可以满足直觉,这一点也是可疑的。[①]

(三)关于元不一致问题

索萨诉诸内在确证和外在适宜性解决元不一致问题。即虽然有透视能力的信念者的信念是适宜的,理由是它来自于某个可信赖的过程,但是该信念不是确证的,理由是信念者的认知视角不一致,他的证据和他主张的透视功能信赖性冲突,或者说他对信念根本没有任何把握。因此,这个人可以拥有动物性知识,但不能拥有反思性知识。邦久认为,虽然索萨强调了论证性确证和认知视角之间一定程度的关联,但他怀疑每个人都能像索萨主张的那样如此的幸运,比如他真的可以拥有某个内在理由认为他的信念是真的?

(四)信念的确证

邦久认为,上述三个问题对索萨的德性视角主义而言不是最根本的。最根本的是索萨依靠认知视角对粗朴的信赖主义(crude reliabilism)的升级改造是否足以解决信赖主义面临的根本问题[②]。这个根本问题来自于信赖主义主张,即信念的确证仅依赖于事实上是值得信赖的来源,根本无须从内在主义视角确认该来源是否值得信赖。邦久认为信赖主义的这一主张不能打动人。因此,索萨也是基于此提出德性视角主义对这种信赖主义加以改造,但在邦久看来,索萨通过内在视角对粗朴信赖主义的改造是不成功的。

邦久的问题是:假定 S 根据事实上是可信赖的来源得到一阶信念(first-order belief),该信念根据德性视角主义是适宜的,而根据德性视角主义,S 还要确认这些来源是否值得信赖等,为此,他还要拥有关于信念来源可信赖性的二阶信念(second-order belief)。现在的问题是,假定二阶信念可以为一阶信念提供确证,那么二阶信念本身如何确证?

邦久假定了三种情形:

第一种情形是视角信念的内在确证完全是内在一致性的事情。但邦久认为,如果确证是真理导向的,那么很难相信这种主张是可行的而且这也不是索萨所希望的。因为,仅仅根据信念的一致性根本无法解决信念为真的问题,这是显而易见的。这就需要增加进一步的条件介入一致性中。

第二种情形是增加什么样的条件介入一致性中?假设增加邦久曾经主张的瞬时性信念介入一致性中,显然索萨从没有如此打算。假设诉诸内在主义的基础主义,根据索萨的德性视角主义,二阶信念只要和可能为真的基础信念保持一致即可。但这一假定明显和索萨假定的外在适宜性有明显冲突。

---

① BONJOUR L. Sosa on Knowledge,Justification and Aptness[J].Philosophical Studies,1995,78 (3):211.

② BONJOUR L. Sosa on Knowledge,Justification and Aptness[J].Philosophical Studies,1995,78 (3):215.

第三种情形是诉诸信念系统中一些信念的适宜性来限制一致性。这些信念可以来自于感知、反思性记忆或证词等,要求二阶信念和这些适应性的信念保持一致即可。但这种改造的一致性实质上又是基础主义的另一变体。显然也是索萨无法接受的。

邦久认为索萨的二阶视角信念的确证实际上面临二难窘境:要么根据内在一致性或者加入某些内在成分,为很可能为真的视角信念提供令人信服的理由;要么就根本不可能。在这两个选择中,索萨选择了诉诸外在可信赖性融入一致性中试图解决上述难题,但在邦久看来这一选择显然没有独立的确证功能。而基于后一选择,视角信念本身就是非确证的。综上,邦久认为,完全没有理由认为德性视角主义对粗朴信赖主义的改造是成功的。

二、弗雷、富梅顿、格里孔等人的观点

(一)弗雷的观点

在弗雷看来,索萨的德性视角主义至少有四个方面的问题[①]。

1.德性知识论的合法性问题

弗雷认为,索萨的德性知识论是在类比于德性伦理学的基础上产生的,而实际上如此类比并不具有合法性。因为,从伦理学的分类来看,伦理学一般分为德性伦理学、义务论伦理学以及结果论伦理学三种。而三者的根本分歧就在于基础的不同。德性伦理学强调德性是伦理学的基础,义务论伦理学强调义务是伦理学的基础,结果论伦理学强调好的结果是伦理学的基础。换言之,三者的基础不具有相互解释性。既如此,如果把德性知识论和德性伦理学类比,那么作为德性知识论基础的"德性"的解释就必须有其先验的前提,这个前提绝不可以通过结果论的方式而得到。而索萨对德性的解释恰是通过结果信念的真假比例得到说明,因此,从这个意义上说,索萨的德性知识论缺乏合法性基础。

2.索萨把对知识和确证的关注与它们的定义混为一谈

索萨在谈论德性视角主义如何应对"一般性问题"和"偶然性问题"时,提出我们关注知识与确证就在于它们对我们或者说对社会是有用的,为此把有用性作为解决一般性问题和偶然性问题的基础。弗雷认为,这种把知识与确证附加的实用主义的以及社会方面的限制是毫无根由的,是把我们对知识与确证的关注与它们的定义混为一谈的行为。

3."具体把握"和"一般把握"之间存在张力

索萨认为,为了避免偶然性问题的产生,认知主体必须大致上对信念产生机制的可信赖性进行把握。但弗雷认为,事实上,大多数人缺乏这种把握能力,而且如果每

---

① FOLEY R. The Epistemology of Sosa[J].Philosophical Issues,1994,5(Truth and Rationality): 1-14.

一具体信念都要求对其产生机制的信赖性进行把握,这势必对确证和知识施加了越来越强的要求,如此一来,对大多数人来说就根本谈不上确证与知识。

4.该理论无法排除有一个全智的人存在的可能性。如果存在这种全智人的可能,那么即便他的信念并没有来自于某一德性官能或某一信赖过程,却是确证的,而且是知识。如果索萨的理论无法排除这种可能,该理论就是错误的。

(二)富梅顿的观点

在富梅顿看来,索萨的德性视角主义存在三个主要问题:

1.理智德性的设定缺乏"真正"动机

富梅顿认为,索萨设定理智德性的出发点在于解决"一般性问题",但信念确证的问题其实完全是经验事实的问题,只涉及经验事实与信念的因果支撑关系,而这种因果关系根本无需"决定"的存在,也就谈不上一般性问题的产生。在这个意义上,理智德性的设定缺乏真正动机。

2.理智德性的环境相对性的解释缺乏合理性

与弗雷类似的是,富梅顿认为,虽然德性视角主义较诸一般信赖主义有一定的优越性,但这种依靠社会实用主义的标准来解答理智德性的环境相对性的问题难以自圆其说。

3.认知视角的设定缺乏真正前提

在索萨看来,动物性知识无法满足人们的理性诉求,只有反思性知识能够做到这一点。但反思性知识满足人们理性诉求的前提在于,这种知识出之于认知主体的认知视角或者说这种知识是确证的。富梅顿认为,这里的"确证"正是问题产生的关键。因为,在多个场合之下,索萨都把确证理解为信念的一致性,尤其在处理新恶魔反例时更是如此。但富梅顿认为,如果把确证等同于一致性,那么谈论恶魔的受害者的信念确证为何要以我们的世界作为参照系,而不是以他们所处的恶魔世界为参照系?难道一致性还有参照系的问题吗?另外,在《德性的一致与一致的德性》一文中,索萨否认了一致性意义上的确证是德性的,那么什么是真正的德性确证?除此,在富梅顿看来,索萨把确证理解为一致性还涉及一致性的把握问题,而要把握某个一致性的信念系统就又必然导致循环论证。如此一来,富梅顿认为,索萨有关认知视角的设定缺乏真正的前提。

(三)格里孔的观点

格里孔认为,索萨的德性视角主义的两个主要成分皆有问题。

1.认知视角的设定是一种不现实的要求

前文指出,为了满足人们的理性诉求,认知主体必须对自己的信念源泉、特定的命题域以及认知条件进行把握。格里孔认为,这种要求几乎没有实现的可能性,因为事实上我们很少有人能够做到这一点。在格里孔看来,在特定的场合下,我们并不具有相关的视角,或者说,我们并不可能把握自己的理智德性。所以,如果刻意要求我们拥有这样的视角,则这种视角所把握的命题域及条件可能是错误的。格里孔的结论是,在特定的情况下,认知者并没有真正把握他所具有的认知能力,也不具有何种能力能够产生有关信念的所谓"视角"。

2.理智德性的基础设定出现错误

如前所述,索萨认为,理智德性的基础在于认知主体本身的固定的内在性质。在格里孔看来,索萨诉诸认知主体本身的做法并无过错,但关键在于索萨找错了地方。格里孔认为,理智德性的真正基础在于认知主体的信念是否符合他所认可的规范,而不在于什么内在本质。格里孔通过投篮机与投篮手的对比对理智德性的基础加以说明。他指出,虽然投篮机可以根据预先设定的"内在性质"决定投篮的结果,但投篮手能否命中篮筐,关键看他是否遵守了投篮规范,而不在于他的内在本质。格里孔认为,对认识者来说,上述类比也是成立的。在我们的日常认知过程中,我们常常有意无意地认可某些认知规范,只要我们的信念符合这些规范,则这个信念就是确证的,这里根本无需内在本质的出现。

综观所论不难发现,对索萨理论的反驳,邦久等人的观点虽然存在表述方式的差异,但他们的矛头共同指向了索萨理论的两个支柱:"理智德性"与"认知视角"。关于"理智德性",邦久认为,认知视角不能充当知识和确证的前提,视角信念本身的确证就是根本问题。弗雷认为,由于索萨的德性知识论的真正基础在于求真避假的结果论,而不是真正来自于德性伦理学的类比,因此所谓的作为德性知识论基础的理智德性不具有存在的合法性。富梅顿通过否定"一般性"问题,从而从理智德性设定的动机方面对理智德性进行了否定。格里孔虽然没有直接反驳理智德性本身,但从索萨的理智德性设定的错位,反驳了索萨有关理智德性的基础在于认知主体内在本质的论断。关于认知视角,弗雷与格里孔主要通过两类把握的区分,反驳了认知视角存在的必要性。富梅顿主要通过对索萨关于一致性理论论述的反驳,驳斥了认知视角设定的不合法性。

第四节　索萨对批判的回应

索萨的德性视角主义包括两个主要成分——理智德性与认知视角,当代知识论家也主要从这两个支柱方面对索萨的德性视角主义知识论展开了批判。当然,作为一个把论辩当作能够增进真理手段的哲学家,索萨并没有漠视这些批判性理论的存在,应当说,索萨对以上的批判性论断都做过积极答辩。但是从近十年索萨发表的诸多文章来看,索萨的德性视角主义至少从形式上看并无多大改观,也即是说,索萨在批判面前,仍然捍卫着"理智德性"与"认知视角"两个概念。然而如果抛却形式而看实质,我们会惊奇地发现,索萨的德性视角主义的内涵发生了巨大变化。

如前所述,在索萨的前期论文集《视角中的知识》中,索萨把认知视角主要理解为信念的一致以及对信念一致性的把握,而知识论家对认知视角的批判也主要针对这一时期的理解。为应对批判,上个世纪 90 年代中期,索萨抛弃了简单的一致主义视角理论,选择了"扩展的一致主义"以修正前期的认知视角概念。这表现为索萨一方面批判了对一致主义的简单理解,另一方面积极构建了另外一种"扩展的一致主义"理论。

一、关于对简单的一致主义的批判

索萨认为,这种"内在的一致主义"存在两个方面的问题:(1)信念之间可以一致,但信念与主体的感觉经验并不一致。在这种情形之下,一些信念是不合理的或是非确证的,或者至少展示了认知主体某方面的理智或认知的失败。(2)一些无限复杂的一致的信念系统尽管展现出表面的确证,但依靠这种确证不可能达到真正的知识。基于上述问题,索萨的结论是:"信念的内在一致性本身明显是不充分的,我们必须要求能够满足其他目的的一致性。"①

在批判简单一致主义的基础上,索萨构建了一种"扩展的一致主义"。索萨认为,这种扩展的一致主义"不仅包括信念/信念之间的联系,而且包括构成好的知觉的经验/信念之间的联系;包括构成好的内省的意识状态/信念之间的联系。根据这些,我们就达到了一个对心灵一致性的广义理解。现在,它不仅涉及一阶信念之间的逻辑的、概率的以及解释性的关系,而且涉及信念与感觉或其他经验之间的一致性。同时这种广义的一致性还涉及一阶经验、信念和其他状态与关于这些状态的元信念之间的关系"②。

在索萨看来,对其德性视角主义的"扩展一致主义"的修订足以应对各种挑战。尤其是笛卡儿恶魔问题或缸中之脑问题。针对笛卡儿恶魔问题或缸中之脑问题,索萨区分了两种确证并认为可以解决上述问题:

(1)S 在 W 世界的"同一世界确证地"相信 p,当且仅当 S 根据在 W 里具有真理导向性的某个官能在 W 里相信 p。

(2)S 在 W 世界的"事实世界确证地"相信 p,当且仅当 S 根据在我们的事实世界里具有真理导向性的某个官能在 W 里相信 p。

索萨认为,这种相对化和语境化在我们的日常思维中相当普遍并非被迫或刻意为之。因此,他主张:(a)扩展的一致性对在传统上一直视为所愿之物的反思性知识是必要的;(b)这种扩展的一致的知识是值得向往的,因为在我们的事实世界里它有助于我们获得真理避免错误。索萨认为,这不是否认动物性知识存在的必要,而是为了超越动物性知识肯定了我们人类对更高阶知识的渴望。对具有哲学思考或者反思

---

① SOSA E. Perspectives in Virtue Epistemology:In Response to Dancy and Bonjour[J].Philosophical Studies,78(3),1995:229.

② SOSA E. Perspectives in Virtue Epistemology:In Response to Dancy and Bonjour[J].Philosophical Studies,78(3),1995:231.

性思考的人而言更是如此。索萨把这种高阶知识称为反思性知识。索萨认为,我们渴望反思性知识并且渴望扩展的一致性,究其根本就是为了得到真理。而且即便我们所处的世界里这种扩展的一致性不会导向真理,但我们依然珍视它的理智价值,只要我们不把我们的世界当作那个世界。

索萨认为,他的德性视角主义在结构上是笛卡儿式的,但在内容上有别于笛卡儿的理性主义。笛卡儿的理性主义只承认直觉和演绎的作用,但德性视角主义没有局限在直觉和演绎,而是也承认感知、内省以及归纳推理和溯因推理的作用,同时还承认证词以及共同体的辅助等作用。索萨认为,如果一切顺利,根据这种扩展的认知视角,我们完全可以有信心相信我们这些官能的可信赖性。

也许是感觉扩展的一致主义太过晦涩或者不尽完善,本世纪初,索萨对其前期提出的散落在不同文章中的观点进行了裁剪梳理,人为形成了一套内在一致的完整思想体系①。这些都具体体现在邦久与索萨的对话集《认知确证:内在主义对外在主义,基础对德性》中。在"德性知识论"一节中,索萨对其德性视角主义进行了新的系统性阐发,并对一些可能的质疑进行回应。在新的德性知识论中,索萨抛弃了"同一世界确证""事实世界确证"这两个晦涩的概念。在前期提出的适宜性(aptness)的基础上又提出了机敏性(adroitness)这个重要概念。如上,在恶魔反例中,索萨认为恶魔的受害者的信念相对于我们的事实的环境同样是适宜的和确证的。也许是索萨后来意识到适宜性理论解决恶魔反例的缺陷,或者感觉其前期的理论表达不太清晰,在本文中,索萨又提出了机敏性概念予以弥补。

索萨认为他的德性知识论应该涉及以下成分:

VaX 是认知德性仅当 X 将产出高比率的真信念。

VbB 是一个确证的信念仅当 B 是一个出自某个或多个理智德性实践的产物。

索萨继续探讨了可能世界 w 中确证的情形,在可能世界的假定中,索萨把适宜性(aptness)融入确证中,提出适宜性确证概念(J-APT):

(J-APT)"(对所有 w)[B 在 w 里是适宜性确证的(apt-justified)仅当在 w 中 B 来自于在 w 中被视为德性的某个或多个理智德性的实践]"

在索萨看来,J-APT 的提出就是为了应对笛卡儿恶魔问题。笛卡儿恶魔的受害者似乎没有被剥夺普通确证的资格,因为他的信念取自我们认为可以导致确证的感觉经验、记忆等。环境虽然发生剧烈变化,但受害者依然保持和使用着他的理智德性的全部本领。但同时,由于环境对理智德性而言出现了巨大反常和错误,那些德性相对这种环境已经不再适于当作德性。如何处理这种状况?索萨认为,尽管 J-APT,但受害者的信念仍然在某些相关意义上是确证的。因此,J-APT 对所有类型的确证而言不是一个圆满的足以给人启发的解释,还需要进一步的补充,这就需要机敏性确证

① SOSA E. Acknowledgments[M]//BONJOUR L,SOSA E. Epistemic Justification:Internalism vs. Externalism,Foundations vs. Virtues. Oxford:Blackwell Publishing,2003:156.

概念(J-ADROIT)：

(J-ADROIT)"（对所有 w）[B 在 w 里是机敏性确证的（adroit-justified）仅当在 w 中 B 来自于被事实世界（actual world）视为德性的某个或多个理智德性的实践]"

索萨认为，设定了机敏性确证就可以回应恶魔受害者的信念虽然不是适宜的，但确是确证的情况。这样，如果把 J-APT 和 J-ADROIT 作为原则分别和 Va 相结合就可以形成德性知识论的两种知识解释：

V-APT"（对所有 w）[B 在 w 里是适宜性确证的仅当在 w 中、B 来自于那个德性地产生高比率真信念的 w 里被视为德性的某个或多个理智德性的实践]"。

V-ADROIT"（对所有 w）[B 在 w 里是机敏性确证的（adroit-justified）仅当在 w 中、B 来自于德性地产生高比率真信念的我们的事实世界（actual world）视为德性的某个或多个理智德性的实践]"[①]。

索萨认为，他的新德性知识论是一种广义的外在主义理论，该理论强调了确证的两个重要的外在因素：主体信念和推理图式的因果起源以及信念和推理图式的可信赖地导向真理。在索萨看来，内在主义通过新恶魔问题无法对他的德性知识论造成冲击，根据 V-APT，恶魔受害者同样可以理解为是不该受到责备的。但他只能被认为是非确证的，而不能由此导向内在主义义务论。一个根本原因是这种德性知识论是最终指向真理而非放弃了这一终极目的。

索萨同时认为，他的新德性知识论又融合了内在主义的成分，能够符合内在主义的直觉。在索萨看来，他的机敏性确证概念(J-ADROIT)中的语境相对性就是对内在主义确证直觉的公正对待。针对内在主义对他的语境确证观的反驳，索萨认为，确证中的语境相对化是个不争的事实，任何对它的形而上学的处理并无益处。针对内在主义认为德性知识论无法回答，恶魔反例中受害者的主观确证的状况，索萨区分了三种认知资格：适宜性、机敏性以及弗雷式的合理性。索萨认为，这里的问题可以归结为，恶魔的受害者的何种内在状态可以算作内在地、合理地确证的？索萨认为，如果这个问题不得到澄清，那么任何完全迷信的和完全非理性的人的信念皆可被认为是内在合理确证的；而且任何内部认知机制有缺陷的人也可因其不该受责备而被认为是合理确证的。索萨认为，真正的可以被称为合理确证的内在状态必定是和经验内在相连的。任何脱离经验而妄谈内在合理确证的主张皆是错误的。即便是在恶魔反例的状态下，受害者的内在状态和对应的外在事实类型无法形成模态关系，但这种真正的内在状态也可以是外在事实类型的一种模态的反向指示。因此，机敏性确证完全可以回答新恶魔反例。

索萨还假定了怀疑主义对新德性知识论的可能怀疑并做出反驳。怀疑论者可能会假定事实世界有可能本身就是恶魔世界，如果是这样该如何确证？索萨认为，怀疑

---

① SOSA E. A Virtue Epistemology[M]//BONJOUR L,SOSA E. Epistemic Justification:Internalism vs. Externalism,Foundations vs. Virtues. Oxford:Blackwell Publishing,2003:156-157.

主义其实质就是不仅否认我们的大多数经验信念是真的,更重要的是对关于外在的一切信念提出质疑。索萨认为对待怀疑主义不能诉诸以未经证明的东西作为论证前提去反驳这样的论证。唯一可用的是归谬法。即承认怀疑论者对外在主义的质疑是正确的,那么,既然怀疑主义怀疑一切知识的可能,为何对关于心灵领域的东西深信不疑? 既然认为知识依赖外的管道、中介和环境都是一种巧合,为何怀疑论者不对自身所受的良好教育、成长以及良好的身体构造产生怀疑? 如果怀疑论者不能回答以上疑问,怀疑论者对事实世界的怀疑也就烟消云散。

最后,索萨对完整的德性知识论做出归结:"一个较圆满的德性知识论将不仅包括 V 论述,Va,Vb,连同 V-APT 和 V-ADROIT 原则,而且也包括知识以及相关的信念、真理、确证和官能。"如果某个官能给某人一信念以及凭此获得直接的知识,那么他一定要对他的信念和信念源有某些意识,而且还要从普遍和特殊意义上意识到信念源的德性。因此,一定会是这种情况,即在环境之下某人将很可能相信 P 如果 P 就是那样,比如某人的信念是安全(safe)的,或者更严格地说,某人的信念一定基于某个指示,某个德性源头的安全输出。最后,某人一定要把握他的信念非偶然地反映了 P 的真理通过接受 P 的指示并且展示出了认知德性。一个圆满的知识论应当包括三重要求:安全性要求、信赖的德性以及认知视角要求。

但在笔者看来,索萨的新德性视角主义尽管在解释力上明显更进一筹,然而这一理论依然存在着以下几个方面的问题。

(1)理智德性的基础在于认知主体先天的内在本性的论断是错误的。笔者以为,对认知主体来说,谈不上有所谓的先天的内在本性。举个简单的例子,很难设想古代的原初民的认知能力能够达到现代人的高度,如果承认这一点,所谓的先天的内在本性之说即可不攻自破。如果不存在先天的内在本性之说,那么理智德性何以立足?

(2)即便承认理智德性的合理性,理智德性与认知视角之间又是一种什么关系? 关于两者的关系,在索萨的所有文章中他均语焉未详,但这个问题同样关乎根本。因为,索萨设定这样的两个概念的目的:一方面在于避免重蹈信赖主义和内在主义的覆辙,另一方面又能够满足内在主义与信赖主义双方的直觉。既然"理智德性"与"认知视角"发挥着如此重大的作用,当然有必要明确阐释两者的关系。然而关于两者的关系,从索萨的行文中似乎可以做出如下两种推理:A,理智德性包含认知视角。因为,在索萨看来,所有的知识(包括动物性知识与反思性知识)都是德性的真信念。由于反思性知识涉及认知视角,而动物性知识和认知视角无关,故从概念的外延上看,认知视角概念包含于理智德性概念之中。B,认知视角概念与理智德性概念具有对立关系。因为,在索萨的文章中我们常常可以看到,索萨用认知视角概念解释反思性知识,而用理智德性概念解释动物性知识。而知识包括动物性知识与反思性知识两种。从这个意义上,两者具有对立关系。在笔者看来,不管理智德性概念和认知视角概念之间具有包含关系还是对立关系,这样的两种关系的存在,都破坏了德性视角主义的逻辑自洽性。首先看推理 A。如果我们承认认知视角概念包含于理智德性概念之中,那么,认知视角所涉及的一致性概念就理应附属于理智德性概念,但从索萨的文章中从未发现,索萨把一致性认定为是理智德性的一个子类,相反,倒是在一些文章中可以发现一致性不是理智德性的论断。如果一致性并非理智德性的一个子类,那么又怎么谈得上认知视角包含于理智德性概念中?再看推理 B。如果认知视角概念与理智德性概念具有对立关系,则德性视角主义不过是在玩弄一个所谓的拼盘游戏,因为两个概念之间根本无法做到有机统一,既然如此,就更谈不上什么逻辑的自洽性了。

(3)索萨在对"确证"概念的使用上存在模糊太多。关于这一点,我们可以从不同时期索萨对确证概念的使用上看得出来。笔者发现,索萨在自己的德性视角主义建构中曾经使用过"完适性与确证"、"动物性确证与反思性确证"、"表面确证与真实性确证"、"关系性确证与非关系性确证"、"完适性确证与机巧性确证"以及"同一世界的确证和我们的事实世界的确证"等划分,这些划分充分暴露了索萨思维欠缺严谨性。

(4)索萨关于理智德性相对于我们的世界的理解也是站不住脚的。理由是,他采用了常识主义以论证理智德性的这种相对性。然而这种常识主义的论证方式根本经不起怀疑主义的反驳。

综上所述,索萨的德性视角主义尽管看到了信赖主义与内在主义两种主流确证理论的种种弊端,并试图通过理智德性和认知视角的设定达到对知识论的合理重建,但由于这种探索本身就存在着实质上的缺陷,所以从结果上看,它只能是一次并不成功的探索。

第八章

阿尔斯顿的内在化的外在主义

索萨的德性视角主义混合理论同样没能摆脱怀疑主义的困扰,本章中我们将继续研究阿尔斯顿(William P.Alston)的混合主义理论。阿尔斯顿是当代英美哲学界知名的哲学家,在宗教学、语言学等研究领域都颇有建树。除此之外,阿尔斯顿还是著名的知识论家,在内在主义与外在主义之争陷入困局之时,他适时地提出了超越内在主义与外在主义的混合主义确证理论——内在化的外在主义,这似乎对解开内在主义与外在主义之争所陷入的困局带来了曙光;但时隔不久阿尔斯顿又放弃了其精心构造的确证的混合主义理论,重新开始构造知识与信念的社会实践说,这又不啻宣告了当代内在主义与外在主义理论的死亡。下面,就让我们对阿尔斯顿的混合主义理论的流变展开讨论。

第一节　批判内在主义与外在主义

和索萨所走的路径一样,阿尔斯顿的确证理论也是立足于他对内/外在主义的批判之上。前文已经指出,内在主义主张:一信念 p 是确证的,当且仅当信念 p 的确证者(justifier)必须是在认知主体 S 的视角之下或是认知主体 S 可以内在把握的。外在主义主张:一信念 p 是确证的,当且仅当该信念 p 来自于一个可信赖的认知过程或机制,认知主体 S 根本无须把握这一过程或机制。阿尔斯顿认为,内在主义和外在主义皆偏执一端,要完成重建知识论的任务,必须批判地扬弃以上两种确证理论,走内在主义与外在主义混合之路。于是,批判内/外在主义成为阿尔斯顿重建知识论的第一步。

1.批判内在主义

在一系列公开发表的文章中,内在主义始终是阿尔斯顿攻击的靶子。早在 1976 年阿尔斯顿发表了《两种类型的基础主义》一文,虽然当时有关确证的内/外在主义区分尚未出现,但该文对确证的不同层级划分的批判已为日后声讨内在主义植下了种子①。1985 年阿尔斯顿发表了比较有影响的文章《认知确证的概念》,该文重点批判了确证的义务论,这一批判更是为其后对内在主义的清算作了充分铺垫②。1986 年,在正式发表的《知识论中的内在主义与外在主义》一文中,阿尔斯顿继承了既往批判所取得的全部成果,完成了对内在主义的总体性清算。

阿尔斯顿把内在主义区分为"视角内在主义"和"把握内在主义"两种类型,然后分别进行了批判。他对内在主义的清算从"视角内在主义"开始。对视角内在主义进行批判要做到有的放矢就要事先弄清其基本内涵。阿尔斯顿在总结几个内在主义代表性观点之后,首先给出视角内在主义初始定义:

"只有在主体的'视角'内的东西才能确证某个信念。"③

在初始定义的基础上经过不断地辩驳质疑,阿尔斯顿一共对视角内在主义下出 10 个定义。概括起来,视角内在主义有这样几个特征:

(1)只有确证的信念才能充当确证者。

(2)确证因击败者(overrider)在成为最终的确证之前都是表面上(prima facie)的确证。

(3)能够影响主体信念确证状态的只能是其他确证的信念。

(4)只有主体的信念整体才能决定信念的确证状态。

(5)拥有确证特征的信念有可能是真的。

(6)确证某个信念需要高层要求,即确证某个信念要确证地相信某个确证的信念足以为其提供充分支持。

在对以上六个特征确认的基础上,阿尔斯顿提出了视角内在主义的逻辑前提:义务论。和普兰廷加、索萨等人一样,阿尔斯顿认为,视角内在主义之所以对确证提出如此多的限制,主要根源在于所谓的履行认知义务的需求。而要揭示和批判这一类型的内在主义就要从义务论的源头开始。

为此,他首先批判了视角内在主义的逻辑前提:确证的义务论。在视角内在主义看来,确证无疑是规范之事。也即,信念的确证是相对于主体的认知规范、标准、责任和义务的。如果 S 相信 p 并不违反相关的认知义务;则 S 相信 p 就是允许的。如果 S 相信 p 违反了相关的认知义务;则 S 就会因相信 p 而被谴责。视角内在主义认为,确证的义务论就是视角内在主义的逻辑前提。因为,我是否确证地相信 p 取决于我是否将要受到正当谴责;若要摆脱谴责,至关重要的就是要看相关的事实在我的视角中

① ALSTON W P. Two Types of Foundationalism[M]//MOSER P K. Empirical Knowledge (Readings in Contemporary Epistemology). New Jersey:Rowman & Littlefield Publishers,Inc., 1986:77-81.

② ALSTON W P. Concepts of Epistemic Justification[J].The Monist,1985,68:57-89.

③ ALSTON W P. Internalism and Externalism in Epistemology[J].Philosophical Topics,Spring 1986,XIV(1):181.

如何呈现。阿尔斯顿的原话是这样的："既然我是否确证地相信 P 取决于是否我理应被责备还是要为相信负责；那么，对我是否确证最为重要的就是相关事实呈显在我的视角的方式。确证依赖相关的事实是什么并且我能够说出这些事实；因为这对我的信念是否该受责备至关重要。当且仅当我的信念充分地被支持而且我还能说出来；我才不会因相信而受到责备。"①

阿尔斯顿认为，视角内在主义义务论实际上假定了"直接任意控制"（direct voluntary control）的观念。所谓"直接任意控制"，简单说，即 S 确证地相信 p，当且仅当 S 能够直接控制 p。

阿尔斯顿分析了"直接任意控制"观念的根源。他认为，"直接任意控制"来自于义务论的下列论证，即：某人确证地相信 p 当且仅当相信 p 不该受到责备。当且仅当在那种情形下这是一个被允许选择的信念。而这一切都要求某人对他在某个时刻是否相信 p 有着直接任意的控制。如果我缺乏这种控制，如果我不能任意地相信或者不相信；那么谈论我是否被允许在时间 t 相信 p 或者是否我选择在时间 t 相信 p 是不负责任的，这一切都是徒劳的。

阿尔斯顿反驳说，至少一般地认为，我们并不具备这种直接控制我们信念的能力，比如，当我看到一辆卡车沿街急驰而来时，我无法任意地相信卡车是否急驰而来。阿尔斯顿说，即便有诸如道德和宗教这样一些可以直接控制的信念特例，但对我们的大多数信念来说，我们是缺乏直接控制能力的。

阿尔斯顿认为，"直接任意控制"义务论实际上还预设了清晰的、审慎的选择要求。也即，确证某个信念必须经过主体清晰、审慎的选择；因为根据视角内在主义，在决定选择时只有主体知道的东西才是应该被考虑的。这样，我所知道的就蕴涵着确证的信念只能是审慎选择的结果。阿尔斯顿认为，这种清新、审慎的选择要求在现实中并不是总是有效的，像系鞋带这样一种完全是直接任意控制的行为，在实践中经常表现为习惯性、随意性的动作或行为。因此，这种确证的审慎要求试用性极其有限。

"直接任意控制"义务论还预设了确证信念的对象只能局限在原初获得之上。阿尔斯顿认为，事实上，人们在获得信念确证的理由或证据后经常改变确证的状态。比如，我在某个不值一提的证据基础上相信张三正在辞去工作，这个信念显然是不确证的；但是随后我得到充分的证据证明张三确实在辞去工作，我在这些证据基础上坚定了我的信念，这种情形下我关于张三正在辞去工作的信念得到了确证。因此，我的确证的获得的信念充其量只是我的确证的信念的一部分。

阿尔斯顿假定了视角内在主义可能放弃确证的直接控制的情形。他指出，信念受间接意愿控制或者说至少受意志行为的影响是无疑的。只要存在这种间接影响的可能，视角内在主义即可把"认知义务"解释为不再和信念的相信与否直接相关，而只

①　ALSTON W P. Internalism and Externalism in Epistemology[J]. Philosophical Topics, Spring 1986, XIV(1):192.

是间接地和影响信念确证的行为相联系。于是,S 在时间 t 是否确证地相信 p,将取决于是否在 t 之前 S 已经采取了合理行动去影响 p。这样,信念的确证就可以有两种完全不同的解释。比如,我在没有充分根据的情况下,形成了太阳系外有生命的信念。基于直接任意控制的义务论解释,我有义务否认没有得到我的"视角"充分支持的信念。既然继续相信该信念违反了我应尽的义务,则我的该信念是非确证的。但根据间接任意控制的义务论解释,可以肯定我没有能力任意放弃这一信念,至多我拥有采取行动增强放弃该信念的能力。因此,只要我正在朝着增加机会的方向努力,我就不能因相信该信念而被责备,所以我的这一信念是确证的。

在逻辑地形成了两种不同的义务论之后,阿尔斯顿进而批判了义务论和视角内在主义的所谓的内在关联。在阿尔斯顿看来,首先,基于确证的间接控制论丝毫无助于视角内在主义。根据确证的间接控制论,信念的确证主要来自于信念的因果历史,而非来自于认知视角;另外,已经确证的信念在间接控制论中并不扮演任何作用,因为间接控制论强调确证只是事实问题,而非事实之视角呈显。既如此,"间接控制论实际上支持的是确证的外在主义"①。

阿尔斯顿认为,确证的直接控制论更不利于视角内在主义。根据直接控制论,信念的确证可以基于任何基础之上,而不仅仅局限于主体的确证信念。然如上所述,视角内在主义的逻辑底线是:S 确证地相信 p,当且仅当 S 确证地相信其他信念。违背了这一基本的逻辑底线就根本算不上是内在主义,更何谈视角内在主义。很显然,直接控制的义务论并不要求这一点。与之相反,"它似乎不是在提供视角内在主义的逻辑支点,而是在根本否定视角内在主义的视角限制"②。如此,被视为对视角内在主义的最强论证遭到了致命反驳。

其次,阿尔斯顿还摧毁了视角内在主义的另一重要营垒:确证的高层要求和底层要求。

所谓确证的高层要求,即"我确证地相信 p 基于我确证地相信 q,当且仅当我确证地假定后一信念给前一信念提供充分支撑"。

阿尔斯顿认为,这种确证的高层要求并不经常发生。至于发生的频次取决于确证的定义,而这一点是不清楚的。唯一清楚的是视角内在主义要求信念的确证只能是间接确证。我们不得不有充分的理由假定信念 q 充分支持 p,如果我们将要确证那个高层信念。阿尔斯顿对这种高层要求的频次提出质疑。他认为这种情况并不经常发生。以感知信念为例,如果我关于外面正在下雨的感知信念是间接确证的,这将假定它是基于我正有着某种视觉经验的确证信念,加上关于境况正常的确证信念。阿

① ALSTON W P. Internalism and Externalism in Epistemology[J]. Philosophical Topics, Spring 1986, XIV(1):200.

② ALSTON W P. Internalism and Externalism in Epistemology[J]. Philosophical Topics, Spring 1986, XIV(1):200.

尔斯顿认为,主张要为关于环境的感知信念提供如上充分支持的充分理由的要求,实质上就像许多哲学家穷其一生纠结于如何从关于个人的感知经验的事实推出外在世界的事实的状况一样。阿尔斯顿认为,即便哲学家解决了这个问题,要求绝大多数普通人拥有这个结论是不可能的。

这种高层要求还要求,为了给既定信念提供充分支持的某些非演绎的证据,认知主体还不能拥有其他确证的信念充当前一提及证据的击败者。阿尔斯顿认为,这一要求也是不可行的。比如,我假定张三今天在办公室的理由是今天是周三,而张三有一个固定的习惯周三去办公室。然而,我临时忘记了李四告诉我张三这周三将不在镇上。当我这个确证的证据加在此前的证据上,总证据将不再支持张三今天在办公室的信念。这就意味着我确证地假定我的信念 q 确证信念 p,当且仅当我确证地假定没有其他确证的信念 r、当 r 加入 q 将不再充分地支持 p。阿尔斯顿认为,考虑到某些信念在或不在主体的信念整体中,这就使得确证任何信念都变得非常困难。

在阿尔斯顿看来,视角内在主义的高层要求更大的困难还在于:高层要求将会"带来确证的无限回溯"。也即,为了确证地相信 p,我必须确证地相信理由 q 能够充分地支持 p;而确证我的信念 q 又需要确证地相信 r 能够充分地支持 q,如此一来,我就陷入了确证的无限回溯。不消说,任何人都无法把这种无限层级的支持关系置于视角之下,由此可见视角内在主义的高层要求也不攻自破。

阿尔斯顿还认为,视角内在主义的确证的底层要求也不可行,甚至会带来更大范围的认知回溯。所谓确证的底层要求,即要求所有确证的信念必须来自于另一个被确证的信念。这个底层要求就使得支撑信念的确证还要来自另一确证的信念,如此一来,无限回溯不可避免。阿尔斯顿否认了一致主义通过闭合循环解决无限回溯的方式,认为这只会意味着更高层的无限回溯。

阿尔斯顿还以类似的方式全面批判了把握内在主义。当然他并没有彻底宣称把握内在主义一无是处,相反他认为,对确证来说应该有一个最基本的把握要求,也即应该把这种把握要求限制在对信念的理由或确证者之上,这一要求必不可少。阿尔斯顿把这种把握要求称之为"合理的直接把握"[①],从后文可以看出,正是这个基本的限制,提供了阿尔斯顿批判外在主义的武器。

2.批判外在主义

在对待外在主义问题上,阿尔斯顿没有表现出像对待内在主义那样激进的态度。在 1988 年发表的《内在主义的外在主义》一文中,阿尔斯顿把他的混合主义立场落脚在外在主义之上,足见他对外在主义的感情。1989 年,阿尔斯顿明确表达了对外在主义代表戈德曼的确证的信赖主义的看法。在《戈德曼论确证》一文中,阿尔斯顿开宗明义:"我的这篇文章不是激进的批判主义。与之相反,我感觉这种观点(指戈德曼的

---

① 　ALSTON W P. Internalism and Externalism in Epistemology[J]. Philosophical Topics, Spring 1986, XIV(1):216.

外在主义——笔者注)恰如其分,只是在几小点上需要矫正。……这只是家族内的一次小小纠纷。"①在 1995 年发表的《如何谈可信赖性》一文中,针对来自内在主义对外在主义的最强劲的指控——"类型的一般性问题"(见笔者《论戈德曼的确证的信赖主义》),阿尔斯顿为外在主义作了生动答辩,有力地捍卫了信赖主义的"可信赖性"教条。但必须看到,即便阿尔斯顿表现出亲外在主义的倾向,但他对外在主义并不完全认同,他认为外在主义仍然需要批判。

在《知识论中的内在主义与外在主义》一文中,阿尔斯顿对外在主义的批判已初见端倪。前文指出,外在主义主张,一信念 p 是确证的,当且仅当该信念 p 来自于一个可信赖的认知过程或机制,认知主体 S 根本无须把握这一过程或机制。阿尔斯顿认为,对确证来说,应该有一个最基本的把握要求,这一要求即是"合理的直接把握"。阿尔斯顿指出,"把握"是确证的本质;它来自于人们对信念的反思性实践,来自于人们对信念的挑战以及对挑战的回应。"为了能够成功地回应挑战,信念主体必须能够详细说明信念的理由,这种理由能够提供信念为真的充分根据。"②这样,信念主体在确证某个信念时,就不仅需要该信念来自于一个可信赖的认知过程或机制,而且还需把握这一过程或机制的可靠性。由于外在主义忽视了把握性要求,其就难以回应质疑者的挑战。

在《戈德曼论确证》一文中,阿尔斯顿直接批判了确证的外在主义。他初步归纳了戈德曼外在主义的四处缺陷:(1)有义务论而且是直接控制论的倾向;(2)对认知过程理解得太过模糊;(3)可信赖性的真比率设定的绝对化;(4)真比率设定的语境有问题。

关于义务论而且是直接控制论的倾向。在《知识与认知》一书中,戈德曼确实承认了他的信念的确证理论蕴含着某种强的义务论味道,因此,确证从过去评价性的概念变成了规范性的概念,信念的确证需要被合适的规则系统所允许。阿尔斯顿认为,这种允许、要求或者禁止信念的规则的问题在于它不仅设定了义务论,而且还假定了信念在有效的任意控制之下。阿尔斯顿指出,戈德曼的规则系统的假定并不必然假定信念在你的意愿的直接控制之下,但至少它假定了信念像开关门一样受到身体的直接控制。因为,如果我的信念不在我的能力之下,要求、允许或者禁止相信的规则或原理就没有存在价值;如果我不能对我的信念态度进行有效选择,要求我接受这种信念态度还有何意义?但在阿尔斯顿看来,任何规则理论都有大麻烦主要是我们没有这个能力。实际上关于日常的感知、内省、记忆和简单的推理等信念,连同更一般的我们完全明白的情形,我没有能力决定是否相信。如果 p 对我而言相当明显我就相信 p;如果非 p 对我而言相当明显我就相信非 p,以此类推。这里允许等根本不会

① ALSTON W P. Goldman on Epistemic Justification[J].Philosophia,1989,19:115.

② ALSTON W P. Internalism and Externalism in Epistemology[J].Philosophical Topics,Spring 1986,XIV(1):217.

发挥作用。

针对这种控制性要求可以理解为长时段地控制信念态度,阿尔斯顿认为这也不能作为禁止或者允许信念的理由。比如关于我的血压以及对血压的信念都不是我可以控制的。

对认知过程理解得太过模糊。阿尔斯顿认为,戈德曼的信赖主义虽然强调"过程"的输入和输出的映射和匹配,但对过程的理解过于模糊。"只要信念形成机制根据某种值得信赖的功能实现了从输入到输出的映射,我们无须担心过程在暗箱中运作的细节。我们不用关心它是如何运作的,只要它以某种一般而言是值得信赖的方式去那样做。"

关于可信赖性的真比率设定的绝对化。戈德曼在《知识与认知》中重点讨论了确证规则正确性的标准,提出了根据过程产生真信念的比率作为确证规则评价的标准。戈德曼区分了"资源依赖""资源独立"两个类型。"资源依赖"标准设定了某个可以接受的真比率作为确证规则评价的标准。"比如说某个规则系统是正确的当且仅当它允许的过程将会使得真的比率最大化,相对于人们可以得到的过程。"而"资源独立"标准则设定某个绝对比率,根本不考虑人的能力或习惯。它认为这个比率应该高于50%,这个比率对所有"资源独立"的过程都是一样的。阿尔斯顿认为对所有信念产生的机制设定某个绝对的比率,并没有考虑这种信念产生机制的差异,这是不可接受的。比如,我们根据经验学习不同的认知操作具有何种可信赖性,这需要具体问题具体分析。比如根据最佳解释原则,我们假定 S 相信吉姆想成为公司总经理,S 的判断主要基于吉姆的日常行为,进而 s 也考虑了其他解释而且批判地反思了他认为吉姆想当总经理的理由。阿尔斯顿认为,这种情况下看不出 S 的判断是不确证的,尽管这种判断的真比率远远低于正常的感知和记忆过程。由此,阿尔斯顿认为,戈德曼为"资源独立"的信念产生机制设定某个最低程度的真比率的做法是错误的。[①]

关于真比率设定的语境问题。在《知识与认知》中,戈德曼为过程产生真比率设定了正常世界(normal world)的语境。阿尔斯顿赞成戈德曼拒绝把确证和事实追踪记录挂钩,但认为把可能世界都考虑进去也并不可取。也许设定正常世界的语境能够满足笛卡儿恶魔案例的直觉,但还有一种更加清晰的直觉却反对这种做法。比如,在某个非正常世界里的认知者,在这个世界中产生真信念的过程迥异于正常世界。在这个世界里基于瞬间的幻想形成的信念,就像我们日常基于感知获得信念一样值得信赖。根据戈德曼的提议,这个世界的人的信念是不确证的,因为这个过程在"正常世界"是不值得信赖的。但这似乎是绝对错误的。假定这个世界里的人天生固有这种倾向形成信念,而且世界的基本结构保证了这些信念大都是真的,从可信赖的观点看,怎么能够否认他们的信念是确证的? 如果这样做就是明显的正常世界的沙文主义。

①　ALSTON W P. Goldman on Epistemic Justification[J].Philosophia,1989,19:122.

阿尔斯顿认为，虽然戈德曼的外在主义有上述缺陷并为内在主义批判授以口实，但上述问题对外在主义来说并不是主要的。阿尔斯顿指出，外在主义的根本问题在于对把握要求的忽视上，因此，批判外在主义必须从此入手。

和戈德曼一样，阿尔斯顿认为，"我们的大多数信念在普通人看来是好的，可以算得上是知识，在知识论家看来也是如此"①。但和戈德曼有所不同的是，阿尔斯顿主张，我们的大多数信念的确证都是基于认知主体所意识到的东西，而且这些东西均可以被合理地当作确证信念的充分根据。这种情况不仅适用于推论性的有根据的信念，对基于感觉经验之上的感知信念情况依然，甚至对基于内省状态进行反思的内省信念也不例外。如果人们对记忆和自我明证的信念产生怀疑，其实也大可不必。因为，记忆有"过去的感觉"的意识基础，自我明证的信念更是有清晰明白的感知作为前提。而且，从信赖主义视角看，判断信念的理由是否充分就是要考虑根据这个理由形成的信念是否最可能成真。阿尔斯顿指出，在信念的确证问题上，以戈德曼为代表的外在主义明显忽视了把握性要求，他们仅仅强调了确证建基在可信赖的过程或机制之上，这显然经不起逻辑的推敲。

阿尔斯顿以山姆为例驳斥了戈德曼的外在主义，在该例中，山姆莫名其妙地发现他持有全球各地的当下的天气信念。他不知道这些信念从何而来，他也不是通过寻常的渠道获得这些信念的。山姆仅仅发现他经常持有一个强烈的信念，他的这些信念几乎毫厘不爽。这种情形持续的时间相当之长足以让我们相信，它们来自于一个可信赖的、能够规律般地产生真信念的过程。既然反对这种假定极不合理，那么我们就必须假定山姆有着某种特殊的内在机制，该机制使得山姆能够有效地了解世界各地的天气。

阿尔斯顿指出，在这种情形下，说山姆拥有天气的知识完全有理由，毕竟他以我们所不知道的方式准确并高效地记载了远方的天气。但在阿尔斯顿看来，山姆的信念并没有得到确证。因为当我们追问山姆"你是如何知道的?"，山姆竟无言以对。正是由于山姆缺乏描述状况的最基本能力，使得我们有理由否认他的天气的信念是得到确证的。

于是阿尔斯顿再次回到了在《知识论中的内在主义与外在主义》中把握性要求的观点，确证之所以需要有把握性要求，主要基于对我们或他人的信念的批判性反思的实践，基于对信念可信性的挑战以及回应挑战的实践，简而言之是基于尝试执行确证活动的实践。他总结道，由于把握性要求是信念确证的本质特点，忽略了它，外在主义就无以立足，因此外在主义是有明显缺陷的。不过，阿尔斯顿并没有就此对戈德曼的外在主义大加鞭挞;相反，阿尔斯顿提出了外在主义改进的方向:"只要他的理论(指戈德曼的外在主义)清楚地表明确证需要一个充分的理由或基础，这一理由或基

① ALSTON W P. Goldman on Epistemic Justification[J].Philosophia,1989,19:125.

础是主体能够通过意识把握的,则我们就会拥有一个相当明晰的确证理论。"①

第二节　内在化的外在主义的理论建构

在上述批判的基础上,1988 年阿尔斯顿发表了奠基之作《内在化的外在主义》,在该文中,阿尔斯顿正式构建了混合主义确证理论。他在文中开宗明义:"在本文中,就我对确证的看法而言,我将解释而且至少开始辩护这个内在主义和外在主义的混合体。就我所知,这是我个人的私自混合,恐怕许多人并不认同这个提议。"

阿尔斯顿对确证的理解,用他本人的话说即"一言以蔽之,我对确证的看法是:确证地相信 p,当且仅当信念 p 基于一个充分的理由"②。这句话虽然言简意赅,但我们可以看出,阿尔斯顿的确证理论至少涉及"基于"(based on)、"理由"(ground)以及"理由的充分性"(the adequacy of ground)等三个重要概念,事实上,阿尔斯顿混合主义确证理论的构建主要依赖于这样三个基本概念。

1."基于"、"理由"和"理由的充分性"的解释

"基于"是阿尔斯顿混合主义理论的第一个核心概念,在阿尔斯顿看来,"基于"首先和"因果依赖性"相关。比如,若我的信念"昨天夜里下雨了"是基于我的信念"街道是湿的";则我之所以持有前一信念是因为我持有后一信念,两个信念是因果相依的关系。当然阿尔斯顿注意到,并非凡因果关系皆可称为"基于"关系,比如,我的信念 p 因果地依赖于我的大脑的生理状态,但不能由此说前者基于后者。为此阿尔斯顿引入了"被导引"(be guided by)这一辅助概念,并以此把"基于"的因果性和其他的因果性进行了区分。比如,在科学实验的情形中,我的信念 p 完全基于它的真理性被产生它的实验所充分表明。在这些情形中,信念形成过程被有着充分支持关系的信念所导引。这是一种典型的基于理由的情形。但是,阿尔斯顿认为,在通常情形下我们可以基于其他信念或者经验形成信念,而不必清晰地意识到这种支持关系。比如我从你的面容和行为相信你处于不安中,而完全没有有意地相信这些特征对这个信念提供了充分支持。再比如,对儿童来说,小孩可以基于小猫没有像往常那样跑动得出小猫生病的结论。因此要求他有着这些支持性的信念是可疑的。与其他因果依赖关系有别,阿尔斯顿认为信念基于某种东西有一些共同特征。即信念基于其他信念或者经验;那么,信念形成过程或机制要注意到那个理由并由此被导引的特征;即便这不涉及有意地利用这种支持关系。我的"街道是湿的"信念就是基于它们看起来的样子,就是说在形成关于街道条件的信念时,我有区别地意识到街道看起来的样子。信念形成机制如此构成以至于形成关于街道的信念将是某种复杂的视觉经验输入的

①　ALSTON W P. Goldman on Epistemic Justification[J].Philosophia,1989,19:129.

②　ALSTON W P. An Internalist Externalism[J].Synthese,1988,74(3):265.

结果。这里即便关于支持关系的清晰的信念是缺失的,但信念形成是考虑到这些经验特征的结果并根据它们形成信念。

在"基于"概念的基础上,阿尔斯顿提出"理由"就是"信念基于其上的东西"的观点。阿尔斯顿把理由分为信念和经验两个方面,并认为,"尽管我无法为此提出一个先验或超验的论证,但我将采纳以下合理建议,即只要某一信念形成机制的输入被合适地当作信念基于其上的东西,则它只能或是信念或是经验"。但是,阿尔斯顿对"理由"的理解并没有仅仅停留在经验或信念上,他认为"还需要更清晰地对理由做具体说明"。

阿尔斯顿举了这样一个例子:史密斯和琼斯基于相同证据相信 p,这个证据由命题 p∨(p∨q)。两人都基于上述证据相信 p。在史密斯相信 p 的情形中,信念形成机制来自于(p∨q)的无效推理。在琼斯的情形中,信念形成机制来自于某个内在化的有效的推理图式。那么似乎琼斯拥有确证的信念 p,尽管他们都拥有相同的理由。为此,阿尔斯顿认为,笼统地从信念形成机制的输入上谈论理由是不够的。毋宁说把理由限定在信念形成过程中被事实考虑在内的输入的那些特征上。在史密斯的情形中,唯一被史密斯考虑进去的输入特征是命题对象是(p∨q);没有进一步的输入特征在信念形成中扮演作用,没有进一步的特征"指引"着信念形成机制的运作。而琼斯的案例中,信念形成机制被输入信念由 p∨(p∨q)的命题内容的事实所指引。在史密斯的情形中,任何(p∨q)形式的输入都会导致相同的信念输出;而琼斯的案例中那种形式的其他输入不会导致信念 p 的形成。因此,严格意义上两者的理由是不同的。因此,可以总结认为,信念的理由由事实上被认知主体纳入考虑的输入的那些特征组成。

阿尔斯顿的最后一个重要概念是"理由的充分性"。阿尔斯顿指出,并非每一有根据的信念皆是确证的,只有立足于充分理由之上的信念才是确证的。为了给出"充分性"的标准,阿尔斯顿再次回到在《认知确证的概念》一文中提出的观点,即确证或认知的唯一目的就是求真避假。基于此,阿尔斯顿表示,理由充分与否关键要看其所支持的信念是否指向真理。换言之,该理由必须能够使其所支持的信念有着非常高的成真的概率,而且这一概率表现在客观意义之上。由于行文之需,阿尔斯顿最终没有给出"客观概率"的准确定义,他暂时使用了"趋势"(tendency)一词表达了其对概率的理解。不过在《如何谈可信赖性》一文中,阿尔斯顿对所谓的客观概率进行了详细界定,详见该文,兹不赘述。①

2.内在主义和外在主义特征

阿尔斯顿认为,他的确证理论之所以是混合主义的,关键在于这种确证理论既坚持理由把握层面上的内在主义,又坚持理由的充分性把握层面上的外在主义。

如上所述,阿尔斯顿主张,一信念是确证的,当且仅当该信念基于充分的理由。

① ALSTON W P. How to Talk about Reliability[J].Philosophical Topics,1995,23(1):1-29.

在阿尔斯顿看来,该定义本身蕴涵着确证的内在主义。这可以从三层意义上进行理解。首先,该确证理论要求确证需要理由,而这是"最基本的、最低程度的内在主义要求"。其次,阿尔斯顿指出,确证需要理由之所以被称为最低程度的内在主义,就是因为内在主义的内涵绝不仅止于此。在重申了视角内在主义以及把握内在主义的错误之处之后,阿尔斯顿再次回到对信念的理由进行把握之上。阿尔斯顿认为,这一把握性要求是其内在主义的第二层表现。阿尔斯顿指出,确证需要把握缘于一个被广泛认可的强烈直觉,即我们期望在确证某一信念 p 之时有能力对确证者进行判断,换言之,我们应当能够对确证进行表明。至于缘何人们均有这一强烈直觉,阿尔斯顿提出确证的本质即是回应挑战之需的理论。

"因为对我们信念的批判反思的实践,对信念的可信性的挑战以及回应挑战的实践,简言之,试图确证信念的实践。假设没有这些实践,假设没有对信念的可信性的挑战,假设没有人批判性地反思他自己信念的理由或基础,在这种情况下我们就不会对是否确证地相信感兴趣。就是因为我们从事此类活动,就是因为我们意识到它们的重要性,是否某人在某种确证状态的问题才使我们感兴趣。"① 阿尔斯顿认为,其实确证的本质理论并不新鲜,而且该理论还可以拿来为视角内在主义提供论证,为了表达和视角内在主义的本质区别,阿尔斯顿提出了确证活动和表明确证活动虽是紧密相连但绝不等同的观念。他认为,表明确证无疑是确证的本质部分,但"确证绝不可化约为表明确证,甚至能够表明确证之事上"②。阿尔斯顿指出,许多人确证地相信诸多信念,但他们并不拥有表明确证的能力,这表明确证绝不依赖于任何事实的或可能的确证事实。

在明确了把握原理之后,阿尔斯顿提出了"把握度"的概念,他认为,由于把握内在主义的把握要求太高,故一般人无法实现。但如果仅仅要求原则上对确证者进行把握,这样的把握又显得太弱。为此,以前文提出的"合理的直接把握"为基础,阿尔斯顿提出了"适当的直接把握"的概念。至于什么是"适当的直接把握",阿尔斯顿认为很难对其精确化,只能说成为信念的确证者或者理由,一定是那种认知主体经过反思可以相当直接把握的东西。阿尔斯顿自信,这一理解既可避免视角及把握内在主义带给内在主义的灾难,又可避免人们对其进行外在主义的诘难。

阿尔斯顿认为,他的确证理论的内在主义倾向还表现在他对上述确证理论的进一步限定之上。阿尔斯顿认为,确证基于充分的理由仅仅表达了一种表面的确证理论,一个真正的确证理论必须考虑到击败者存在的可能性。"即便某一信念 p 基于一个使之很可能成真的理由,如果主体 S 知道或者确证地相信某种东西很可能使 p 为假,那么表面的确证仍然要被推翻,主体 S 并不能最终确证地相信 p。"③ 由于主体信念

① ALSTON W P. An Internalist Externalism[J].Synthese,1988,74(3):273.
② ALSTON W P. An Internalist Externalism[J].Synthese,1988,74(3):273.
③ ALSTON W P. An Internalist Externalism[J].Synthese,1988,74(3):276.

的确证将最终取决于主体的视角，而不是世界本身，这就为这种确证理论增加了第三层内在主义的限制，而且是视角内在主义的限制。

关于理由的充分性把握层面上的外在主义，阿尔斯顿采取了反证的方式。阿尔斯顿认为，既然外在主义是作为内在主义的对立面而出现的，则只要批判了内在主义在理由的充分性把握上的无能为力，即可反证出在该层面上外在主义存在的必要性。

阿尔斯顿从必要及充分条件两方面论证了内在主义的无能为力。首先，阿尔斯顿从必要性上批判了在理由的充分性理解上的内在主义。在本文中，阿尔斯顿重申了他在《知识论中的内在主义与外在主义》一文中对确证的高层要求的批判思想。他指出，在理由的充分性上坚持内在主义的把握要求必然会导致两种结果：一是视角内在主义所面临的不可克服的无限回溯问题；二是把握内在主义对确证之事上的高标准——哲学家的要求。阿尔斯顿指出，在对理由充分性的理解上，无论出现以上哪种结果都是不可接受的，由此可见，内在主义对理由的充分性理解的必要性要求并不可取。

至于内在主义是否可以作为"理由的充分性"的充分条件，阿尔斯顿着力批判了内在主义特别是视角内在主义在理由的充分性把握上的非充分性。在阿尔斯顿看来，由于确证的本质在于追求真理。那么，既然视角内在主义对确证有分层要求，也即一方面要把握低层的确证者，另一方面又要对确证者能否完成确证进行把握。那么，这种双重把握必然会出现矛盾。阿尔斯顿认为，既然对第一层确证者进行把握即有可能达到真理的追求，舍弃第一层要求反求第二层要求岂非多此一举。阿尔斯顿指出，正是由于"内在主义的分层要求有太多的漏洞"，所以内在主义对理由的充分性的把握要求无以立足。正是如此，阿尔斯顿反驳了内在主义对理由的充分性的把握诉求，从而反证出外在主义在对理由的充分性理解方面的绝对必要性。

总之，正是在充分暴露了内在主义与外在主义各自的理论困境的前提之下，阿尔斯顿批判地扬弃了内/外在主义，并在此基础上构建了其混合主义的确证理论。他对该理论的最后归结是：对信念的理由必须给出相当弱的把握限制，但坚决抵制任何对构成理由充分性的内在主义限制。坚决抵制世界如其所是，无需任何把握，世界本身就是相信的充分且必要的理由，而且该理由直接指向真理。阿尔斯顿最后认为，他的理论和信赖主义有明确的亲近性，但该理论又区别于纯粹的信赖主义，主要是信念要有满足把握性要求的理由，甚至为防止击败者的存在还要有一定程度的视角把握。

第三节　内在化的外在主义所遭遇的批判

阿尔斯顿的混合主义虽然持论"公允"、貌似"辩证"，但还是遭到了来自内在主义与外在主义的双向挑战。

1.内在主义挑战

如上所述,阿尔斯顿的混合主义主要建基于对内在主义的批判,所以其遭致内在主义的回击也最为强烈。归纳起来,内在主义的反批判主要集中在"义务论"和"高层要求"之上。首先看义务论。在多数内在主义者看来,阿尔斯顿对义务论的批判是站不住脚的。雷尔(Keith Lehrer)认为,义务论和意志论并非不相容的关系。造成这种不相容假象的原因在于,人们混淆了"相信"和"接受"的区别。"相信"与"接受"的区别涉及合理性的构成。有时某人不能在某一时刻决定相信什么,但能够决定接受什么。相信不是一种行动,但接受是。既然接受是一种人们能够控制的行动,人们就有义务接受或不接受某些命题。既如此,在接受与不接受问题上我们既可以在保留意志论的同时又坚持了义务论①。费德曼(Feldman)指出,意志论和义务论并不具有必然的关联。虽然人们的一些信念的确受意志论支配,而且坚持这些信念是人们的义务,比如,宗教与道德信念等;但对我们的绝大多数信念来说,诸如法律和财政信念,这些信念并不受人们意志随意支配,然而人们仍有履行他们的义务的需要。比如,你贷款购买了房子,因此每月定期还房贷是你的义务,你突然失业导致你没钱还房贷,然而你依然要还房贷否则房屋就有可能被银行强制拍卖。再比如作为学生你有义务完成老师布置的考试作业,也许试卷太难或者你犯了头痛病,但这些都不是你不需要完成老师布置的考试作业的借口。因此,在费德曼看来,"日常谈论认知义务,谈论某人应该相信什么并不带有信念意志论的含义。我们能够洞察认知义务,而不必担心是否信念意志论的真假。"因此,虽然"意志论假,但并不必然推出义务论同样为假"②。马修·斯度帕(Matthias Steup)指出,按照费德曼的逻辑,其实就连诸如道德及宗教等信念也是非意志论的,既如此,意志论和义务论就更不具有关联性。斯度帕认为阿尔斯顿之所以在意志论的理解上犯了错误,主要在于他所理解的意志论过于狭窄。斯度帕认为,任何信念皆受直接意志的支配,就连我的"天正在下雨"这样一个几乎被认为和意志毫不相干的信念也是如此。为令人信服,斯度帕指出,意志行为是相对一定的理由而言的,你不会毫无缘故地做或不做什么,同样你也不会毫无缘故地相信或不相信什么,一切行为皆有缘由。既如此,当天正在下雨时,就不能随意地说"天没有下雨",从这个意义上讲,我的"天正在下雨"的信念的确受意志的支配。斯度帕指出,如果从这样一种更加宽广的意义上理解意志论,就不会重蹈阿尔斯顿的覆辙,同时能够很好地捍卫信念的义务论③。

在大多数内在主义者看来,阿尔斯顿对确证的"高层要求"的驳斥同样不成立。

---

① LEHRER K. A Self Profile[M]//BOGDAN R J. Keith Lehrer. Dordrecht:D. Reidel Publishing Company,1981:3-104.

② FELDMAN R. Epistemic Obligations[M]//Crumley II J S. Readings in Epistemology. London: Mayfield Publishing Company,1999:197.

③ STEUP M. A Defence of Internalism[M]//POJMAN L P. The Theory of Knowledge:Classical & Contemporary Readings. 2nd ed. California:Wadsworth Publishing Company,1999:379-381.

有三种观点值得注意:一种是"自相矛盾论"。许多学者指出,阿尔斯顿对内在主义的批判自相矛盾。阿尔斯顿在反驳内在主义的高层要求时,特别提出了"确证之事"与"表明确证之事"的差别,并以此批判内在主义正是在混淆两者的基础上犯了"高层要求"的错误。许多学者指出,如果阿尔斯顿的理论成立,则他本人岂非犯了同样的错误?因为,一方面,阿尔斯顿极力主张"确证"和"表明确证"有天壤之别,并以此避免和内在主义有染;另一方面,阿尔斯顿又几乎同时指出,"表明确证"的确又是"确证"的本质部分,而且如果没有"表明确证","确证"就无从谈起;这样似乎"表明确证"就成为"确证"的逻辑前提,既如此,阿尔斯顿在此不是犯了同样的"高层要求"的错误?更何况阿尔斯顿本人在构建混合主义理论时,声称他的确证理论必须加上第三层内在主义要求,否则就不是真正的确证理论,而这个第三层内在主义要求更是彻头彻尾的内在主义"高层要求",这样阿尔斯顿理论的自相矛盾不是不打自招吗?一种是"顺理成章论"。在为珀曼(Louis P.Pojman)编撰的《知识论:经典及当代读物》写的一篇专论《内在主义辩护》中,斯度帕在批判阿尔斯顿对义务论的错误理解之后认为,内在主义的直接把握性的理由就是这种认知义务论,既然义务论没有问题,内在主义的直接把握要求原本就顺理成章。再就是"无的放矢论"。柯内与费德曼(Earl Conee and Richard Feldman)也在《内在主义辩护》一文中认为,阿尔斯顿对内在主义的批判,尤其是高层要求的批判犯了无的放矢的错误[①]。在该文中,柯内与费德曼二人首先承认了义务论的错误,但他们指出,内在主义的逻辑前提本来就非义务论,它的真正基础是证据论,也就是说,确证一个信念的关键在于对证据的内在把握。如果内在主义的真正基础在于证据论,那么,内在主义根本没有必要承诺高层要求,换言之,高层要求对内在主义来说原本就子虚乌有。柯内与费德曼是这样论证的:"阿尔斯顿考虑的论证依靠确证的义务论,根据义务论确证是遵守义务之事,人们一定要知道这些义务。但正像我们已经指出的那样,内在主义不受约束地拒绝了那个概念,他们无须为任何使得确证的信念依靠有某种方式知道何者确证何者做辩护。"[②]柯内与费德曼强调指出,由于阿尔斯顿没能真正地找准批判的靶子,因此他的批判纯属无的放矢。

需要指出,虽然大多数内在主义者对阿尔斯顿的批判貌似言之凿凿,但阿尔斯顿对内在主义的严厉批判还是深刻影响到一部分内在主义者,就连齐硕姆和邦久这两位内在主义的主要代表后来也均改变了学术观点,抛弃了前期信之切切的义务论,从这个意义上我们有理由说,阿尔斯顿的理论是有一定穿透力的。

---

① CONEE E,FELDMAN R. Internalism Defended[M]//KORNBLITH H. Epistemology:Internalism and Externalism. Oxford:Blackwell Publishers,2001:231.

② CONEE E,FELDMAN R. Internalism Defended[M]//KORNBLITH H. Epistemology:Internalism and Externalism. Oxford:Blackwell Publishers,2001:251.

2.外在主义挑战

前文指出,阿尔斯顿把外在主义视为同道,只是和他们有一点点家族内的纠纷。或许是因此之故,就笔者目前所掌握的文献资料来看,外在主义并没有对阿尔斯顿的确证理论表示出公开批判,但即便如此,笔者认为戈德曼对内在主义的批判在一定程度上适用于阿尔斯顿的确证理论。

首先,戈德曼对内在主义强立场的批判就特别适用于阿尔斯顿的混合主义的第三层内在主义的要求。戈德曼在《暴露的内在主义》一文中把内在主义分为两类,第一类即"直接把握的强内在主义"①,这种强内在主义类似于阿尔斯顿的视角内在主义,它主张,确证者是认知主体可以直接把握的,或者说确证者必须是认知主体当下的认知状态。戈德曼认为强内在主义的最大问题就是无法解决信念的储存问题,即是说,我们的绝大多数信念其实并非都是当下的,它们大都长期储存在我们的大脑之中,如果把确证的信念仅仅局限于当下的认知状态,则这些储存信念均会被排除在外,这显然不符合人们的直觉判断。由于阿尔斯顿主张确证的第三层内在主义,这是一种典型的视角内在主义或内在主义的强立场,所以这种主张必然遭到戈德曼的强烈批判。其次,阿尔斯顿在理由层面上持有的弱内在主义也对应于戈德曼本人对第二类内在主义的批判。戈德曼把第二类内在主义界定为"间接把握的弱内在主义"②,这一界定又类似于阿尔斯顿的把握内在主义的界定。但戈德曼认为,所有的弱内在主义虽然无须陷入信念储存问题的泥沼,但证据遗忘和认知回溯问题依然是困扰它们的两大问题,由于所有的弱内在主义均无法回答这两个问题,所以它们在理论上皆是错误的。由于阿尔斯顿的混合主义的前两层内在主义均符合戈德曼对弱内在主义的界定,因此,戈德曼对所有弱把握内在主义的批判均自动适用于阿尔斯顿的理论。总之,即便外在主义并没有公开表示对阿尔斯顿的批判,但戈德曼对内在主义的声讨事实上表达了对阿尔斯顿理论的无声抗议。不过,值得注意的是,仔细研究戈德曼本人后来的思想发展,又可以清楚地看出戈德曼的理论正在逐渐地向着内在主义靠拢,这似乎又表明,阿尔斯顿的确证理论最终获得了外在主义的认同。

第四节　确证的信念实践说

需要指出,虽然内/外在主义的代表人物似乎最终认同了阿尔斯顿的混合主义,这仿佛显示出了混合主义理论有着强大的生命力,似乎表明混合主义可以作为当代

---

① GOLDMAN A I. Internalism Exposed[M]//KORNBLITH H. Epistemology:Internalism and Externalism. Oxford:Blackwell Publishers,2001:208-226.

② GOLDMAN A I. Internalism Exposed[M]//KORNBLITH H. Epistemology:Internalism and Externalism. Oxford:Blackwell Publishers,2001:213.

知识论研究的又一重要路标;但内在主义与外在主义对混合主义的批判所暴露出的诸多问题又促使着阿尔斯顿不得不痛苦反思。受维特根斯坦与里德等人的影响,阿尔斯顿的确证理论在 80 年代末之后发生了剧烈转向。

80 年代末以后在阿尔斯顿发表的系列文章中,他几乎彻底抛弃了在孤独的个体心理学中寻求知识与信念确证的可能,转而提出了知识与信念确证的"社会认知心理学"研究。阿尔斯顿最终认识到,只要在个体心理学中研究信念确证的原则,就必然陷入认知循环。在《知识论的"信念实践"法》一文中,阿尔斯顿以感知信念为例再次论证了这种认知循环。论证如下:为了确定哪个感知信念确证的竞争性原则是正确的,就不得不详尽说明哪一个是值得信赖的信念形成模式。为摆脱怀疑论者的质疑,表明感知是确证信念(知识)的来源,就不得不表明感知信念的形成模式是值得信赖的。但做到这一点主要的困难,就在于似乎没有更有效的方式表明它不依赖于感觉感知。一般的论证是这样的:感觉感知要证明它的真实性要基于这样的事实,即当我们信任感觉感知并基于感觉感知建立了我们的信念系统,我们可以有显著的成效来预测和控制事件的进程。上述论证似乎是一个很强的论证,如果我们不再继续追问我们何以知道我们已经成功地做到了预测和控制。很明显,我们知道这些途径无他还是依靠感觉感知。基于此可以看出,感知的可信赖性还是依靠感知本身。这就是所谓的认知循环①。

因此,为了彻底摆脱认知循环,必须为确证问题的研究另寻出路。在维特根斯坦的"语言游戏"以及里德的"证据说"的影响之下,阿尔斯顿提出了"信念实践说"②。他认为,找到"信念实践说"就找到了彻底解决确证问题的钥匙。阿尔斯顿用了相当长篇幅论证信念实践观点的基本特征:

(1)我们每天都在从事着各种各样的信念实践,每种实践均有自己的信念来源、自己的确证条件、自己的基本信念、自己的主体、自己的概念框架。

根本不存在确证或知识的唯一来源。每种信念实践不是完全独立的,它们很多情况下相互依赖。信念实践又可以分为"原发性(generational)实践"和"转换性(transformational)实践"。"原发性(generational)实践"从非信念输入产生信念,它不依赖于其他信念,不需要经过"审查"阶段来过滤掉和既有信念不相协调的信念。这种信念实践相比成人实践而言相对原始,往往体现在孩子和低等动物上。感知信念实践和我们成熟的内省实践都属于这个类型。"转换性(transformational)实践"依赖于其他实践否则无从谈起。"原发性(generational)实践"有自己的主体和概念图式,

① ALSTON W P. A "Doxastic Practice" Approach to Epistemology[M]//MOSER P K. Empirical Knowledge(Readings in Contemporary Epistemology). 2nd ed. New Jersey:Rowman & Littlefield Publishers,Inc.,1996:270-271.

② ALSTON W P. A "Doxastic Practice" Approach to Epistemology[M]//MOSER P K. Empirical Knowledge(Readings in Contemporary Epistemology). 2nd ed. New Jersey:Rowman & Littlefield Publishers,Inc.,1996:274.

而"转换性(transformational)实践"可以涉及任何事物以及应用任何概念。由于所有信念实践都有自己的信念来源和确证条件,因此确证的标准嵌入在不同信念实践中。这样,"我们能够把涉及信念来源的可信赖性或者信念形成模式这些基本问题转换成信念实践的值得信赖问题"①。

(2)实践先于理论。在清楚地意识以及批判地反思信念之前,我们每天都在从事并积累着种种实践。当我们达到反思年龄时,我们就会发现自己不可避免地卷入它们的实践中。哲学反思和批判建基在对信念实践的实际掌握上。实践先于理论,没有前者后者将不可能。就像我们如果没有学会推理,就不会开发出逻辑系统;如果没有学会形成感知信念,就没有资源哲学地思考外在世界的存在以及感知信念的认知状态。

(3)信念实践应置于更广阔的实践背景之下。

我们形成关于他人的信念实践和主体际的行为密切相关,把人作为人对待并且和他们建立人际关系。

(4)所有实践均是社会的,包括最基本的言语实践。

所有信念实践都是在社会中确立以及在社会中分享的。我们形成关于环境的感知信念就是根据我们在社会中获得的概念图式。

如上所述,阿尔斯顿认为,既然确证的本质在于追求真理,则研究信念确证与否只要看该信念获得的渠道是否值得信赖即可,这样确证问题就转移到研究信念实践的可信赖方面。阿尔斯顿认为,研究信念实践的值得信赖问题如果不陷入基础主义和一致主义、内在主义和外在主义之争的泥潭,必须采取迂回的方式对待。也即,首先要研究信念实践的合理接受(rationally accepted)问题。只有明晰这个前提才能对信念实践的信赖性和确证原则进行评估。

但研究信念实践的合理接受性必须从分析知识论的学科属性上开始。知识论向来面临"自治主义"与"他治主义"的双重悖论。"自治主义"主张,知识论相对于心理学和其他认知科学而言是自治的学科,本质上是一个规范性和评价性的事业,价值和事实无涉。"他治主义"认为,如果知识论只关系价值评判,而评判的标准只能植根于既定的实践中,自治主义者无论如何伪饰,最终都不得不依赖某个或者更多的信念实践。这样,"自治主义"无法解释"规范从何而来";"他治主义"无法解释"事实如何澄清"。

阿尔斯顿认为"自治主义"和"他治主义"的矛盾并非看起来那样不可解。事实上两者对待知识论事业的方式都是失之偏颇的。自治主义因为避免承认信任既成的信念实践,因此缺少了对批判标准的保证和来源。实际上自治主义已经在多处未经批判地依赖于我们还在嗷嗷待哺时就已经学会的人类实践。如果要给自治主义认知原

① ALSTON W P. A"Doxastic Practice"Approach to Epistemology[M]//MOSER P K. Empirical Knowledge(Readings in Contemporary Epistemology). 2nd ed. New Jersey:Rowman & Littlefield Publishers,Inc., 1996:276.

则找到源头,这个源头只能是我们早已习以为常的感知信念实践。他治主义没有认识到,未经批判的实践是不值得从事的,至少一旦它被拽向明处就成为哲学家批判的对象。哲学批判事业就是要把我们生活的基本方面置于理性批判之中。

阿尔斯顿解决矛盾的方式是独到的。他首先区分了两类实践活动。一类是带有或多或少固定规则、标尺、标准的具有相对严谨结构的实践;一类是相对自由、无结构的即兴的实践活动。当我们从事有组织的实践时,不管是信念实践,还是游戏,诸如木匠等传统工艺,或者说语言等,我们的活动都会或多或少局限在既定的规则和程序之下。但是相比这类具有严谨结构的实践,还有一类"判断"(judgement)实践。在做判断时没有既定的标准和规则约束着判断行为。比较熟知的是审美、宗教和科学。比如,对一件艺术品的评鉴需要的只是敏感性、经验和对学科领域的熟悉,没有某个固定的准则可以用来评判。科学也是如此,对高水平的竞争激烈的理论进行评价就要考虑相对丰富性、解释力、简洁性等,没有既定公式可以作为评判标准。哲学超越了根据既定规则判断的活动层面,在哲学中任何东西都是可以竞购的。如果你强行为哲学设定一套规则、方法和程序,其结果必然引起广泛争议。因此,知识论家做信念评价时不是基于某个特殊实践,也非创新了某个信念实践,而是基于他的研究给出判断说明。他也无须放弃已经掌握的各种各样的实践技能,他可以自由地应用这些技能去做判断而不必遵循相对固定的规则。

基于以上论述,阿尔斯顿给信念实践的合理性进行限定。第一,假定所有的既定的信念实践都是合理的,在有充足理由认为其不可信赖之前。换言之,就是要把所有既定的基本实践当作表面上是合理的。每一个这样的实践在被证明有罪之前就是无辜的。第二,反对任何特异性的实践,合理的实践一定是经过多少世代坚持下来并已经赢得被慎重对待的权利。第三,持续输出不一致的信念的信念实践没有资格作为合理的实践类型。第四,当需要在两个信念实践之间做出选择时,就要考虑该信念实践是否有更加广泛的接受性、是否有更明确的结构、是否在我们的生命中更重要、是否有更天然的基础、是否更难放弃、是否原则上更容易成真等五个判断依据。第五,有一种自我支持可以进入合理的范围,而且不至于遭致循环论证的指控。比如感觉感知实践 SPP 连同记忆和推理实践可以被我们用来做预测,并且许多结果证明是真的,因此我们能够预料和控制某些事态。

在对信念实践合理性进行明确的前提下,阿尔斯顿着手探讨信念实践的信赖性问题以及确证的原则。表面看来信念实践的合理性与可信赖性分属于主客观两个不同领域,有人就指出即便解决了信念实践合理性问题,对信念实践的可信赖性问题也不会产生什么影响。阿尔斯顿认为,这种看法只是一种幻觉。他说:"我们无法对感觉感知信念实践的可信赖性给出决定性的演绎或者归纳论证的事实,并不能表明我们不能对这个实践的可信赖性进行判断。尤其是作为一位知识论家,当我们判断它是合理的实践时。"阿尔斯顿认为,接受信念实践是合理的就要接受它是值得信赖的。接受某些诸如感觉感知实践的实践是合理的,就是判断把它作为世界如其所是是合理的,就是判断根据这种实践将会反映现实的一些延伸的特征。这意味着判断感觉感知实践是合理的就是判断它是信念形成的值得信赖的模式,因为,如果没有一般意义上是真的,如此形成的信念是不可能成为对事实的精准反映。因此,解释某人对大致是感觉感知实践是合理的如何形成完美的合乎情理的判断,就是解释某人能够对感觉感知实践是值得信赖的做出完美判断。

阿尔斯顿指出:我们无法通过归纳或演绎的方式解决感觉感知信念实践的可信赖性问题,但这并不意味着我们不能通过判断它是合理的而判断它是可信赖的。我们之所以认为某一信念实践是合理的,就是认为它能够达致真理,从这个意义上讲,信念实践的合理性是和信念实践的可信赖性紧密相连的。通过研究信念实践的合理性而达到研究信念实践的可信赖性不过是我们不得已而采取迂回战术罢了。阿尔斯顿认为,能够直接展示感觉感知信念实践的可信赖性命题的真理性当然是最理想的;但是既然这不可能达到,退而求其次的办法就是表明相信感觉感知信念实践是值得信赖的是合理的。①

针对知识论的“信念实践方法”的最终定位问题,也即这种知识论是基础主义还是一致主义,是内在主义还是外在主义?能否恰当回应知识和确证问题。阿尔斯顿以元伦理学和规范伦理学的二元划分做比,认为,“信念实践方法”知识论从本质上是元知识论(meta-epistemology),是一种关于知识论的本质、行动、方法论和前景的观点,不是为了回应对具体知识论学科本身指控的立场。这个方法告诉我们知识论主要是对既定信念实践的反思,而不是告诉我们这种反思将揭示什么。

当然这种元知识论并非和实质知识论毫不相干。它在以下几个方面对实质知识论做出承诺。首先,把知识论当作主要和信念实践相关就是告诉我们,信念来源对认知状态至关重要。这就排除了完全不考虑信念基于什么,仅把证据作为信念合理性或确证的依据的观点。它明确了信念形成的心理因素和知识论的内在紧密关系。其次,这种方法排除了所谓的知识论“普遍主义”。这些观点像基础主义和一致主义这些传统形式一样,假定知识或信念的确证形成一个统一的结构,信念确证就被这个统一的结构所决定。基于这种方法,多元主义统治一切。对所有信念而言没有某个共同方法。最后,这种方法特别偏爱信赖性问题。一旦承诺了信念心理源头的相关性,那么来源的信赖性问题就不然成为认知评价的主要因素。不可否认来源的在认知上的最重要的特征是产生真信念的可信赖性。

阿尔斯顿总结指出,虽然这种知识论没有对知识、确证、合理性给出完整分析,但它确实为它们设定了限制。这种方法本身没有预判信念实践结构这些根本问题,为保持多元主义要旨,它并不假定所有信念有相同结构。对具体信念实践而言,它也不

① ALSTON W P. A“Doxastic Practice”Approach to Epistemology[M]//MOSER P K. Empirical Knowledge(Readings in Contemporary Epistemology). 2nd ed. New Jersey:Rowman & Littlefield Publishers,Inc.,1996:293.

假定确证或合理性的标准是内在主义还是外在主义；它也不过早预判这种结构上的基础主义或一致主义成分的混合问题。就是如此，阿尔斯顿通过对确证问题的"社会认知心理学"研究，完成了其确证理论的最终定位。阿尔斯顿"社会认知心理学"定位，标志着阿尔斯顿本人在一定程度上的觉醒。但在笔者看来，确证问题原本就不只是逻辑的问题，只有立足于马克思主义的"生活实践观"，才能科学地理解确证的本质。从这个意义上看，阿尔斯顿的确证理论依然是不彻底的。但即便如此，需要强调的是，阿尔斯顿的社会确证论毕竟表明了当代知识论研究的一种新方向，这正是阿尔斯顿确证理论的最大贡献之所在。

第九章

超越内在主义与外在主义之路的选择

第一节 内在主义与外在主义之争回顾

首先回顾一下本书主体部分的基本内容。我们已经知道,传统知识论一直固守着知识的三元定义,并形成了以笛卡儿学派为主导的传统内在主义知识论和确证论,但 1963 年葛梯尔反例出现之后,传统知识论研究的合理性受到了广泛质疑,确证问题再次成为当代知识论研究的中心问题。80 年代以来,正是在围绕着确证问题研究的基础上,确证的内在主义与外在主义两大主流学派逐渐形成,并且,确证的内在主义与外在主义之争逐渐成为当代知识论研究的焦点所在。

在第一章,我们详尽探讨了内在主义与外在主义之争的背景、意义与现状,我们发现,内在主义与外在主义虽然是两大深有影响的学派,但两派的知识论家就什么是"内在主义"和"外在主义"的问题愈辩愈混乱,换言之,虽然当代的知识论家们大都宣称各自归属于内在主义或外在主义的门派之下,但他们对什么是内在主义或外在主义却人人都有自己的理解,也即是说,虽论者甚多,但共识难求。正因如此,有关内在主义与外在主义的划界问题成为当代知识论研究的主要难题。当然,内在主义与外在主义之争虽陷入了混乱状态,但也并非无法廓清。本章初步厘清了当代内在主义与外在主义之争产生混乱的几个相关因素。它们分别表现为:当代知识论家或模糊了内在主义与外在主义论争的主题;或把真理作为划分内在主义与外在主义的依据;或均把直觉作为论证己方观点及反驳对方的潜在前提等。

第二章重点研究了内在主义与外在主义的界定及划界。本章首先提出了关于内在主义与外在主义界定及划界的"十六字原则",即"立足当代、重视历史、整体透视、变中求定"的原则。并认为,当代知识论家在对内在主义与外在主义的理解上之所以失之偏颇,关键在于他们中的多数人犯了"遗忘历史、模糊当代、偏执一端、误读流变"的错误。在"十六字原则"指导下,提出了内在主义与外在主义划界及概念界定的基本思路：(1)必须在不断流变的现象中把握内在主义与外在主义的本质；(2)必须从整体上把握内在主义与外在主义的基本特征；(3)要完成准确划界及完成概念界定工作，必须首先把握内在主义的基本特征；(4)要把握内在主义的基本特征，必须从分析传统内在主义基本思想出发。接下来，笔者对传统内在主义确证理论进行了考古学研究，明确了传统内在主义的三大特征：义务论、把握主义以及内在状态要求。在此基础上，引证了大量的文献资料，通过审慎地分析，论证了当代内在主义虽然在形式、内容以及分析技术等方面和传统内在主义有较大差异，但就本质来说，义务论、把握主义以及内在状态要求依然是其主要特征。在这一章的后半部分，笔者首先就内在主义下了"标准"定义，认为，所谓内在主义，即主张，一信念是确证的，当且仅当在认知义务论的逻辑前提之下，认知主体必须对该信念的确证者进行把握，而真正的确证者只能是来自认知主体的内在状态。在对内在主义定义的基础上，根据我们以上提出的划界原则，由于内在主义与外在主义是以一对欢喜冤家的面目而出现的，那么在逻辑上外在主义就构成了内在主义的对立面。如此一来，我们从否定方面对外在主义进行了描述。所谓外在主义，即主张，信念的确证并不要求符合一定的认知义务，并不要求认知主体对确证者的把握以及并不要求信念的确证者是主体的内在状态。换而言之，所谓外在主义，即是主张，信念的确证仅仅在于信念与外在世界的内在关联，只要认知主体通过与外部世界的联系达到了真理性认识，信念就是确证的。在对内在主义与外在主义界定的前提下，提出了内在主义与外在主义划界"三元"标准说，这个三元的标准包括上文提到的义务论、把握主义以及内在状态要求，并认为，这一"三元"标准不仅能够对内在主义与外在主义进行有效划分，而且可以对任何具体理论的性质进行甄别。

从第三章到第八章，通过对代表性观点的剖析，一方面，强化了对内在主义与外在主义本质的进一步认识，展现了内在主义与外在主义论争的激烈性；另一方面，也即，最重要的是，通过对内在主义与外在主义内在矛盾的揭露，展示出了内在主义与外在主义不断演进的清晰路径。在章与章的次第上进行了精心安排。三、四两章阐释了当代内在主义与外在主义的两个"经典"版本：齐硕姆的基础主义的内在主义和戈德曼的信赖主义；五、六两章论述了当代内在主义与外在主义的两个"新"版本：邦久的一致主义的内在主义和普兰廷加的保证的合适功能主义；七、八两章，笔者诠解了索萨的德性视角主义和阿尔斯顿的内在化的外在主义两个试图超越内在主义和外在主义的混合主义。这种在章节顺序上的考虑，既符合内在主义与外在主义论争的历史，又符合内在主义与外在主义演进的逻辑，这种安排体现了内在主义与外在主义论争的历史与逻辑的有机统一。

第三章是对齐硕姆的基础主义的内在主义的论述。齐硕姆的内在主义属于当代内在主义中的"经典"学派。他的经典性体现在两个方面：在性质方面，齐硕姆的内在主义几乎是笛卡儿的传统内在主义的原型翻版，二人都坚持确证的义务论的逻辑前提，都坚持确证的内在状态要求以及把握性要求；在论证结构上，齐硕姆采用了基础主义的论证形式,这和笛卡儿的内在主义也保持一致。但和笛卡儿有所不同的是,在齐硕姆那里,确证是一个系统概念,包括诸多层级,这和笛卡儿主张确证就是"确定"这种单一的论点明显不同;另外,笛卡儿认为人类的经验完全不可靠,在这方面,齐硕姆从批判常识主义立场出发,坚持了经验知识的客观有效性,只不过,齐硕姆认为,人类的经验知识可以从直接明证的知识和间接明证的知识两个方面来理解。在齐硕姆看来,直接明证的知识主要指认知主体的"意象性活动"和"感觉活动"产生的知识。意象性活动包括认为、相信、判断、希望、欲望、恐惧、意图、爱、恨等,其中"认为"和"相信"是两个典型。至于感觉活动,其表现形式通常是"我感觉(I sense)……"或"……呈显于我(I am appeared to...)"等。感觉活动通常指亚里士多德所主张的"共通感"或"合适的公共感受性"等。齐硕姆认为,这些知识之所以是直接明证的,主要在于,它们的确证都不需要任何中介,是认知主体可以直接把握的。齐硕姆认为,除了以上两类经验知识外,其他一切包括知觉、记忆、佐证等而来的经验知识都是间接明证的知识。这些知识的确证需要通过直接明证的知识而得到理解。

但齐硕姆的基础主义的内在主义却遭到两个阵营的联合批判。温和的批判来自于内在主义阵营中的左派;剧烈的批判来自于外在主义阵营。但他们的矛头所指不外乎两个方面:一是义务论的逻辑前提,二是强把握原则。批判者共同认为,齐硕姆的义务论的理论前提是根本错误的,其内在主义的强把握原则在现实中更不具有可操作性。面临众口一词的批判,齐硕姆被迫放弃义务论这一"标准"内在主义的逻辑前提,并且放弃了确证与真理具有内在关联的说教,从而走向所谓的确证的"价值论"。但齐硕姆的两个放弃,不但不能挽救他的内在主义理论,反而使得该理论陷入毫无根基的状态之中;而且齐硕姆放弃了义务论的求真避假的终极追求,从表面上看,这一理论似乎和外在主义划清了界限,并且弥补了前期理论的根本缺陷;但从实质上看,它却使得内在主义失去了存在的所有依据,并且放逐了人类认知的所有希望,这种基础主义的内在主义的最终结局只能是导向怀疑主义。

第四章是对戈德曼的信赖主义的外在主义的论述。戈德曼的信赖主义属于外在主义的"经典"学说,理由在于,它是由戈德曼提出的最早的外在主义确证理论。戈德曼的信赖主义主要建立在对传统内在主义以及当代"经典"内在主义的反驳之上,在戈德曼看来,确证的内在主义是错误的,其错误的根本原因有两个:其一,内在主义的义务论前提是错误的。其二,内在主义的把握性要求有着极其明显的局限性。正因如此,戈德曼主张,信念的确证并不需要义务论,把握主义以及内在状态要求;一信念是确证的,当且仅当该信念来自于一个可信赖的认知过程,这个可信赖的认知过程能够产生高比率的真信念。由于戈德曼的信赖主义要求信念的确证来自于某个外在过程,而且这个过程的可信赖性的判断依据,又是该过程所产生的外在真理的比率。所以这种信赖主义是不折不扣的外在主义。但戈德曼的这种信赖主义无法克服主要由内在主义者提出的"过程一般性问题"以及"笛卡儿恶魔反例"和"透视眼反例",为了应对以上问题及反例,戈德曼的信赖主义几经变换,最终走向与内在主义的媾和,但即便如此,它仍然没能摆脱怀疑主义的质疑。

第五章是对邦久的一致主义的内在主义的论述。邦久的一致主义的内在主义虽然仍然捍卫着传统内在主义的三个基本信条:义务论、把握主义以及内在状态要求。但邦久的内在主义在论证的形式上明显不同于齐硕姆的"经典"的内在主义。这种内在主义反对确证的基础主义以及外在主义观点,主张信念的确证,只能来自于和信念系统保持一致。换言之,如果一信念和认知主体的整个信念系统保持一致,该信念就是确证的。但邦久的这种"新"内在主义同样遭到了许多当代知识论家,尤其是外在主义知识论家的批判。这些批判主要集中在两个方面:(1)义务论要求;(2)信念主体对信念系统的把握的不可能性。由于批判带来的压力,后期的邦久公然承认了上述批判的合理性,在对其前期理论进行自我批判的基础上,邦久明确放弃了确证的义务论要求,放弃了确证的一致主义。不仅如此,邦久还在设定范围的前提下承认了外在主义确证理论的合理性。当然,尽管后期的邦久试图建构一种新型的基础主义的内在主义,但就目前状况来看,这种内在主义构想并没有真正实现,而且在我看来,这种丧失了基础的"内在主义"构想也根本不可能实现。

第六章是对普兰廷加的保证的合适功能主义的论述。普兰廷加的保证的合适功能主义产生于 80 年代后期,是在内在主义、信赖主义以及一致主义理论的内部矛盾充分暴露的基础上,对上述理论进行总体批判的结果。这一理论之所以被称为"新"外在主义,根本在于该理论一方面彻底否定了内在主义,另一方面通过合适功能的保证性修正了信赖主义的缺陷部分。在普兰廷加看来,以上的各种理论均无法克服葛梯尔反例,唯有保证的合适功能主义才能成功做到这一点。但该理论并没有宣称的那样可靠,该理论同样受到了众多知识论家,尤其是内在主义知识论家的批判。这些批判集中在以下几个方面:(1)对内在主义的批判是错误的;(2)无法真正应对葛梯尔反例;(3)无法应对信赖主义面临的"一般性问题"。但笔者以为,该理论所面临的最大的问题是合适功能主义的前提的神学假设。换言之,如果保证的合适功能主义的神学前提是正确的;那么这种确证的外在主义当然具有相当大的理论优势。但由于这种神学假设既无法证实也无法证伪,在这种情况下,该理论所显现的理论优势就会荡然无存,其结果是,怀疑主义不可避免。

第七章是对索萨的德性视角主义的论述。索萨的德性视角主义是在对内在主义与信赖主义批判地扬弃的基础上形成的。在索萨看来,内在主义与信赖主义的根本问题可以归结为两个方面:(1)二者均忽视了主体在确证中的地位;(2)二者均忽视了知识的二重划分。索萨认为,正是由于内在主义与信赖主义忽视了以上两个根本问题,所以它们虽然均拔高了确证在知识论中的地位,但这两种理论均无法有效回应"何为知识"的追问。索萨认为,任何一种有效的确证理论都必然和知识的追问紧密相关,否则这种确证理论就毫无意义。而知识又可以概分为两类:动物性知识和反思性知识。正是由于两类知识的存在,所以他的德性视角主义既融合了内在主义与信赖主义的成分,又在立足于认知主体的基础上实现了对两者的超越。但索萨的德性视角主义并没有逃脱理论的批判。而且其聊以自矜的"理智德性"与"认知视角"两个理论的基本支柱正是当代知识论家们批判的集中所在。在大家看来,索萨的这两个基本设定既不具有合法性,也不具有存在的必要性。既然德性视角主义的基础存在问题,因此,德性视角主义遭受怀疑主义的质疑一样不可避免。

第八章是对阿尔斯顿的内在化的外在主义的论述。阿尔斯顿内在化的外在主义属于典型的混合主义理论,阿尔斯顿认为,内在主义与外在主义虽不乏合理之处,但它们各自内在的不合理性也十分明显。这表现在,确证一个信念无疑需要理由,如此,内在主义就有了用武之地;但内在主义往往不仅要求对理由进行把握,而且还要求对理由的充分性进行把握,而这超越了内在主义的范围,是内在主义无法办得到的。在阿尔斯顿看来,在确证理由的充分性的把握上需要外在主义,而唯有外在主义才能对确证理由的充分性做出合理解释。为此,阿尔斯顿认为,一种合理的确证理论,就应当是在确证的理由的层次上坚持弱的内在主义,在确证理由的充分性的层次上坚持外在主义,这种确证理论可以称之为确证的混合主义理论。阿尔斯顿的混合主义理论虽堪称"完美",但该理论同样遭到了来自内在主义与外在主义两个阵营的批判,这些批判不再赘述,但问题的关键是,到后期,阿尔斯顿本人彻底放弃了确证的内在化的外在主义理论,明确提出了信念确证的社会实践说,对这一放弃的唯一解释只能是,在阿尔斯顿看来,从内在主义和外在主义的分析理路去理解知识或信念的确证是毫无出路的,而这无疑是对内在主义与外在主义路线的彻底否定。

至此,我们已对本书的基本内容,尤其是对内在主义与外在主义之争的演进路径做了全面回顾,我们可以形成这样一个基本结论,即:无论是当前的内在主义还是外在主义,乃至在这种论争的范式下试图超越两者的混合主义皆无法摆脱怀疑主义的困扰;易言之,自葛梯尔问题之后,当代的主流知识论家们虽竭尽全力,但并没能完成知识论的合理重建。但我们不能仅仅停留在事实的推演上,在批判地反思的基础上,合理地重构知识论也是我们的目的之一,这就要求必须对当代的内在主义与外在主义失败的原因进行诊断,然后,以此为基础提出我们关于合理知识论的设想。

第二节　诊断与超越

以笔者观之,当代的内在主义与外在主义,包括混合主义,之所以没能完成知识论的合理重建,根本原因在于,和传统知识论研究几近相同的是,它们仍然是一种理论优位的知识论。这种理论优位的知识论有着以下几个明显特征:

1.本体论上的实体主义。自柏拉图以来,经唯理论、经验论到逻辑实证主义,传统知识论者在谈论知识之前,几乎都事先预设了一个实体化的世界,这个世界无"时间"、无"历史",永恒"在场"、绝对超验。当代的内/外在主义知识论家虽然均表面上宣称知识论和形而上学无涉,并通过研究确证而间接谈论知识,但和传统知识论家一样,他们在谈论确证以及知识之前,也都事先预设了这样一个实体化的认知世界。

2.认知主体理解上的物化思维。和本体上的"实体主义"相适应,传统知识论者在对认知主体的理解上均采用了一种物化思维。所谓物化思维,简单说,即是把人或认知主体当作物来对待。比如,动物具有"封闭性"(永远是其所是)、"无矛盾性"(永远和其生命活动直接统一)和"孤立性"(毫无社会关系)等特点,在传统知识论者看来,人或认知主体也是无"时间"、无"历史",绝对孤立、绝对封闭,具有永恒理性的对象,这种人、物类同的思维方式是典型的物化思维。当代的内/外在主义知识论家虽然均很少提及认知主体的理解问题,但他们的知识论都内在地蕴涵着这种物化思维。

3.真理观上的静观主义。在坚持本体上的实体论,认知主体理解上的物化思维基础上,传统知识论者预设了对实体世界认识上的"逻辑真"的必然性,并认为,认知主体只要通过绝对的"静观"即可"透视"到逻辑真的存在,从而达到与实体世界存在的"逻辑真"的绝对符合。和传统知识论者相同的是,当代内/外在主义知识论家实际上也假设有一个"逻辑真"的客观存在;但和传统知识论者有所区别的是,他们认为,在对逻辑真的把握上,由于存在出现错误的可能性,人们只能达到与逻辑真近似的符合,当然除了这样一些细微差别之外,与传统知识论者再次相同的是,当代的内/外在主义知识论家这种对逻辑真的近似把握的手段同样是"静观"。

4.方法论上的论证主义。和上述的本体论、主体论以及真理观相适应,传统知识论者追求普遍有效的确定性知识,为此,他们把知识论当作理性论证的事业,是对最终论证的要求。正如狄尔泰所言:"对我们知识的论证是自苏格拉底以来所有真正的哲学家们所建立的哲学基本科学的最大功能。"这种追求具体意味着:"回返到论证之中,直到对哲学奠基的最后一个点被达到。"①当代的内/外在主义知识论家无疑在方法论上不折不扣地皈依了这种论证主义。

西方传统知识论的发展史已经雄辩地证明了,这种理论优位的知识论本身蕴涵着内在的矛盾。这种内在矛盾在西方传统知识论的演进中,表现为传统知识论与怀疑主义的互为前提、互相依赖、互相拆解、互相更替。怀疑主义通常作为传统知识论研究的假想敌,使得知识论研究显得必要。反之,怀疑主义又是传统知识论研究的必然结果,因为这种绝对主义的知识论不可能完成自己的理论任务,所以,当所谓的绝对知识标准及其根据和基础成为历史的幻象时,怀疑主义就不可避免。正是由于这种理论优位的知识论内含着矛盾,所以它蕴含着自我瓦解的逻辑。在这种意义上,我们又可以说,传统知识论的理论目的实现之日,就是其走向终结之时,当代的内在主义与外在主义之争再一次为这一结论作了最佳注释。

超越内在主义与外在主义,甚至超越整个西方知识论的理论优位的研究范式,其唯一的选择就是走向马克思主义实践优位的知识论。

---

① 倪梁康."历史哲学"中的"历史—哲学"关系[M]//赵汀阳.论证.沈阳:辽海出版社,1999:133.

马克思主义实践优位的知识论是对理论优位的知识论的根本超越,它认为,西方知识论蕴涵内在矛盾的关键在于对知识的实践本质缺乏历史性把握,看不到知识的逻辑结构的实践根源,对知识的本质结构作了静态的、抽象的理解,这样就造成了许多难以克服的理论问题。比如,知识的经验发生与知识的普遍必然性保障之间的矛盾,知识命题的公共阐释性原则与知识创造的个体性、私人性之间的矛盾,等等。因此,在马克思主义实践优位的知识论的构建中,马克思反对一切对人类知识的抽象的、纯理论的、逻辑主义的理解。在马克思看来,"而发展着自己的物质生产和物质交往的人们,在改变着自己的这个现实的同时也改变着自己的思维和思维的产物。不是意识决定生活,而是生活决定意识"①。很显然,这里马克思已经超越了传统知识论的研究范式,不是在纯理论的意义上谈论知识,而是在西方知识论发展史上,首次明确提出了知识、理论与人类的生存实践活动之间的内在联系。关于知识、理论与人类生存实践活动之间内在关联的论述,在马克思的著作中比比皆是。早在《1844 年经济学哲学手稿》中马克思曾谈到形而上学的诸多对立时就说:"这种对立的解决绝对不只是认识的任务,而是现实生活的任务,而哲学未能解决这个任务,正是因为哲学把这仅仅看作理论的任务。"②在《关于费尔巴哈的提纲》一文中,马克思写道:"一切社会生活本质上是实践的。所有把理论导向神秘主义方向去的神秘的东西,都能在人的实践中以及对这一实践的理解中得到合理的解决。"在此后的《德意志意识形态》中,马克思更是认为:"意识在任何时候都只能是被意识到了的存在,而人们的存在就是他们的现实生活过程。"③等等。所有这些都清楚地昭示出马克思主义知识论对传统的理论优位的知识论的根本超越,它创生的是一种崭新的知识论研究范式,是一种以人类生存为根本前提、以人类的实践为基础的实践优位的知识论。

那么,马克思主义的实践优位的知识论为何能够成为一种崭新的知识论研究范式,或者说,它对传统的理论知识论的根本超越应该如何理解?关于这一点,如果我们结合前述的理论知识论的四个特征并加以对比,即可得到明白的阐释。

如上所述,传统的理论知识论在谈论认识与知识之前,预设了我们的世界是主体与客体两分的二元世界。客体世界无"时间"、无"历史",永恒在场,绝对超验,在本质上是一个实体化的世界。主体世界中的主体在本质上也是一个实体,无"时间"、无"历史",绝对孤立,绝对封闭,具有永恒理性。认识纯粹就是这样的"主体"与这样的"客体"之间的桥梁,是主体对客体内部存在的"逻辑真"的确定性把握。

与理论知识论截然不同,马克思主义的实践优位的知识论并不从主客体的意义

①　马克思,恩格斯.德意志意识形态[M]//马克思,恩格斯.马克思恩格斯文集:第 1 卷.北京:人民出版社,2009:525.

②　马克思.1844 年经济学哲学手稿[M]//马克思,恩格斯.马克思恩格斯文集:第 1 卷.北京:人民出版社,2009:192.

③　马克思,恩格斯.德意志意识形态[M]//马克思,恩格斯.马克思恩格斯文集:第 1 卷.北京:人民出版社,2009:525.

上谈论认识与知识。如果说传统知识论从主客二分的意义上谈论认识与知识，必然造就了康德所谓的"哲学与一般人类理性的耻辱"的话，那么，马克思认为，解除这一"魔法"的机枢便是超出这一问题本身，以生存论的方式牢牢把握住人与自然的原初关联，并在此基础上谈论认识、知识与真理。

在马克思看来，人与自然的关系问题一直被认为是某种深奥的哲学问题："一个产生了关于'实体'和'自我意识'的一切'高深莫测的创造物'的问题。"马克思认为，如果提出自然界和人的创造问题，那么也就把人和自然界抽象掉了："你设定它们是不存在的，你却希望我向你证明它们是存在的。"①马克思一再告诫自己："不要那样想，也不要那样向我提问，因为一旦你那样想，那样提问，你就会把自然界的存在和人的存在抽象掉，这是没有任何意义的"②。关于自然界和人的存在的实在性。马克思认为，自然界与人的存在本原地就是它们的对象性存在，这种对象性存在直接地表现为人的对象性活动。这里，马克思根本反对了传统知识论把自然界与人的实体化的理解，认为传统知识论正是由于看不到人与自然界的原初对象性关联，所以它们无法理解自然界与人通过人的感性对象性活动历史地相互生成与建构，因此，它们只能是"脱离现实精神和现实自然界的抽象形式、思维形式、逻辑范畴"③。为此，马克思认为，若论及自然界与人的实在性，就必须在人的感性对象性活动基础上始终把两者相提并论、须臾不可分离。马克思把自然界与人的这种根本相依的关系还决定性地表述为"人对人来说作为自然界的存在以及自然界对人来说作为人的存在"，并且还说"被抽象地理解的、自为的、被确定为与人分隔开来的自然界，对人来说也是无"④。关于人与自然界原初关联的论述，马克思还有着诸多类似的论述，比如直接的感性自然界"直接地就是一个对他来说感性存在着的人"，完成了的自然主义等于人道主义，完成了的人道主义等于自然主义。马克思还特别指证了人的对象性活动之最普遍、最根本的产物就是"工业"——"通常的、物质的工业"。马克思说，尽管工业直接完成了人的非人化，但它是人的本质力量的"打开了的心理学"，而且把握住了"工业"中被领会到的"人与自然的统一性"，传统知识论所设定的"高深莫测的创造物"的问题就自然不会存在。等等。所有这些都表明了马克思对传统知识论关于人与自然界（或者主体与客体）二元划分的根本否定，这也是对传统知识论理论根基的根本性摧毁。

即如上述，传统知识论认为，认识就是主体与客体之间的桥梁，人们获得的知识

① 马克思.1844年经济学哲学手稿[M]//马克思,恩格斯.马克思恩格斯文集:第1卷.北京:人民出版社,2009:196.
② 马克思.1844年经济学哲学手稿[M]//马克思,恩格斯.马克思恩格斯文集:第1卷.北京:人民出版社,2009:196.
③ 马克思.1844年经济学哲学手稿[M]//马克思,恩格斯.马克思恩格斯文集:第1卷.北京:人民出版社,2009:218.
④ 马克思.1844年经济学哲学手稿[M]//马克思,恩格斯.马克思恩格斯文集:第1卷.北京:人民出版社,2009:220.

就是对"客观真理"的直接把握。而"客观真理"就是主体的认识与自在客体之间的完全契合。立足于人与自然的原初对象性关系的分析基础,马克思主义实践优位的知识论认为,传统知识论的真理观是根本错误的。其错误体现在:它将真理等同于关于自在世界的知识,使真理陷入了对自在世界的纯粹思辨和纯粹幻想,使真理远离了现实生活,远离了丰富而具体的人性。它完全抛弃人的现实生活,完全不依赖任何现实的实践活动,仅仅依靠思维和语言符号与自在世界某种对应关系而再现世界的存在,造就了一种真理的"神秘化"。它主张的真理具有绝对客观性,完全忽视了人的创造性内涵,造成了理性与价值的根本对立,其结果是使得对知识的理解变成了纯粹的概念游戏,纯粹的理论推演。

马克思主义实践优位的知识论认为,在对真理的理解上,必须把生活的、实践的观点确立为"认识论的首要的、基本的观点"。这样,在对真理的把握上就必须注意这样几点:

1.真理是现实的。它指真理不是"抽象的人"对"抽象的世界"的认识绝对契合,而是现实的人对现实的世界的领悟与理解。由于现实的人与现实的世界从来不是"孤立的人"与"孤立的世界",而是由生活实践构筑的相互联系、相互依赖、相互渗透的对象性存在。所以在这样的活生生的现实存在关系中展开的真理必定是现实的。

2.真理是生成的。它指观照现实世界的真理也必将随着现实世界的变化而变化。理由是,由于现实的人与现实的世界因对象性关系而形成,而对象性关系又在生活实践的过程中产生、发展和变化,因此,无论是现实的人还是现实的自然界都并非一成不变;由于现实的人与现实的世界不断创生与发展,所以,观照现实世界的真理必将随着现实世界的变化而变化。从这个意义上讲,真理是生成的。

3.真理是负载价值的。它指真理并非纯粹客观的,它带有主观性与价值性。理由是,由于实践是人的根本存在方式,所以实践内含着人的目的性与价值选择,既然实践本身有着价值负载,因此,在此基础上产生的真理既体现了"客观本是"又体现了"客观应是",从这个意义上讲,真理是负载价值的。

4.真理的确证是具体的。它指确证一个信念是不是真理,其手段不是抽象的直观,或逻辑的论证,而是具体的、实践的。理由是,真理来自于生活实践,而生活实践又是不断变化的,所以依附于生活实践的真理的确证不是逻辑、不是抽象的直观,而只能是生活实践自身。

以上是在与理论优位的知识论对比的基础上对马克思主义实践优位的知识论的集中阐发。正是由于马克思主义的实践优位的知识论在传统知识论的根基处发动了革命,所以它科学地理解了人、自然以及人与自然之间的关系,科学地理解了人的认识、真理与知识,也正是由于这种实践优位的知识论具备了上述科学性,因此,它能够克服怀疑主义的困扰,最终完成知识论研究范式的根本转变。从这个意义上讲,马克思主义的实践优位的知识论是未来知识论发展的唯一选择。现代欧陆哲学语境下的生命哲学、现象学以及实践解释学向"生活世界"的复归不就是一个有力的证明吗?

附 录 一

戈德曼的求真社会知识论

美国著名哲学家、知识论家戈德曼毕生致力于知识论研究,可谓著作等身。他早期构建的信赖主义和自然主义曾是当代个体知识论研究的标志性成果[①]。但晚年的戈德曼抛弃了其长期坚守的个体知识论研究传统,转而在社会世界中探究知识的属性及应用。在 1999 年《知识与社会世界》一书中,戈德曼详尽阐释了他的新知识论并把它定名为"求真社会知识论";而且,在戈德曼看来,求真社会知识论才是"真正的"知识论;言下之意,既往及时下的其他知识论概不能称为真正的知识论,只有求真社会知识论才真正完成了对知识论的合理重建。但是,针对戈德曼的新论,西方学界并没有一概地鼓而歌之。相反,以著名哲学家阿尔斯顿为代表,直截了当地提出"求真社会知识论是真正的知识论?"的疑问。阿尔斯顿断言:戈德曼的社会知识论中的大多观点将不被许多当代知识论家当作"真正的知识论"[②],那么,作为知识论研究的最新形态,求真社会知识论有着怎样的精神实质,能否算得上"真正的"知识论? 本章将在下文中予以述评:

一、求真社会知识论产生的原因

求真社会知识论的产生有着复杂的现实原因及深刻的理论背景。

在当今社会,报刊、图书、网络、学校等媒介及机构已成为知识生产与传播的主要途径;正如戈德曼所承认的那样,"我们所追寻真理的绝大部分已直接或是间接地变为社会性的结果"[③]。既然知识的生产和传播主要是社会性的结果,那么知识论研究的立足点就只能是社会而非个人。但既有的个体主义知识论等知识理论显然无力且无意于回应知识生产与传播的社会现实,此即求真社会知识论产生的现实动因。

---

① 陈英涛.论戈德曼确证的信赖主义[J].自然辩证法研究,2004(7).

② ALSTON W P. Beyond "Justification": Dimensions of Epistemic Evaluation[M]. Ithaca, NY: Cornell University Press,2005:5.

③ GOLDMAN A I. Knowledge in a Social World[M].Oxford:Clarendon Press,1999:4.

同时,必须看到,知识论研究走到 20 世纪 90 年代,本身也面临重重困境。具体言之:

(一)个体知识论面临破产

个体知识论长期以来一直是西方主流的知识论,其基本逻辑是:(1)认识的主要问题是外部世界问题。(2)在个人和外部世界之间存在认知"分界面",如何穿透"分界面"获得真知是关键①。(3)感觉、知觉、记忆等都会出错,心灵是唯一可靠的认知途径②。(4)个人坐在扶手椅上或坐在火炉旁通过沉思即可获得可靠的知识。

但个体知识论始终无法解决两个问题:心灵闭合问题和认知基础问题。简言之,心灵闭合问题就是个体心灵在封闭状态下如何穿越外部世界获得知识;认知基础问题就是知识大厦需要坚实基础,这个基础如何获得。围绕着这两个问题,当代知识论发展出基础主义与一致主义,内在主义与外在主义以及四种理论的种种变体,但上述诸理论非但没能解决个体知识论的弊端,反而使得其理论弊端进一步彰显并使其面临破产的边缘。

(二)后现代主义矫枉过正

后现代主义知识论作为对个体知识论的替代,其积极之处在于:在一定意义上该理论把知识看作本质上是社会活动的结果。但后现代主义知识论有着明显的缺陷,主要表现在:理论的提倡者在揭示个体知识论存在弊端的同时,把传统知识论的根本追求——真理的探寻、客观性、合理性等全盘抛弃。他们认为,科学家主要是建构世界而非发现世界,科学认知主要是政治活动、权利诉求、语言游戏、社会建构,甚至是由偏见左右等;更为极端的是,哲学家罗蒂甚至论证了"知识论的终结",他认为,知识论应当被更为适度的"将谈话进行下去"的目标所代替③。

(三)信赖主义与自然主义的天然缺陷

为重构理想的知识论,戈德曼前期从知识的因果论发展出确证的信赖主义。确证的信赖主义的大致理路是:一信念的确证状态是因果地导致其产生的、可信赖的单一或复多过程的功能。但确证的信赖主义却无法解决"普遍性问题"以及"恶魔反例"和"透视眼反例"。尽管戈德曼在此后发展出规则信赖主义、双重确证论、德性确证论等信赖主义理论变体,但始终无法解决上述三个问题④。受奎因影响,后来戈德曼试图实现自然主义与信赖主义的嫁接,即通过心理学或人工智能等现代认知科学理论解读心灵—大脑的精神运作,并为信赖主义辩护。但信赖主义的自然主义面临两个问题:一是描述与规范的冲突。即科学是描述的事业,从实然角度刻画知识;知

①　PUTNAM H W. The Threefold Cord:Mind,Body and World[M].New York:Columbia University Press,1999:18.

②　黄颂杰,宋宽锋.对知识的追求与辩护[J].复旦大学学报(社会科学版),1997(4).

③　GOLDMAN A I. Knowledge in a Social World[M].Oxford:Clarendon Press,1999:9-40.

④　陈英涛.论戈德曼确证的信赖主义[J].自然辩证法研究,2004(7):10-13.

识论是规范的事业,从应然的视角理解科学知识。从实然推不出应然。二是无限回溯问题。即由于科学知识本身需要确证,以待证之事证明未证之事,只能导致无限回溯的发生。所以,依靠自然主义弥补信赖主义理论缺陷等于缘木求鱼①。

一言以蔽之,个体知识论面临破产,后现代主义矫枉过正,信赖主义及自然主义又无力解决自身的困境。理论的困境及新理论产生的迫切性迫使戈德曼探寻新的路径,求真社会知识论就是建立在对上述各理论批判扬弃的基础之上。

二、求真社会知识论的理论特征

(一)知识是社会的产物

但凡社会知识论均主张知识的社会条件,但对"社会"的理解各有侧重。比如,基切尔主张一种最小化的社会认识论。他认为,认识论的基本研究单位仍是个人,个体信念的确证可以部分甚至全部依靠他人所拥有的性质,团体或社会的知识可以理解为个体知识的总和②。考恩布利斯主张一种自然主义的社会知识论。他认为,社会知识论是自然主义的直接延伸,知识既是自然现象也是社会现象,人们的所有信念都受社会因素影响,而且与生俱来③。拉图尔等"构造主义者"主张,知识是实验室的产物,其研究机会乃至判断的标准都是由特殊的理论和实验活动决定④。富勒认为,社会认识论应该关注于知识生产过程的组织,通过科学民主的认知分工实现知识生产目标。社会认识论在一定意义上是关于社会知识的生产、组织、分配和消费的理论⑤。

和其他社会知识论者一样,戈德曼主张知识是社会的产物。但戈德曼主张知识是社会的理由和别的知识论家大不相同。他认为,社会知识论之所以是"社会的",主要基于三个理由:一是这种知识论聚焦于知识的社会路径。与信念获得的个人或非社会路径相反,它从以主体互动为特征的多元路径看待知识的产生。二是社会知识论并不把自己限制在信念者身上,它关注团体实体——合作者的群体、政治审判中的投票者或者整个社会,考察正确或错误的信息在团体成员中的传播。三是与个体知识论把认知者局限在个人不同,社会知识论也考察集体的或协作的实体,比如陪审团、立法机构等政治认知主体等⑥。

---

① 陈高华,李淑英.戈德曼的可靠论成功维护了自然化的认识论吗?[J].自然辩证法研究,2008(1):35-38.

② 黄翔.混合型认识论中的个人主义方法论:评基切尔的最小化社会认识论[J].自然辩证法通讯,2008(1):43-44。

③ SCHMITT F. Socializing Epistemology:The Social Dimensions of Knowledge[M].Lanham:Rowman & Littlefield Publishers,Inc.,1994:93-110.

④ GOLDMAN A I. Knowledge in a Social World[M].Oxford:Clarendon Press,1999:13-17.

⑤ 潘斌.当代西方社会认识论研究的拓展和深化[J].华中科技大学学报(社会科学版),2008(1):30.

⑥ GOLDMAN A I. Knowledge in a Social World[M].Oxford:Clarendon Press,1999:4-5.

（二）求真是社会知识论的核心

前期的戈德曼把知识论研究重心放在确证的标准上。在社会知识论中，戈德曼实现了核心论题的转换，主张求真是知识论的核心所在；因而，真理观构成戈德曼社会知识论的最基础部分。

为建构其真理理论，戈德曼首先批判了社会建构论、后现代主义、实用主义、文化研究和批判法律研究等现代知识理论，这些理论的提倡者包括罗蒂、拉图尔、乌格、德里达、古德曼、塞尔、维特根斯坦、福柯等重量级人物。戈德曼认为，上述理论皆否认真理的客观存在，把真理视为或是协商的结果，或是语言游戏的产物，或是社会建构出来的，或是权利的产物，或受偏见的左右等①。戈德曼用"恐真主义"一词统称这些理论，并明确提出"真理是跨越历史及文化的全人类的根本关涉"。

在批判地分析"实用主义/工具主义""认知或证实主义""实在论与反实在论""取消主义"等真理论的基础上，戈德曼建构了他的真理符合论。为和其他符合论观点相区别，他把该理论定义为"描述性成功"的符合论。所谓"描述性成功"的符合论，即 p 是真的，仅当 p 是描述性地成功的；也即，仅当 p 意欲描述实在并且它的内容和实在相符合。"描述性成功"的符合论强调"真理"是个成功的范畴；信念为真的成功所在，即在于其描述了（部分）世界。"描述性成功"关涉"对实在的忠实"，从这个意义上讲"描述性成功"理论在本质上是符合论的。特别指出，为避免历史上一直困扰着符合论的形而上学问题，戈德曼的真理论宣称在形而上学问题上保持中立，主张在形而上学问题上"什么都行"。"只要能使命题成真的任何事物都是实在的一部分——尽可能宽泛地理解——这满足符合论要求。"戈德曼把这种"什么都行"的形而上学观点视为其理论中最出彩的部分②。

（三）实践是求真的基本手段

求真社会知识论把实践作为求真的基本手段。戈德曼指出，社会知识论的主要问题就是要研究什么实践能够求得真理且能够避免错误和无知③。戈德曼通过四个步骤来回答对实践的评价：

首先，戈德曼从价值论的角度把价值分为基本价值和工具价值。他认为，诸如知识、错误和无知的状态具有基本的求真价值或负价值；实践就其促进或阻碍基本价值的获得而言具有工具性价值。

其次，戈德曼把相信、不作判断和拒绝三种信念状态分别赋予基本求真性价值：1.0、0.5 和 0。然后通过多元赋值的方式，把人们的信念等级在 0 和 1.0 之间的连续统中表达。戈德曼把求真性价值用公式表示如下：

V-value of $DB_{小}$（true）＝X

① GOLDMAN A I. Knowledge in a Social World[M].Oxford:Clarendon Press,1999:9-40.

② GOLDMAN A I. Knowledge in a Social World[M].Oxford:Clarendon Press,1999:41-65.

③ GOLDMAN A I. Knowledge in a Social World[M].Oxford:Clarendon Press,1999:5.

其中,V-value 表示求真性价值,DB 表示信念等级,X 表示信念等级的具体数值。根据这一公式,人们在不同时段对同一命题相信的程度不同,从而形成不同的求真性价值。例如,假定 p 为真,在时间 t_1 对于命题 Q(P/-P)而言求真性价值为 0.5,在时间 t_2 求真性价值变为 0.7,这就赢得 0.2 的求真性价值。反之,假定 p 为假,在时间 t_1 对于命题 Q(P/-P)而言求真性价值为 0.7,在时间 t_2 求真性价值变为 0.5,这就减少了 0.2 的求真性价值。

再次,戈德曼根据信念的求真性价值的变化展开实践的求真性价值的研究。由于社会知识论重点研究社会群体实践的求真性价值,戈德曼提出了群体实践对群体信念求真性价值影响的测度方法。即:

假定一个四人小组,面对问题 Q(P/-P),假设 p 为真,在时间 t_1 时他们的信念程度如下左栏所示,通过实践后在时间 t_2 他们所取得的信念程度如下右栏所示:

t_1	t_2
S_1 DB(P)=0.40	S_1 DB(P)=0.70
S_2 DB(P)=0.70	S_2 DB(P)=0.90
S_3 DB(P)=0.90	S_3 DB(P)=0.60
S_4 DB(P)=0.20	S_4 DB(P)=0.80

测度这一群体的整体上的求真性价值的方法同样是取平均值。在时间 t_1 时该群体对命题 p 的信念程度是 0.55,因此,0.55 是他们在时间 t_1 时的求真性价值。在时间 t_2 时的该群体对命题 p 的信念程度的平均值是 0.75,因此,0.75 是该群体在时间 t_2 时的求真性价值。由此,该群体的整体求真性价值增加了 0.20。根据假设,这个增长归功于实践活动的应用,该实践活动展现了积极的求真性价值[①]。

最后,在基本确定实践的求真性价值的研究框架之后,戈德曼把实践的求真性价值分析广泛运用于科学、民主、法律和教育等人类重要生活领域,实现了从理论到实践,再从实践到理论的循环。

三、对求真社会知识论的批判分析

求真社会知识论一经抛出,就得到了西方学界的迅速反应。《社会知识论》杂志 2000 年第 14 卷第 4 期就是对求真社会知识论的集中讨论。

(一)斯密特从价值论的角度评价了求真社会知识论

斯密特认为,在对知识的价值分析上,培根的《学习的提升》、洛克的《关于教育的一些思想》与杜威的《社会研究》是里程碑式的作品,戈德曼的《知识与社会世界》无论在视野的宽阔还是对当代思想的纯熟掌握与实际应用上都完全可以和上述著作媲美,而且在理论深度上甚至还超越了它们[②]。斯密特也重点分析了戈德曼的价值论的

① GOLDMAN A I. Knowledge in a Social World[M].Oxford:Clarendon Press,1999:87-94.

② SCHMITT F. Veritistic Value[J].Social Epistemology,2000,14(4):259.

不足,提出"不同的价值模式适用于不同的实践活动,没有固定的单一的价值观"①。墨菲从应用知识论的角度评价了求真社会知识论。认为,知识论家过去只关心理想的认知者和必然真理,总是希望对事实信念的形成提供指导。戈德曼颠覆了知识论传统,他的知识论主要着眼于应用,是应用知识论。"我把戈德曼的工作看作是培根、笛卡儿、马克思和杜威等知识论家所做工作的延续,也即,为了解决'人的问题'(杜威语)把知识论从天堂请下来。"②墨菲指出,戈德曼的求真知识论和马克思的认识论一样,虽然强调知识论的应用性,但并没有以牺牲真理和知识为代价。

(二)墨菲也从三个方面批判了求真社会知识论

1.从知识人类学的视角看,真理并不是个跨越文化及历史的概念,而是一个启蒙主义的观点,但启蒙主义的观点对非求真主义知识论并不适用。

2.把价值的分析附加上兴趣的因素会导致多重矛盾,最重要的是,会使知识变成不再是一个知识论意义上的概念。

3.求真社会知识论采取的仍是文化人类学意义上的个人主义观点。即把个人视为是偶然意义上受社会因素影响的,而不是从一开始就是社会化的产物。墨菲认为,戈德曼对社会的理解太过狭窄,他只把人类理解为碰巧和他人共同生活,而且是碰巧依靠他人获取信息的动物③。

(三)皮内克的观点

皮内克认为,哲学在传统上一直关注理性在科学信念形成中的作用,但包括性别、国家、历史年代、政治联盟、出生顺序等,"社会学上的"非理性因素较少受到重视,戈德曼是"对在解释和证实科学信念的理由和证据中、非理性因素是否应给予充分重视的总体理论提供持续验证的、我们历史上第一位知识论家"④。但皮内克针对戈德曼提出建立求真社会知识论和女性主义建立联盟的可能基本予以否定。认为,这种联盟的建立纯属戈德曼的一厢情愿。主要基于三点:女性主义缺乏统一的方法论,女性主义并非都坚持真理观,女性主义并非都主张知识论的规范研究。

(四)布兰德斯的观点

布兰德斯分析了戈德曼的求真社会知识论对求真值理论的缺陷。认为,求真价值的获取有时会和证据的理性考虑相冲突,这使得求真值不适宜作为社会实践的认

---

① SCHMITT F. Veritistic Value[J].Social Epistemology,2000,14(4):259-260.

② MAFFIE J. Alternative Epistemologies and the Value of Truth[J].Social Epistemology,2000,14(4):247.

③ MAFFIE J. Alternative Epistemologies and the Value of Truth[J].Social Epistemology,2000,14(4):247-257.

④ PINNICK C L. Veritistic Epistemology and Feminist Epistemology:A-Rational Epistemics?[J].Social Epistemology,2000,14(4):281.

知价值的唯一测量手段①。佩拉蒂认为,戈德曼存在对各种"恐真主义"理论的误读,尤其是其对真理、一致性、有效性等的考量并不会得到所谓"恐真主义"理论家的认同②。等等。

(五)国内学界的观点

近年来,国内学界也关注到求真社会知识论的理论价值。陈嘉明在《知识与确证》一书中,在概要地介绍社会知识论的缘起及基本特征之后,对求真社会知识论也作了简要介绍③。潘斌重点分析了求真社会知识论的求真性价值,并提出了求真社会知识论摆脱困境的若干思路④。殷杰等人认为,以戈德曼求真社会知识论为代表的社会知识论研究补充和深化了马克思主义认识论的研究⑤。等等。

四、求真社会知识论与马克思主义认识论的区别

客观地说,上述对求真社会知识论的评价多停留在局部或"所谓"重点分析之上,并没有全面辩证地把握到求真社会知识论的理论实质。本书认为,采用家族类似理论,把求真社会知识论放在马克思主义认识论的视野下进行分析,将更能凸显这种理论的精神实质。仔细分析不难看出,在真理、实践、社会等核心概念的应用上,戈德曼的求真社会知识论和马克思主义认识论有着惊人的相似。正因如此,知识论家富勒、斯密特,包括戈德曼本人都把马克思的认识论视为社会知识论的开山人。但如果我们对求真社会知识论与马克思主义认识论进行细究,将会发现两者之间存在着较大的区别。

(一)在研究目的上的区别

既如前述,求真社会知识论的目的主要是追求真理。但马克思主义认识论不仅要"解释世界,问题在于改变世界"。马克思主义认识论认为,"理论的范域被仅仅局限于理性世界,理论本身也被视为纯粹主观领域中的逻辑推演活动。为改变理论的这种玄学性质,使其正视现实,承担起改造世界的职能,必须将理性的范域扩展到现实的感性世界"⑥。就是说,马克思的认识论有两个目的,初始目的是获得真理,终极目的是改造世界。从这个意义上讲,马克思主义认识论在本质上是实践论。当然,在戈德曼那里,真理虽然是其知识论的主要目的,但他也常常把他的理论称为应用知识论,换言之,改造世界其实也是其理论的目的之一。但相比之下,在他的知识论中,真理更具有基本价值,而实践究其实不过是工具而已。

① BERENDS H. Veritistic Value and Use of Evidence: A Shortcoming of Goldman's Epistemic Evaluation of Social Practices[J].Social Epistemology,2002,16(2):179.

② PELLETIER F J. A Problem for Goldman on Rationality[J].Social Epistemology,2000,14(4):239-245.

③ 陈嘉明.知识与确证:当代知识论引论[M].上海:上海人民出版社,2003:296-307.

④ 潘斌.论戈德曼社会认识论的求真性价值[J].现代哲学,2011(1):74-79.

⑤ 殷杰,尤洋.当代社会认识论研究及其意义:下[J].科学技术与辩证法,2008(5):19-31.

⑥ 康渝生,邢有男.马克思主义哲学的人学致思理路[J].求实学刊,2002(3):44-48.

（二）在真理观上的区别

从形式上看,求真社会知识论与马克思主义认识论的真理观都是符合论。但从内涵上看,两者本质上有很大差别。求真社会知识论主张一种"描述性成功"的符合论。这种真理论坚持本体论上的"什么都行",主张在"'实在'是什么的问题上完全持中立态度",提出"一种真理论应该有能力调和物理主义和二元论的形而上学,而且甚至能够调节物理主义和观念主义的形而上学"。这种真理观在实质上是一种调和主义,持有的仍是一种工具主义立场。而马克思的真理观是一种实践论意义上的符合论。马克思指出:"思想、观念、意识的生产最初与人们的物质活动,与人们的物质交往,与现实生活的语言交织在一起。人们的想象、思维、精神交往在这里还是人们物质行动的直接产物。"①也就是说,马克思那里,人们是在现实的生活世界,通过对物质世界的改造去把握世界,认识真理。从这个意义上讲,马克思主义的真理符合论是一种历史的、实践的、生存论意义上的符合论。

（三）在认识主体上的区别

从形式上看,求真社会知识论和马克思主义认识论在认识主体的理解上都强调"社会性",但实质上两者还是有明显区别的。求真社会知识论强调了认识主体的互动性、群体性以及制度文化性因素的影响等,这的确在一定程度上丰富了人们对"社会"概念的理解。但正如墨菲所言,这种对主体的认识基本上还把个人理解为原子似的孤立的个人,社会不过是这些个人的集合,这种对人的理解"是以非人的形式去认识人,非现实的形式去表现现实世界"。在马克思看来,"我们不是从人们所说的、所设想的、所想象的东西出发,也不是从口头说的、思考出来的、设想出来的、想象出来的人出发,去理解有血有肉的人。我们的出发点是从事实际活动的人⋯⋯它的前提是人,但不是处在某种虚幻的离群索居和固定不变状态中的人,而是处在现实的、可以通过经验观察到的、在一定条件下进行的发展过程中的人"②。

"各个人的出发点总是他们自己,不过当然是处于既有的历史条件和关系范围之内的自己,而不是意识形态家们所理解的'纯粹的'个人。"③

"费尔巴哈把宗教的本质归结于人的本质。但是,人的本质不是单个人所固有的抽象物,在其现实性上,它是一切社会关系的总和。"④

---

① 马克思,恩格斯.德意志意识形态[M]//马克思,恩格斯.马克思恩格斯文集:第1卷.北京:人民出版社,2009:524.

② 马克思,恩格斯.德意志意识形态[M]//马克思,恩格斯.马克思恩格斯文集:第1卷.北京:人民出版社,2009:525.

③ 马克思,恩格斯.德意志意识形态[M]//马克思,恩格斯.马克思恩格斯文集:第1卷.北京:人民出版社,2009:571.

④ 马克思.关于费尔巴哈的提纲[M]//马克思,恩格斯.马克思恩格斯文集:第1卷.北京:人民出版社,2009:501.

"旧唯物主义的立脚点是市民社会,新唯物主义的立脚点则是人类社会或社会的人类。"①

所以,马克思把人的理解从不食人间烟火的状态中摆脱出来,而把人理解为生活于感性世界、现实世界的"有血有肉的""现实的"人;在现实性上,人是一切社会关系的总和,更重要的是,马克思主义认识论站在全人类的高度去把握人。

(四)在对实践的价值认识上的区别

表面上看,求真社会知识论和马克思主义认识论都重视实践,但两者在理论架构中的作用区别明显。在求真社会知识论中,实践仅仅具有工具性价值,实践的作用就在于增进信念的求真性价值,是围绕求真服务的。但在马克思主义认识论中,实践是首要的、基本的观点。而且实践的观点也是整个马克思主义哲学的首要的、基本的观点。在《关于费尔巴哈的提纲》中,马克思指出:"全部社会生活在本质上是实践的。凡是把理论引向神秘主义的神秘东西,都能在人的实践中以及对这个实践的理解中得到合理的解决。"②这里,马克思把实践的地位提到本体性的高度,并把这种唯物主义定性为新的世界观。而且认为:"从前的一切唯物主义(包括费尔巴哈的唯物主义)的主要缺点是:对对象、现实、感性,只是从客体的或者直观的形式去理解,而不是把它们当作感性的人的活动,当作实践去理解,不是从主体方面去理解。"③"人的思维是否具有客观的真理性,这并不是一个理论的问题,而是一个实践的问题。人应该在实践中证明自己思维的真理性,即自己思维的现实性和力量,自己思维的此岸性。关于思维——离开实践的思维——的现实性或非现实性的争论,是一个纯粹经院哲学的问题。"④这就是说,在马克思看来,无论对世界的认识、人的认识以及真理的认识在本质上都是实践的结果。人们正是通过实践在改造世界的对象性活动中改造了自己,认识把握了世界。

五、结语

从以上对比可以看出,戈德曼的求真社会知识论虽然是在完成双重超越(超越同时代的知识论、超越了自己的前期理论)的基础上建构而成,并且以学科建制的方式倡导社会知识论的研究以及实践应用,但这种知识论还没有彻底摆脱个体知识论的窠臼,仍在幻想一种纯粹的脱离感性实践的知识论研究。所以,这种知识论离所谓

---

① 马克思.关于费尔巴哈的提纲[M]//马克思,恩格斯.马克思恩格斯文集:第1卷.北京:人民出版社,2009:502.

② 马克思.关于费尔巴哈的提纲[M]//马克思,恩格斯.马克思恩格斯文集:第1卷.北京:人民出版社,2009:501.

③ 马克思.关于费尔巴哈的提纲[M]//马克思,恩格斯.马克思恩格斯文集:第1卷.北京:人民出版社,2009:499.

④ 马克思.关于费尔巴哈的提纲[M]//马克思,恩格斯.马克思恩格斯文集:第1卷.北京:人民出版社,2009:500.

"真正的"知识论距离还很遥远。但是必须指出,求真社会知识论有许多闪光之处值得马克思主义认识论研究、借鉴、学习。比如,采用最新的心理学、认知科学、数学、经济学、社会学、政治学多学科研究的方法对实践的形式与内涵加强研究,的确能够补充马克思主义关于实践理解的"宏大叙事"的缺陷。再比如,求真社会知识论对信息时代知识传播的研究,对佐证知识、集体知识,甚至对偏见的研究都对马克思主义认识论研究有很大的启迪价值,而且在一定意义上可以填补马克思主义认识论研究专题领域的空白。因此,马克思主义认识论研究应该加大对包括求真社会知识论在内的西方最新知识论研究成果及发展趋势的认识,要以平等开放的姿态展开和西方知识论的对话,应大胆吸取诸如求真社会知识论等当代知识论研究的最新成果,在继承马克思主义认识论优秀成果的基础上,真正实现马克思主义认识论的持续创新。

附录二

费德曼与柯内的新证据主义

我们因相信而存在,但相信一般不能和理性相悖;或者说,我们相信什么需要得到确证或者需要拥有好的理由。在《人类理解论》中,洛克就明白写道:"作为我们的义务,如果信念不能基于好的理由得到规范,它就不能赋予任何事物。所以,信念不能和理性相反。"[①]那么,何谓确证或者如何拥有好的理由? 有一种观点值得注意,即:信念只有在人拥有充分证据的时候才是合理的。也有人提出否命题:"无论何时、何地对何人而言基于非充分的证据而相信总是错误的。"[②]一般认为,证据主义在法律、宗教、政治事务等领域得以滥觞的逻辑理据即在于此。启蒙时代以来证据主义势头强劲,但它影响到知识论研究却不过几十年。齐硕姆、诺齐克、苏姗·哈克等人正是在近几十年内才相继提出了知识或确证的证据主义。费德曼与柯内的新证据主义也是这种思潮的产物。费德曼与柯内宣称他们的新证据主义是当今"最好的"确证理论,其不仅能够克服内在主义与外在主义等主流学派所暴露出的严重问题,更重要的是可以克服怀疑主义困扰。费德曼与柯内的证据主义其实有很大的自我夸矜之嫌,它是否真的如此美好,是否能够应对怀疑主义不能仅靠一家之言,需要受到人们理性的回应。

一、当代主流确证理论的困境

如前所述,证据主义产生之前,当代知识论关于确证问题的研究主要在内在主义与外在主义、基础主义与一致主义等主流学派之间展开,但这些主流学派在多年的论争中暴露出严重的问题,陷入了无法自解的困境之中。概言之:

（一）内在主义主张

确证地相信是认知主体的义务,认知义务要求在确证之时认知者必须对确证者

---

① LOCKE J. An Essay Concerning Human Understanding[M]. New York:Dover,1959:413-414.
② CLIFFORD W K. The Ethics of Belief[EB/OL]. [2022-06-30]. http://www.anthonyflood.com/ethicsofbelief.htm.

有所把握;由于外在客体无法把握,因此,只有认识主体的内在状态才能成为真正的确证者①。

内在主义的问题有:

(1)义务论有导向意志论之嫌,普通认知者并不能任意主导信念的确证②。

(2)把握主义会导致不合理的高层要求,即,如果在确证之时必须把握确证者,则是否还需对确证者进行把握? 如果需要,则无限把握的高层要求将不可避免③。

(3)内在状态的概念不明晰。内在主义无法说明内在状态是信念抑或感觉,是经验还是情绪,是血液的 pH 值还是肝脏的大小?④

(二)外在主义(主要指信赖主义)主张

认识者的可信赖的认识过程决定其信念的确证⑤。

外在主义的问题有:

1.认识过程的普遍性问题。比如,某人看见一棵树,看见属于知觉过程,但知觉的准确性因时因地因人而异,如此一来如何选择认识过程的类型就成为问题⑥。

2.认识过程的可信赖性问题。即在何种意义上谈可信赖,是基于成真的比率还是什么?⑦

3.恶魔问题。即如果存在不同的认识世界,在不同的认识世界里认识过程的可信赖性是否一致?⑧

(三)基础主义主张

信念的确证必须最终建立在基础信念之上。⑨

基础主义的问题主要是:

基础信念的确证问题。即,若基础信念本身需要确证,则基础信念就构不成基础

---

① GOLDMAN A I. Internalism Exposed[M]//KORNBLITH H. Epistemology:Internalism and Externalism. Oxford:Blackwell Publishers,2001:208-227.

② PLANTINGA A. Warrant:The Current Debate[M].New York:Oxford University Press,1993:45.

③ ALSTON W P. Internalism and Externalism in Epistemology[J].Philosophical Topics,Spring 1986,XIV(1):196-201.

④ PLANTINGA A. Justification in the 20th Century[J]. Philosophy and Phenomenological Research, Fall 1990, L (Supplement):45-71.

⑤ GOLDMAN A I. What Is Justified Belief[M]//PAPPAS G S. Justification and Knowledge. Dordrecht:D. Reidel Publishing Company,1979:10.

⑥ POLLOCK J L,CRUZ J. Contemporary Theories of Knowledge[M].2nd ed. Lanham:Rowman & Littlefield Publishers,Inc., 1999:117.

⑦ FELDMAN R,CONEE E. Evidentialism[J].Philosophical Studies,1985,48(1):26.

⑧ GOLDMAN A I. What Is Justified Belief[M]//PAPPAS G S. Justification and Knowledge. Dordrecht:D. Reidel Publishing Company,1979:17-18.

⑨ QUINTON A. The Nature of Things[M].London:Routledge and Kegan Paul,1973:119.

信念;若基础信念本身无须确证,则基础信念的合理性就面临问题①。

(四)一致主义主张

信念的确证在于待证信念和认知者的信念系统的其他信念必须保持一致②。

一致主义的问题有:

1.认知回溯问题,即信念 a 的确证需要信念 b,信念 b 的确证需要信念 c,信念 c 的确证需要信念 d,信念 d 的确证又需要信念 a③。

2.信念系统的元确证问题,即信念系统如何确证的问题④。

3.经验的输入问题,即认识者的经验如何进入信念系统⑤。

内在主义与外在主义,基础主义与一致主义等主流确证理论所暴露出的严重理论困境,充分表明了当代知识论的主流理论依然无法有效应对怀疑主义的质疑。费德曼与柯内正是在对主流理论的批判基础上形成了新证据主义。

二、新证据主义的基本定位及理论归属

(一)基本定位

新证据主义没有明确的理论体系,主要体现在《证据主义》与《内在主义辩护》两篇论文中。在《证据主义》中,费德曼与柯内开宗明义:"在知识论中我们倡导证据主义,我们所说的证据主义认为,信念者的证据质量决定着信念的确证。不相信和悬置判断在认识上也能得到确证。一个人所确证地具有的信念态度就是契合于认识者的证据。"⑥

新证据主义的核心观点可以概括为:

在时间 t,S 关于命题 p 的信念态度 D 在认识上是确证的;当且仅当有关 p 的命题态度 D 在时间 t 契合于 S 的证据。

进一步分析可以看出新证据主义至少有以下五个特点:

1.确证概念是认知上的,而非心理或道义上的。

2.确证涉及相信的命题态度,还涉及不相信与悬置判断的状况。

3.确证完全基于证据。

---

① SOSA E. The Raft and the Pyramid [M]//ALCOFF L M. Epistemology: The Big Questions. Oxford:Blackwell Publishers Ltd., 1998:190-191.

② BONJOUR L. The Coherence Theory of Empirical Knowledge[J].Philosophical Studies,1976, 30:286.

③ BONJOUR L. The Dialectic of Foundationalism and Coherentism[M]//GRECO J,SOSA E. The Blackwell Guide to Epistemology. Oxford:Blackwell Publishers,1999:118.

④ GOLDMAN A I. Bonjour's The Structure of Empirical Knowledge[M]//BENDER J W. The Current State of the Coherence Theory. Dordrecht:Kluwer Academic Publishers,1989:106-114.

⑤ MOSER P K,MULDER D H,TROUT J D. The Theory of Knowledge:A Thematic Introduction[M].New York:Oxford University Press,1997:85.

⑥ FELDMAN R,CONEE E. Evidentialism[J].Philosophical Studies,1985,48(1):15.

4.确证有时间性。

5.确证和证据质量有关。

基于对证据主义的特点分析,费德曼与柯内二人提出了最优理论的观点,即:

"证据主义不求哗众取宠或立意创新,我们把它视为关于确证本质的最可行的观点。"①

(二)理论归属

分析新证据主义的论证特点可以看出,费德曼与柯内对证据主义的"最可行"所作的辩护和它的理论归属紧密相连,而这种理论归属也集中体现了证据主义"最强的"解题能力。从证据主义的理论归属来看:

1.证据主义是一种改良的内在主义

诚如费德曼与柯内所言,新证据主义首先是一种改良的内在主义。但它和主流内在主义的最大区别在于抛弃了主流内在主义的逻辑前提——义务论。而且,这种改良的内在主义是一种彻底的心灵主义。费德曼与柯内认为,改良的内在主义具有强大的解题能力,能够解决主流内在主义面临的一系列难题:

首先,抛弃主流内在主义的义务论,能够避免饱受外在主义强烈攻击的意志论问题。义务论主张:相信是对认知义务的履行,遵守义务相信就会被允许;反之,违反义务而相信就会受到谴责。主张义务论的直接结果就是要求相信的意志论,就是说 S 确证地相信 p;当且仅当 S 能够直接控制 p。但正如阿尔斯顿指出,一般而言,人类不具备直接控制信念的能力。比如,当我看到一辆卡车沿街急驰而来时,我是无法任意地相信卡车是不是急驰而来的。阿尔斯顿认为,即便有诸如道德和宗教这样的一些直接控制的信念特例,对于我们的大多数信念我们是缺乏直接控制的能力的②。由于义务论会带来诸如意志论等一系列问题,近年来放弃义务论成为内在主义的心隐之痛。在前期《证据主义》一文中,费德曼与柯内还似乎对义务论难以割舍,在鞭挞其他各类义务论之时偷偷保留了所谓"合理"的义务论即是证明③。但在后期的《内在主义辩护》中,费德曼与柯内完全摈弃了义务论,认为内在主义根本无需这一前提。

其次,作为一种彻头彻尾的心灵主义,改良的内在主义还有如下优点:可以解决内在主义的二分问题,即分为把握主义与心灵主义的问题。因为,把握主义最终还是要归结到心灵状态,心灵主义的简单明了还能避免把握主义的烦琐要求。可以解决可能世界的问题,因为它规定:任何可能世界中心灵状态相同的两个认知者,他们的信念同样能够得到确证。可以解决内在主义与外在主义划界的问题。因为,内在心灵状态是内在主义与外在主义划界的最佳选择。可以解决内在状态的不明问题。因

---

① FELDMAN R,CONEE E. Evidentialism[J].Philosophical Studies,1985,48(1):16.

② ALSTON W P. Internalism and Externalism in Epistemology[J].Philosophical Topics,Spring 1986,XIV(1):196-201.

③ FELDMAN R,CONEE E. Evidentialism[J].Philosophical Studies,1985,48(1):22.

为,它把内在状态仅仅局限于个人当下的和倾向性的心灵状态、事件和条件。另外,改良的内在主义作为心灵主义还具有与心灵哲学、心灵伦理学同质的效果,以及还可以解决内在主义与先验知识的联系问题等①。

2.证据主义不排斥外在主义

虽然费德曼与柯内的证据主义总体看是一种改良的内在主义,但他们的证据主义和外在主义并非水火不容,他们认为,在某种意义上证据主义完全可以和外在主义的典型流派信赖主义保持等值。

费德曼与柯内是这样论证的:虽然信赖主义主张,信念的确证来自于可信赖地导致真信念的信念形成过程;但就其最简单的形式而言,它完全可以理解为一种完满根据的理论。按照证据主义的完满根据理论,信念的确证当且仅当该信念基于完满的根据。而信赖主义主张的可信赖的信念形成过程,完全可以理解为信念具有完满根据。如此一来,信赖主义和证据主义明显具有等价性,若有区别也只是名称不同而已。

当然,在费德曼与柯内看来,若要实现信赖主义与证据主义的事实等价性,信赖主义还必须解决认识过程的"普遍性问题"与"可信赖性"的理解问题。但是,正如许多论者指出,"普遍性问题"与"可信赖性"的理解问题已经重创了信赖主义。因此,费德曼与柯内认为,信赖主义距离能够应用还很遥远。不过,二人指出,既然信赖主义存在再造空间,在一定意义上完全可以把信赖主义视为证据主义的一种②。

3.证据主义是一种特殊的基础主义

证据主义明确主张信念的确证基于证据,这种基于关系在某种意义上就是一种基础主义观点。但费德曼与柯内自矜之处在于,他们认为证据主义能够避免基础主义的难题。如前所述,基础主义的难题是:要么基础信念需要确证,从而就不成其为基础信念;要么基础信念不需要确证,从而基础信念就缺乏合理性。费德曼与柯内在解决内在主义的高层要求时"解决"了基础信念的难题。诚如上述,内在主义面临高层要求的难题。但费德曼与柯内认为,内在主义根本无须承诺高层要求。他们指出,拥有正确的证据本身即能确保相应的信念得以确证;理由是确证和合适证据的内在拥有事实上同时发生③。当确证与合适证据的内在拥有同时发生之时,基础信念的确证与否就不再成为问题。

4.证据主义对一致主义保持同情

证据主义同情一致主义。这体现在费德曼与柯内对整体一致主义问题的解决

① CONEE E,FELDMAN R. Internalism Defended[M]//KORNBLITH H. Epistemology:Internalism and Externalism. Oxford:Blackwell Publishers,2001:233-236.

② FELDMAN R,CONEE E. Evidentialism[J].Philosophical Studies,1985,48(1):25-31.

③ CONEE E,FELDMAN R. Internalism Defended[M]//KORNBLITH H. Epistemology:Internalism and Externalism. Oxford:Blackwell Publishers,2001:250-251.

上。整体一致主义主张，信念的确证依赖于整个信念系统，即是说待证的信念需要和整个信念系统的其他信念保持一致。这种对整个信念系统的依赖直接导致了储存信念"同时记起"的不可能性的指责。在费德曼与柯内看来，这种"同时记起"的不可能性的指责构不成对整体一致主义的挑战，证据主义可以轻易解决这个问题。一种方式是，不管所有储存信念的合取是否被意识到，只要它和待证信念发生矛盾，此合取就将自动构成待确证信念的击败者。另一种方式是，只需把确证局限在一类储存信念，太过复杂从而无法把握的信念集合将被排除在外。这样，我们就可以通过对范围狭小的一类储存信念的把握来确定待证信念的确证与否。费德曼与柯内认为，这种确证的根据就是基于确证与合适证据"同时发生"原理。可以认为，虽然费德曼与柯内从来没有直接提出证据主义就是一致主义，但他在证据的意义上对一致主义的辩护，至少可以说明这种证据主义对一致主义保持同情①。

综上所述，新证据主义是一种内在主义倾向明显的理论，但由于外在主义、基础主义与一致主义等主流学派也有一定的理论优势，所以，新证据主义又杂糅了这些学派的长处，表现出向它们买好的意象。但新证据主义并不满足于此，恰是因为各种主流理论的弊端已经充分显现，所以新证据主义用所谓的证据理论统筹了各方观点，大胆提出这种理论具有最强的解题能力；最重要的，新证据主义还宣称怀疑主义可以避免。但新证据主义真的能够避免怀疑主义吗？

三、怀疑主义的诘难

正如费德曼在为《知识论指南》写的"证据"的词条中所承认的，新证据主义若要摆脱怀疑主义质疑，必须对以下三个问题有所交代，即："什么是证据"、"证据如何把握"以及"证据怎样支持信念"②。在费德曼与柯内看来，这些问题并无什么严重之处，但本文以为，恰是这三个基本问题构成了对新证据主义的直接挑战。

（一）"什么是证据"

证据是证据主义的核心概念，新证据主义理应给出一个明确的定义。但该理论的一大明显漏洞就是，在费德曼与柯内的新证据主义论证中并没有找到一个关于"证据"的明晰界定。当然，我们还是可以从费德曼与柯内的代表作中找到一些关于证据外延的逻辑理解的论断的。在《内在主义辩护》一文中，费德曼与柯内多次提到内在状态或内在证据因素只能局限于个人当下的和倾向性的心灵状态、事件和条件③。既然证据主义是改良的内在主义或心灵主义，那么我们可以逻辑地推出，所谓的证据就

---

① CONEE E，FELDMAN R. Internalism Defended[M]//KORNBLITH H. Epistemology：Internalism and Externalism. Oxford：Blackwell Publishers，2001：249-250.

② FELDMAN R. Evidence[M]//DANCY J，SOSA E. A Companion to Epistemology. Oxford：Blackwell Publishers，1994：119-122.

③ CONEE E，FELDMAN R. Internalism Defended[M]//KORNBLITH H. Epistemology：Internalism and Externalism. Oxford：Blackwell Publishers，2001：234.

是指个人当下的和倾向性的心灵状态、事件和条件。但必须指出,"个人当下的和倾向性的心灵状态、事件和条件"比较笼统模糊,所以,我们有必要进一步爬梳出证据的逻辑外延,然后再来分析这些证据的事实可行性。

在《内在主义辩护》中,费德曼与柯内给出了六对典型案例以此论证内在主义的合理性。在对六对典型案例的分析中可以看出:"专家证言""感觉经验""观察""回忆""反思""洞察""逻辑推理"等都是证据。在论文的他处还可找到,诸如"看见"、"信念"、"直觉到"、"旁证"、"倾向性"、"冲动"以及"先验洞察力"等皆是证据①。基于以上分析,可以认为,费德曼与柯内对证据理解覆盖面广泛,不仅涵盖了人类认知的所有理智手段,而且还纳入了诸如冲动、倾向性等非理智领域的东西。如果我们对这种证据论作一判定的话,我们认为这种证据论形同一锅"杂烩",因为,这些所谓的证据既可以理解为内在主义的认知手段,也可以理解为外在主义的认知手段,除此之外还包含有当代内在主义与外在主义都没谈到的如冲动等手段。这在一定意义上表明新证据主义在理论上并不成熟。当然,费德曼与柯内绝不承认我们的判断,他们直言这些所谓的证据都可以称为内在心灵的东西,是内在主义的。我们认为,把诸如感觉、经验、逻辑推理、证言等都归入心灵状态显然太过牵强。而且即便我们承认以上手段皆可成为获取证据的方式,但以上手段能否作为确证的有效方式,从形而上学的角度看,这些都悬而未结。以"看见"这种知觉手段为例。笛卡儿以来,哲学史上就存在着"梦幻问题""恶魔问题""缸中之脑"等怀疑主义问题,而这些问题促成了诸多哲学学派的形成。比如经验主义与理性主义,实在论与现象论或表象论,理智论与常识论等。可以说,这些学派关于"知觉"的定性至今没有共识,以一个本身合理性存疑的前提作为论证的手段,要么暴露了新证据主义的太过武断,要么说明这种主义比较肤浅。

(二)"证据如何把握"

费德曼与柯内的证据类型广泛,但如果从证据把握的角度进行归结不外两类:当下的证据和既往的证据。巧合的是,费德曼与柯内有着和我们相近的概括。他们把证据分为"当下的"和"倾向性的"两类。这样就涉及两类证据的把握问题。姑且我们像所有内在主义者承认的那样,即当下证据容易把握;但既往的证据如何把握呢?戈德曼对储存信念的疑问就直指这种证据的把握的不可能性。戈德曼的论证大致如下:

莎丽拥有许多确证的信念,这些信念曾经都有十分确凿充分的证据支持,但随后她忘记了这些证据。在认知评价的时刻,她回忆不起她曾拥有的充分证据。去年莎丽在《纽约时报》"科学"版上读到一则饼干的健康益处的故事,于是她确证地相信饼干的健康功效。现在她仍然持有该信念却记不起证据之源。然而她的饼干功效的信

① CONEE E,FELDMAN R. Internalism Defended[M]//KORNBLITH H. Epistemology:Internalism and Externalism. Oxford:Blackwell Publishers,2001:236-256.

念依然是确证的,而且,如果该信念是真信念还可以视为知识。证据主义如何看待这种证据遗忘但信念仍然确证的状况呢? 在费德曼与柯内看来,依靠回忆或背景信念可以解决该问题。但戈德曼继续假设:即便我们承认莎丽现在还拥有支持饼干功效的信念的证据,这些证据即莎丽回忆起来的而且都是通过正常的认知途径得到的背景信念,但这些所谓的证据对确证充分吗? 戈德曼认为答案当然是否定的。而且即便假定莎丽回忆起来的背景信念都是通过正常的认知途径得到的,但事实上她的有关饼干有益健康的信念不是来自《纽约时报》“科学”版而是来自并不可靠的“国家探寻”,那么,莎丽当前所有的背景信念也不能确证既有的饼干有益健康的信念。总之,费德曼与柯内的新证据主义用所谓的倾向性的信念来解决证据遗忘以及我们记忆中的确拥有大量确证信念的状况不具说服力,或者说是极其牵强的[①]。

(三)“证据怎样支持”

即便我们承认新证据主义能够解决以上两个问题,但如何保证我们拥有的证据能够有效支持信念的确证? 无疑,费德曼与柯内用“同时并发”的原理无法有效解释证据的支持问题,刘易斯的“被给予”的理论已被证明是一种神话。所以,新证据主义必须解决证据的支持问题。关于证据支持问题主要涉及“证据的效力”、“证据的适用条件”以及“证据的结构”等系列问题。

首先,证据的效力问题是证据主义必须直面的问题。要解决证据效力问题首先要解决证据效力的指向问题。这就至少涉及证据指向真理、合理性还是知识。如果证据指向真理,那么就涉及信念的确证仅当证据在某种程度上导致信念成真。如果证据指向合理性,那么就涉及信念的确证仅当证据在某种程度上保证信念是合理的。当然证据还有更高的指向,即指向知识,这就涉及在何种意义上证据能保证确证的信念成为知识。然而,从费德曼与柯内的论断中几乎看不出证据主义确证论真正指向,所以证据的效力问题就很难谈起。以证据的效力指向真理为例。假设证据的效力指向真理,我们就需要知道证据导致信念成真的比率以及判断的依据。需要知道成真的比率是50%还是多少,是客观概率还是主观概率。如果新证据主义无法解决此类问题,那么阿尔斯顿对戈德曼信赖主义信念成真的比率以及判断依据的批评同样适用于新证据主义[②]。

关于证据的试用条件。在新证据主义中我们只笼统地看到“在时间 t”的简单规定。应当说费德曼与柯内并没有对证据适用的条件做出明确规定。不过,我们还是可以从新证据主义的论证中理出证据的适用范围基本上局限在“日常世界”里。比如,在费德曼与柯内对确证进行分类界定时对“肯定确证”是这样例证的:“在正常环境下一个心理正常的人,在光线充足的情况下看到眼前有一片绿色的草坪,他相信眼

①　GOLDMAN A I. Internalism Exposed[M]//KORNBLITH H. Epistemology:Internalism and Externalism. Oxford:Blackwell Publishers,2001:214-215.

②　ALSTON W P. Goldman on Epistemic Justification[J].Philosophia,1989,19:115-129.

前有某个绿色东西的命题态度就是契合于他的证据的,这就是信念在认识上得以确证的理由。"①诸如此类的例子还可以在二人的论证中找出很多,因此,我们不妨把新证据主义的证据适用理解为适用于"日常世界"。但从费德曼与柯内对内在主义的论证中可以明确看到,费德曼与柯内把内在主义界定为心灵主义,而界定为心灵主义的根本动机就是为了解决内在主义在可能世界的适用问题。由此观之,新证据主义的证据适用徘徊在"多个世界"之间。但基于日常世界的论证能否适用于可能世界呢?这个问题本身就存在疑问,这里,费德曼与柯内并没有给出明确论证。当然我们依然可以从戈德曼为可能世界寻找依据面临的困境看出该问题的难度。戈德曼为解决可能世界问题,首先以"事实世界"为依据,但遭到批判;接着他又以"正常世界"为依据②,又遭到指责③;最后戈德曼只能退到认知"德性"来解决问题,但又遭到无情围剿④⑤。戈德曼面临的困境可以说就是新证据主义的一面镜子。

最后,新证据主义还面临证据支持的结构问题。这个问题和以上两个问题紧密相关,主要涉及证据的确证问题。也即,证据在何种意义上是适当的。而要说明这个问题,就立即会陷入证据论证的基础主义或一致主义的论争中。从费德曼与柯内的论证中可以看出,二人试图用所谓的"并发原理"解决证据的结构问题,从而避免基础主义或一致主义面临的问题。但这种解决方式就类同于"被给予"的神话,丝毫无助于问题的解决。

四、结语

综上所述,我们对费德曼与柯内的新证据主义判断如下:

新证据主义是在当代主流确证理论都陷入怀疑主义困扰之时提出的一种新的理论,该理论在提出之始似乎给人以柳暗花明之感,也的确提供了重新审视确证理论的一个新的视角;这些是新证据主义对当代知识论所做的贡献。但新证据主义的确证理论缺陷明显,并无法担当实现当代知识论重建的任务。具体体现在:

首先,新证据主义本身不具备理论体系的特点,把它称之为有关确证的一种"观点"较为合适。因为,一个负责任的理论家在构建理论体系时一般需要从基本范畴、基本命题、公理及原则等方面正面论证自己的观点,而费德曼与柯内在亮出新证据主义基本观点之后,并没有从基本范畴、基本命题、公理及原则等方面正面论证自己的观点,而是采用反证这种迂回的方式证明其他理论驳不倒证据主义。应当说,用反证

① FELDMAN R,CONEE E. Evidentialism[J].Philosophical Studies,1985,48(1):15.

② GOLDMAN A I. Epistemology and Cognition[M].Cambridge:Harvard University Press,1986:107.

③ HAACK S. Evidence and Inquiry[M].Oxford:Blackwell Publishers,1993:149.

④ POLLOCK J L. Contemporary Theories of Knowledge[M]. Totowa, NJ: Rowman and Littlefield,1986:118-119.

⑤ SOSA E. Knowledge and Intellectual Virtue[J].The Monist,1985,68:224-245.

法反证某种观点的正确与否比较合适,但对构建一个理论体系的作用并不明显。

其次,新证据主义在理论内容上看似包容性很强,但其实类似一个拼图游戏。因为,新证据主义试图包容内在主义与外在主义、基础主义与一致主义等主流学派,宣称能够扬弃这些理论的所有弊端;恰是由于新证据主义没有一个基本的论证规范,所以虽然雄心宏大,但结果只能是镜花水月。这就像各个拼版虽然能够拼成一架飞机的造型,但真正制造一架真飞机却不是那么容易。新证据主义的缺陷就在于没有能够基于"证据"这条主线把各种主义有机统一起来,从而实现某种新理论重构的升华。

最后,新证据主义没有就证据主义的核心命题进行论证,所以常常出现论证上或不知所云,或以常识代替理性,或以未证进行证明的严重错误。如上所述,在整个理论的建构过程中,费德曼与柯内始终没有交代证据的内涵与外延,读者自始至终不清楚"知觉"这些存在理论疑问的东西,缘何都可以被新证据主义作为逻辑论证的前提。

一言以蔽之:由于新证据主义存在重大理论缺陷,因此,该主义既非最可行的理论,也谈不上一劳永逸地解决了怀疑主义问题。不妨这样说,确证问题归根结底属于证据问题,但新证据主义现在并没有完成确证的使命。古语说,与其临渊羡鱼不如退而结网。新证据主义如果还想继续作为,就应当在"体系"理论上多作些文章。

附 录 二

当代知识论研究方法的检视

当代知识论围绕着"知识是确证的真信念"这样一个中心问题[①],对知识的条件,特别是知识的确证进行近乎纯粹技术分析,作为一种独特的文化现象当代知识论研究无疑是值得关注的;为此,需要从方法论的角度观察和审视这一别具一格的文化现象,通过对当代知识论研究方法的检视可以帮助大家更进一步理解内在主义与外在主义实质。本部分研究以葛梯尔反例为分析的出发点,解读当代知识论研究方法的全部秘密。

一、葛梯尔反例的构设

如上所述,葛梯尔反例是在 1963 年由年轻的哲学教授葛梯尔提出的。[②] 在那篇不足三页的题为"知识是确证的真信念吗?"的论文中,葛梯尔通过两个小小的反例大胆质疑了自柏拉图以来的有关知识的传统定义:知识是确证的真信念。

葛梯尔反例是这样构设的:假定斯密斯有足够的证据相信琼斯拥有一辆福特牌轿车,因为他回忆自他认识琼斯以来就总是看见琼斯开着这辆福特牌轿车,并且昨天他还坐过琼斯开的这辆车。由此,斯密斯确证地相信命题 W:琼斯拥有一辆福特牌轿车。

现假定斯密斯还有一位朋友叫布朗,而这位布朗先生的行踪总是飘忽不定。斯密斯随机从地图上调出三个城市,比如"波士顿""东京""巴塞罗那",加上上述命题 W,斯密斯构造了以下三个选言命题:

A:或者琼斯拥有一辆福特牌轿车,或者布朗在波士顿。

B:或者琼斯拥有一辆福特牌轿车,或者布朗在巴塞罗那。

C:或者琼斯拥有一辆福特牌轿车,或者布朗在东京。

我们知道,如果命题 W 为真,根据逻辑真值表,由 W 而来的命题 A 、 B 、 C 都

---

① 陈嘉明. 知识与确证:当代知识论引论[M]. 上海:上海人民出版社,2003:30-31,77-93.

② GETTIER E. Is Justified True Belief Knowledge? [J].Analysis,1963,23:121-123.

必然为真。也即是说不论布朗先生现在是在"波士顿"、"巴塞罗那"还是"东京",抑或哪一座城市都不在,只要 W 为真,A、B、C 都必然逻辑地真。现假定,斯密斯明白上述蕴涵关系,并且基于命题 W 进一步接受了命题 A、B、C。由于斯密斯确证地相信命题 W,当然,斯密斯由此也有足够的理由相信命题 A、B、C。不过让人最后啼笑皆非的是,琼斯并不真正拥有这辆福特牌轿车,车是租来的或是朋友借给他的,布朗先生却确确实实在巴塞罗那。

现在的问题是:根据知识的传统定义,斯密斯无疑不具备命题 W 以及命题 A 和 C 的知识。但命题 B 是不是知识呢? 根据常识,答案应是否定的。但无可置疑的是,该命题又完全满足柏拉图的传统定义,应视为知识。因为第一,根据选言命题的真值表,命题 B 即"或者琼斯拥有一辆福特牌轿车,或者布朗在巴塞罗那"是真的;第二,斯密斯相信命题 B;第三,斯密斯的相信命题 B 是经过确证的,如此一来就造成了认知上的两难困境。

此即是著名的"葛梯尔反例",葛梯尔反例的实质是:某人 S 可以通过一个确证的但是虚假的信念 p 推出一个恰巧是真的信念 q,但主体 S 并不知道 q。它表明知识的所谓标准定义是有缺陷的,即使它的三个条件都得到满足,某信念仍然不能称为知识。

葛梯尔反例对知识本性的质疑,在当代英美哲学界引起强烈反响。自其刊发以来,几乎所有的知识论家都加入对该问题的论辩与争鸣中,难以记数的文章纷纷涌现,由此也形成了当代知识论这一独特的文化景观。但综观这些论辩性的文章不难发现,或许因为论题单一的缘故,这些文章几乎呈现出雷同的论证模式:驳论——初步立论——自我反驳——最终立论。而且这些文章也使用了几乎如出一辙的研究方法——例证法、设疑法、语义分析法、逻辑分析法等,也正是这些方法的运用使得当代知识论研究呈现出别具一格的特征,本文的第二部分即将检视这些重要的研究方法。

二、当代知识论研究方法

(一)例证法

上文指出,葛梯尔反例质疑了知识的传统定义,在当代英美哲学界带来强烈反响,足见例证在论辩中的重要作用。的确,一个好的例子在论辩中确实可以收到意想不到的效果,它能使人迅速摆脱纯粹思辨带来的云山雾水,立时拥有拨云见日之感觉。也许是因为例证法的上述优越之处,例证法已成为当代知识论研究普遍采用的一种重要方法。几乎每一个知识论家在立论和驳论时都会采用一些特殊的例子,甚至使用一些逻辑上合理但只有可能世界才会出现的例子以作为论辩的手段。恰是例证法的使用使得当代知识论研究呈现出直白、简洁的特点。以下就是两个比较典型的例证模型:

1.温度计模型。温度计模型是著名知识论家阿姆斯特朗在论证知识的本性时使用的一个重要例证。① 在阿姆斯特朗看来,知识的传统定义是有缺陷的,知识之成为知识并不在于信念需要理由来支持,知识之成为知识恰是在于信念事态与使之为真的事态之间有一种规律般的联系。阿姆斯特朗认为,理解这种观点的最快捷的方式就是使用温度计模型。他认为,一个好的功能正常的温度计必能准确地标明温度。同样,一个功能健全的认知者必能通过正常的信念形成过程或机制获得真的信念。温度计模型由于具有形象、简明、生动、深刻的特点,一经使用即为知识的外在主义招揽了众多信徒,并因之形成了有着重大影响的外在主义主流学派;也正因如此,温度计模型成为当代知识论研究中外在主义的一面招牌,甚至被人视为代表了外在主义的全部观点。

2.透视眼模型。透视眼模型是著名的知识论家邦久在反驳外在主义的非把握主义的确证观时,所使用的一个例证模型②。在邦久看来,外在主义的知识确证观是错误的,知识的确证必须是内在可把握的。就像一个拥有透视能力的人,虽然根据他的透视能力透视到总统正在甲处访问,他也因此相信总统就在甲处访问,然而假设此时有大量证据表明总统正在乙处访问,而且有大量证据证明他并不具备透视的能力,这样,即便事实最后证明总统就在甲处访问,大量证据的出现仅仅是为了防止总统遭致政治谋杀而故意布设的,在这种情况下,仍然不能认为其人拥有知识,理由是他应当相信他可以把握的东西,而不应盲目地相信所谓的透视能力。由于邦久代表了内在主义的观点,他的这一例证一经使用既成为内在主义反驳外在主义的典型例证,又是内在主义为自身辩护的重要依据。③

(二)设疑法

设疑法是当代知识论研究所常见的另一种重要方法,自葛梯尔反例为知识的本性设疑以来,知识论家在论证自己的观点时,为谨慎周密起见,一般都会在论证中设置两三个假想敌,这些假想敌通常对论者的论证方式提出强烈质疑,意图驳倒论者的观点,此时论者一般会循着假想敌的思路对他们进行逻辑反驳,直至逐一驳倒对方为止,笔者把这种设置假想敌的方法称为设疑法。笔者以为设疑法是一种十分重要的论证方法,在论证过程中通过设疑驳疑,论者不仅能进一步申明自己的观点,而且从反面进一步强化论者的观点,同时通过正反对照的方式进行论证,也能在读者的心理视角上形成强烈反差,使读者折服于论者论证的逻辑的周延和完整。当代知识论家在知识论研究中普遍使用了设疑法,兹举一例明之:

比如,著名知识论家戈德曼在其名篇《什么是确证的信念?》一文中,在正面论证

① ARMSTRONG D. Belief, Truth, and Knowledge[M]. London: Cambridge University Press, 1973:166.

② BONJOUR L. The Structure of Empirical Knowledge[M]. Cambridge, MA: Harvard University Press,1985:38-45.

③ 陈英涛.论邦久的确证的内在主义[J].厦门大学学报,2005(1).

了信念确证的历史信赖主义之后,旋即指出,为进一步强化论证的力度,必须排除两种对其历史信赖主义可能的反对。

第一个反对来自于批评家可能的质询,即:并非所有的确证的信念皆从因果谱系中获得确证的力量,尤其是涉及基本逻辑或概念联系的当前现象状态或直觉信念就不属于此种类型。在这种反例面前,戈德曼的反驳是:既然内省属于反省的一种,则"我'现在'在疼痛"这样一个信念的确证就一定属于一个相关的、尽管可能是比较短暂的因果历史。逻辑的或概念的关系的信念也不例外,理解它们同样需要时间,虽然我们可能无法清楚说出逻辑运算的过程。

第二个反对来自于批评家对历史信赖主义的"信赖性"的质疑。这种观点认为,既然历史信赖主义具有普适性,则这似乎意味着对任何认知过程 C,若 C 在可能世界 W 里是可信赖的,那么在 W 里来自于 C 的任何信念都是确证的,这样一来反例就无法避免,比如我们有理由设想一个臆想过程是可信赖的可能世界,这个世界是由一个仁慈的魔鬼故意安排的,在这样的世界里,所有通过臆想而来的信念皆是真的,如此一来臆想就变成可信赖的认知过程,但这显然违背了历史信赖主义的理论设定。戈德曼回答该反例时分析了多种方式,最后他认为比较可行的一种方式是,主张任何认知过程的可信赖性都必须以事实世界的常识标准为标准,否则即为无效。①

以上即是戈德曼对设疑法的应用的例证,正是因为戈德曼不仅从正面论证了其确证的信赖主义,而且从反面通过设疑强化了这种确证的信赖主义,使得其信赖主义成为当代知识论研究的一面旗帜。

(三)语义分析法

语义分析法是当代知识论研究所运用的最基本的方法。即如上述,葛梯尔反例质疑了知识的本性,尤其是知识的确证。无疑,对当代知识论家来说,要反驳葛梯尔反例,第一要务是清楚了解确证的实质。在这种背景下,语义分析法就有了用武之地。

通观当代知识论研究,对确证进行语义分析已成为当代知识论研究的中轴之所在。各种名目的确证理论正是借用了语义分析为手段而纷纷产生。据不完全归纳,当代知识论有关确证的语义分析至少涉及以下几个方面:(1)确证的定义;(2)确证的性质;(3)确证的标准;(4)确证的条件与结构。从确证的定义看,确证至少又有以下几种表达方式:"负责任地形成的""可信赖地产生的""使相信者具有充分证据的""在内在可把握的基础上,在充分证据之上形成的""作为认知者如何追求其认识目的的评价概念"……从确证的性质看,确证的性质又可分为"规范性的"和"非规范性的"两种。"规范性的"又可分为"义务论的""价值论的""目的论的"等;"非规范性的"又可分为"证据主义的""社会意义上的""语境意义上的"等。从确证的标准看,确证不仅可从评价的角度来审视,而且可从主客观的角度来判定。从确证的条件看,确证又分属于外在的条件、内在的条件,以及语境的条件等。从确证的结构看,确证又可分为基础主义的、一致主义的等。

以上只是从比较宏观的视角审视确证的语义内涵。从个案的角度来审视确证的语义内涵,齐硕姆堪称典范。在齐硕姆看来,确证应从证据的角度来理解。为明确"证据"的含义,他先后定义了"抵制""合理""优先""可接受""确定""明证""反平衡""自我呈显""直接明证""公理""先验""倾向证实""间接明证""击败""无理由怀疑"等十几个概念,并由此形成一个逻辑严整的证据链条。① 除此之外,齐硕姆还从义务论的角度理解确证的性质,从基础主义的角度分析确证的结构等。总之,在齐硕姆眼里,确证是一个多维度的意蕴丰富的概念。

从以上分析可以看出,语义分析法的确是当代知识论研究的一把利器,它恰如一把锋利的手术刀,手执着这把锋利手术刀的当代知识论家们层层解剖了确证这一概念,从而使人们对确证的内涵有了一个全新的多维度多视角的理解。

(四)逻辑分析法

当代知识论研究还普遍运用了逻辑分析的方法。众所周知,逻辑分析的方法是现代分析哲学的基本方法,这种方法把逻辑注入哲学、语言和科学,使哲学、语言和科学逻辑化,其最大的特点就是对科学命题、定理、理论之间的关系以及语言做逻辑的分析。在当代知识论研究中,逻辑分析的方法依然是一种重要的方法,只是它的适用范围相对狭窄,主要被局限在对知识的本性等基本概念作逻辑的分析上。兹举诺齐克对知识条件的分析,即可管窥当代知识论研究对逻辑分析方法应用之一斑。

诺齐克对知识本性的解读是其著名的知识四条件说。② 他认为,知识与合理的信念之间的差别在于,知识不仅要求具有传统的条件(1)和(2),即 S 相信 p 以及 p 是真的;而且知识之成为知识的关键在于,它还必须满足另外两个必要条件。即:(3)虚拟假设 p 不是真的,S 不会相信 p;(4)虚拟假设 p 是真的,S 就相信 p。诺齐克把其知识的四条件说用逻辑形式来表达:

(1)S 相信 P;

(2)P 是真的;

(3)虚拟假设 p 不是真的,S 不会相信 p;

(4)虚拟假设 p 是真的,S 就相信 p。

在诺齐克看来,他的知识的四条件说既解决了葛梯尔反例,又足以应对各种怀疑主义的挑战。他指出,设定条件(3)即是专门应对葛梯尔反例的,因为条件(3)对知识

---

① CHISHOLM R M. Theory of Knowledge[M]. 2nd ed. Englewood Cliffs, NJ: Prentice-Hall, 1977:5-15.

② NOZICK R. Philosophical Explanations[M]. Cambridge, MA: Harvard University Press, 1981: 172-185,197-217.

的要求是,不只是在事实世界里 p 不真 S 就不相信 p,而且在虚拟的可能世界里 p 不真 S 也不相信 p。由于在葛梯尔反例中 p 假 S 依然相信 p,故而葛梯尔反例不能满足条件(3)的设定,如此一来条件(3)就能轻松应对葛梯尔反例。

但诺齐克接着发现虽然条件(3)足以应对葛梯尔反例,但条件(3)在逻辑上无法应对怀疑主义的更大反驳,比如在缸中之脑的反例中,缸中之脑能够满足条件(3)的要求,但仍然不能认为他是知道的。在这种状况下,条件(1)(2)(3)的合取并不能完成对知识的周延定义,为此就需要反驳缸中之脑反例。诺齐克注意到,缸中之脑反例的产生在于,缸中之脑的信念对真理和事实并不敏感,虽然他的信念来自于事实,但他并不追踪事实。因为缸中之脑的操纵者可以随意制造任何信念,而且只要他愿意,缸中之脑都会相信。为此,诺齐克主张,对知识来说,在任何情境中,信念一定要和事实共变,要追踪真理。由于条件(3)只是设定了 p 假 S 就不相信的情形,它只是告诉人们当 p 假时将有什么信念状态,而没有告诉人们当 p 真时应有什么信念状态。为此,诺齐克为知识设定了第四个条件:虚拟假设 p 是真的,S 就相信 p。诺齐克解释说,条件(4)要表达的意思是,不仅 p 真 S 相信 p,而且如果 P 真 S 就会相信。换句话说,不仅在事实世界里 p 真 S 相信 p,而且在临近的可能世界里 p 真 S 也会相信 p。由于缸中之脑反例不能满足条件(4)的要求,所以为知识设定这一条件足以克服类似缸中之脑的反例。

不过,条件(4)可能会面对这样的偶然情况,如某人偶然看到某种事情,或者偶然地依据某个信息来源。比如,有位老人看到并相信他的孙子很健康,但实际上他生病了,人们只是为了不让老人担心,隐瞒了这一情况。这使得老人仍然相信他的孙子是健康的。在这种情况下,可以说老人并没有追踪真理。

为避免此类状况出现,诺齐克进而为知识的条件增加了新的规定,即要求在产生信念时要依据一定的可靠的方法,来保证认知者能够追踪真理。由此,诺齐克把知识的四个条件重新表述为:

(1)p 是真的;

(2)借助于产生信念的方法 M,S 相信 p;

(3)虚拟假设 p 不是真的,并且 S 运用了方法 M 来达到有关是否为 P 的信念,则 S 必定不相信 p;

(4)虚拟假设 p 是真的,并且 S 运用了方法 M 来达到有关是否为 P 的信念,则 S 必定相信 P。

至此,诺齐克借助于模态逻辑和现代语义学的最新研究成果,为知识下了一个比较完满的定义。

三、结语

以上四法是当代知识论研究的最主要方法,也是最普遍应用的四种方法。当然,在当代知识论的研究中,除此四种方法之外,一些知识论家还运用了语境分析法、解释学的方法、社会分析的方法、先验分析法等,但由于这些方法基本局限于某一学派,并不具有普适性的特征,兹不赘述。总之,当代知识论正是普遍运用了以上几种主要的研究方法,特别是其中的例证法、设疑法,才使得它在发展的过程中,表现出独具一格的特点,也恰因如此才造就了当代知识论这一独特的研究范式。

附 录 四

当代知识论代表人物的生平与著作

一、齐硕姆

齐硕姆(Roderick M. Chisholm,1916—1999),美国著名哲学家和知识论家。齐硕姆 1916 年出生在马萨诸塞州的北阿特勒伯勒市,1938 年在布朗大学获得哲学学士学位,1940 年和 1942 年在哈佛大学分获哲学硕士和博士学位。齐硕姆曾在军队短暂服役,并曾短暂受雇于宾夕法尼亚州巴恩斯基金会(Barnes Foundation)担任讲师。然后,齐硕姆回到布朗大学担任助理教授。在漫长的职业生涯中,他一直留在布朗大学任教(除了在哈佛、格拉茨、普林斯顿、芝加哥、马萨诸塞、萨尔茨堡和其他几个地方担任客座教授)。1953 年齐硕姆升任教授,1951—1954 年担任该校哲学系主任,后担任该校 A.W.梅隆人文科学教授。

齐硕姆一生获得了一系列杰出的学术荣誉和奖项。1958 年当选美国艺术与科学院院士,曾被选为美国哲学协会东部分会主席、美国形而上学学会会长、美国哲学研究会主席。除此之外他还是许多其他杰出理事会和董事会的成员。

齐硕姆被公认为是 20 世纪最有创造力、最高产和最有影响力的美国哲学家之一。他的研究横跨认识论、形而上学、伦理学、语言哲学、心灵哲学等诸多领域。他以莱布尼茨或笛卡儿的方式构成了一个宏大的哲学体系。齐硕姆是一位多产的哲学家,他在知识论方面的工作足以保证他作为美国哲学杰出人物的地位;然而,他在形而上学和伦理学的几个领域也做出了重大贡献。

齐硕姆从上个世纪 40 年代开始从事哲学研究。最重要的著作有《感知:哲学研究》(*Perceiving:A Physical Study*,1957)、《知识论》(*Theory of Knowledge*,1966,1977,1989)、《人的自由与自我》(*Human Freedom and the Self*,1964)、《人与物:形而上学研究》(*Person and Object:A Metaphysical Study*,1976)、《第一人称:一篇关于指称和意向性的论文》(*The First Person:An Essay on Reference and Intentionality*,1979)、《知识的基础》(*The Foundation of Knowledge*,1982)、《论形而上学》(*On Metaphysics*,1989)。1960 年他编辑出版《实在论与现象学的背景》(*Realism and*

Background of Phenomenology），1973 年又与他人合编《经验知识》（*Empirical Knowledge*）。

齐硕姆的哲学和知识论研究对同时代乃至后世产生了巨大影响。为了表达对他的敬意，1975 年雷尔（Lehrer）编辑了《分析与形而上学》一书。1986 年博格丹（Bogdan）编辑了《齐硕姆》一书。1979 年索萨（Sosa）编辑出版《齐硕姆哲学论文集》。1997 年汉（Hahn）编辑了《齐硕姆的哲学》。2003 年《元哲学》杂志出版了一期专刊，专门讨论齐硕姆的工作。齐硕姆的生平与学术介绍还可见于他本人的《我的哲学发展》以及早期自传版的《自画像》中。

二、戈德曼

戈德曼（Alvin I. Goldman，1938—），罗格斯大学哲学系教授，美国著名哲学家，知识论中外在主义的杰出代表。1960 年获哥伦比亚大学学士学位，1962 年和 1965 年分获普林斯顿大学哲学硕士学位和博士学位。1963—1969 年任密歇根大学助理教授，1969—1973 年任该校副教授，1973—1980 年任该校教授。1980—1983 年在芝加哥伊利诺伊大学哲学系任教授。1983—2002 年转任亚利桑那大学教授，2002 年以来在罗切斯特大学哲学系任董事会教授。2004 年戈德曼当选为美国人文与艺术科学院院士。

戈德曼在美国哲学界有着举足轻重的影响。曾任美国哲学协会太平洋分部主席，哲学与心理学学会主席。

2005—2012 年主编《认识论》——社会认识论杂志。兼任《斯坦福哲学百科全书》、《理性》、《哲学与现象学研究》、《牛津知识论论文集》、《原则》、《道德和信息技术》、《哲学家印记》（电子期刊）、《哲学论文》（电子期刊）、《思想与社会》、《Raritan：季度回顾》、《哲学与心理学回顾》、*Abstracta*（在线杂志，葡萄牙语/巴西编辑）等多本杂志的编委会成员。

戈德曼的教学与研究领域非常宽广。包括知识论、知识与认知、社会认识论、政治哲学、心灵哲学、哲学自然主义、哲学与心理学、形而上学、社会科学哲学、人类行为理论、当代哲学、分析哲学问题与方法、语言哲学、美国哲学、逻辑学等。

主要著作有：《人类行为理论》（*A Theory of Human Action*，1977），《知识论与认知》（*Epistemology and Cognition*，1986）《哲学与认知科学读物》，（*Readings in Philosophy and Cognitive Science*，1993），《认知科学的哲学应用》（*Philosophical Applications of Cognitive Science*，1993），《社会世界中的知识》（*Knowledge in a Social World*，1999）《知识之路：私人和公共》（论文集）（*Pathways to Knowledge：Private and Public*，2002），《模拟思维：读心术的哲学、心理学和神经科学》（*Simulating Minds：The Philosophy，Psychology and Neuroscience of Mindreading*，2006），《可信赖性与当代知识论》（论文集），（*Reliabilism and Contemporary Epistemology：Essays*，2012），《知识论：当代导论》（与马修·麦格拉斯合著）（*Epistemology：A Contemporary Introduction*，2015）等。1967 年以来发表论文 160 余篇。

三、邦久

　　邦久(Laurence Bonjour,1943—),华盛顿大学哲学系荣誉教授,当代知识论内在主义与外在主义论战的发起人之一。1965 年邦久在马卡莱斯特大学获得哲学与政治学学士学位,1969 年在著名哲学家罗蒂指导下获得普林斯顿大学博士学位。在转任华盛顿大学前邦久曾在得克萨斯大学任教。邦久的学术兴趣主要在知识论、康德哲学和英国经验主义。出版学术著作有:《经验知识的结构》(*The Structure of Empirical Knowledge*,1985)、《纯粹理性的辩护》(*In Defence of Pure Reason*,1998)、《知识论:经典问题与当代回应》(*Epistemology:Classic Problems and Contemporary Responses*,2002)、《认知确证:内在主义与外在主义,基础与德性》(*Epistemic Justification:Internalism vs.Externalism,Foundations vs.Virtues*,2003)、《哲学问题:注释文集》(*Philosophical Problems:An Annotated Anthology*,2005)等。

　　邦久的主要学术贡献是他的知识论,最著名的就是和戈德曼关于内在主义和外在主义的论战。邦久认为,当代知识论家们围绕葛梯尔问题、怀疑与闭环、彩票悖论、语境主义等所谓的论题"浪费了太多的时间精力以及聪明才智,结果却无功而返"。邦久自身的学术逻辑不断变化:最初,他在《知识的结构》中批判基础主义为一致主义辩护,随后,邦久转而在《纯粹理性的辩护》中为笛卡儿基础主义进行辩护。在以后的著作中,邦久为先验确证辩护,强烈批判奎因与罗蒂等经验主义者和实用主义者。上世纪 80 年代,邦久批判阿姆斯特朗和戈德曼的可信赖主义,提倡认知真理和知识确证的内在主义,形成了有名的透视眼反例;许多年后邦久进一步扩展了其内在主义对基础主义的批判,认为基础主义不能为确证提供足够的理由,不能解决认知回溯问题。

四、索萨

　　索萨(Ernest Sosa,1940—),美国罗格斯大学董事会哲学教授。自 1998 年起,索萨一直在罗格斯大学(Rutgers University)工作,先是兼职,然后全职担任教授,自2008 年起担任董事会教授。在此之前,他在布朗大学任教,曾任罗密欧·埃尔顿教授。

　　作为德性知识论的创始人,索萨的德性认识论几乎讨论了知识论所有话题,包括柏拉图式的自然问题和知识的价值问题,各种形式的怀疑论,语境主义和相对主义,以及内在主义/外在主义和基础主义/一致主义的争论。

　　除知识论之外,索萨的研究领域还涉及形而上学、现代哲学和心智哲学。他所撰写的专著和文章对学界产生了重要影响,其中包括《德性知识论》(*A Virtue Epistemology*,2007)、《反思性知识》(*Reflective Knowledge*,2009)、《完全知道》(*Knowing Full Well*,2011)、《德性思考:索萨的哲学》(*Virtuous Thoughts:The Philosophy of Ernest Sosa*,2013)、《知识论》(*Epistemology*,2017)。

作为一名精通知识论的学者,索萨被誉为"过去半个世纪最重要的知识论学者之一"。2010 年,索萨被匹兹堡大学授予 Rescher 奖,2010 年被美国哲学协会授予 Quinn 奖,2016 年被 Phi Beta Kappa 和美国哲学协会授予 Lebowitz 奖。2001 年当选美国艺术和科学院院士,并当选美国哲学协会主席(东部分部,2004 年),以及 APA 理事会主席(2005—2008)。索萨还担任哲学期刊 *Noûs* 和 *Philosophy and Phenomenological Research* 等世界多家顶级哲学杂志的编辑工作和书系主编,还是前任国际哲学协会联合会副主席,国际哲学委员会终身委员。

五、普兰廷加

普兰廷加(Alvin Carl Plantinga,1932—),美国当代著名的基督教哲学家,全美基督教哲学的领军人物。圣母大学 John A.O'Brien 讲席教授,2010 年荣退。普兰廷加于 1932 年 11 月 15 日出生于密歇根州安娜堡(Ann Arbor)。曾就读于詹姆斯顿学院、密歇根大学、耶鲁大学,并于 1958 年在耶鲁大学获得博士学位。

1957 年普兰廷加任耶鲁大学哲学系讲师,1958 年任韦恩州立大学哲学系教授。1963—1982 年普兰廷加在加尔文大学长期执教,1982 年开始至圣母大学任讲席教授。

普兰廷加曾经担任美国哲学协会西部分会的主席,基督教哲学家协会主席。1971—1972 年当选"古根海姆学者"(Guggenheim Fellow),1975 年当选美国艺术与科学研究院院士。2006 年,圣母大学哲学和宗教中心把杰出学者奖学金更名为普兰廷加奖学金。

在长达五十年的学术生涯中,普兰廷加的主要学术兴趣在知识论、形而上学和宗教哲学。普兰廷加相信信仰和理性、宗教和科学完全可以和谐共处。普兰廷加发展出了一种特殊的知识论,既为上帝的存在辩护又为人们日常信念的合理性辩护。他的这种知识论被称为保证的合适功能主义。保证的合适功能主义主要体现在普兰廷加的三部曲中:《保证:当前的争论》(*Warrant:Current Debate*,1993)、《保证与合适功能》(*Warrant and Proper Function*,1993)、《保证的基督教信念》(*Warranted Christian Belief*,1993)。普兰廷加的知识论三部曲奠定了其在美国哲学界和知识论界的重要地位。除此之外,普兰廷加还出版过很多著作:《信仰、自由与罪恶》(*God,Freedom,and Evil*,1977)、《上帝与他人心灵》(*God and Other Minds*,1967)、《必然性的本性》(*The Nature of Necessity*,1974)、《上帝的知识》(*Knowledge of God*,2008)、《科学与宗教能和谐相处吗?——与丹尼特的争论》(*Science and Religion:Are They Compatible?* with Daniel Dennett,Oxford University Press,2010)、《冲突究竟在何处:宗教与自然主义》(*Where the Conflict Really Lies:Science,Religion and Naturalism*,2011)、《知识与基督教信念》(*Knowledge and Christian Belief*,2015)。

六、阿尔斯顿

阿尔斯顿（William P. Alston）（1921—2009），美国著名哲学家、知识论家。1921年11月29日出生于路易斯安那州的什里夫波特（Shreveport）；大学在 Centenary College 攻读音乐，二战中他对哲学产生浓厚兴趣，通过自学，1951年发表以"怀特海的形而上学"为题的论文并在加州大学获得博士学位。1949—1971年阿尔斯顿在密歇根大学任教并于1961年升任哲学教授；1971—1976年在罗切斯特大学哲学系任哲学教授并于1972—1973年做执行系主任。1976—1979年在伊利诺伊大学哲学系任教授并在1977—1979年任系主任。1980—1992年在叙利亚大学任教授。

阿尔斯顿有着众多的学术荣誉和学术兼职。曾任美国哲学学会西部分会主席，美国心理学与哲学学会主席，美国基督教哲学学会主席，斯坦福大学行为科学研究中心研究员，阿伯特大学理论心理学高级研究中心杰出访问教授，美国艺术与人文研究院院士。他与普兰廷加共同创办了基督教哲学学会以及基督教哲学家杂志《宗教与信仰》。

阿尔斯顿的研究领域宽广，以语言哲学、形而上学、知识论、宗教哲学以及哲学神学闻名于世。超过百篇文章被编入《语言哲学》选集中，多篇文章被保罗爱德华兹编入《哲学百科全书》。1989年阿尔斯顿的文章被康奈尔大学出版社结集出版，分别是：《认知确证：知识论论文集》（*Epistemic Justification：Essays in the Theory of Knowledge*，1989）、《神性与人类语言：哲学神学论文集》（*Divine Nature and Human Language：Essays in Philosophical Theology*，1992）。另有《感知上帝：宗教经验知识论研究》（*Perceiving God：A Study in Epistemology of Religious Experience*，1991），《感知的可信赖性》（*Reliability of Sense Perception*，1993），《言语行为与命题意义》（*Illocutionary Acts and Sentence Meaning*，2000），《感性神学实在论》（*A Sensible Metaphysical Realism*，2001）。就知识论研究而言，阿尔斯顿对知识论的许多话题都有贡献：知识和确证的分析，基础主义和一致主义，内在主义和外在主义，认知原则，宗教知识论，知觉以及其他。

参考文献

英文部分

〔1〕ALSTON W P. Concepts of Epistemic Justification〔J〕. The Monist,1985,68.

〔2〕ALSTON W P. Internalism and Externalism in Epistemology〔J〕. Philosophical Topics,Spring 1986,XIV(1).

〔3〕ALSTON W P. Two Types of Foundationalism〔M〕//MOSER P K. Empirical Knowledge (Readings in Contemporary Epistemology). New Jersey:Rowman & Littlefield Publishers,Inc.,1986.

〔4〕ALSTON W P. An Internalist Externalism〔J〕.Synthese,1988,74(3).

〔5〕ALSTON W P. Epistemic Justification〔M〕. Ithaca:Cornell University Press,1989.

〔6〕ALSTON W P. Goldman on Epistemic Justification〔J〕.Philosophia,1989,19.

〔7〕ALSTON W P. How to Talk about Reliability〔J〕.Philosophical Topics,1995,23(1).

〔8〕ALSTON W P. A"Doxastic Practice"Approach to Epistemology〔M〕//MOSER P K. Empirical Knowledge (Readings in Contemporary Epistemology). 2nd ed. New Jersey:Rowman & Littlefield Publishers,Inc.,1996.

〔9〕ALSTON W P. Beyond "Justification":Dimensions of Epistemic Evaluation〔M〕.Ithaca,NY:Cornell University Press,2005.

〔10〕ARMSTRONG D. Belief,Truth,and Knowledge〔M〕.London:Cambridge University Press,1973.

〔11〕AUDI R. Causalist Internalist〔J〕. American Philosophical Quarterly,October 1989,26(4).

〔12〕AUDI R. Chisholmian Justification,Causation,and Empirical Virtue〔M〕//HAHN L E. The Philosophy of Roderick M. Chisholm. Chicago:Southern Illinois

University at Carbondale,1997.

[13]AUDI R. Epistemology:A Contemporary Introduction to the Theory of Knowledge[M].New York:Routledge,1998.

[14]BERENDS H. Veritistic Value and Use of Evidence:A Shortcoming of Goldman's Epistemic Evaluation of Social Practices[J].Social Epistemology,2002,16 (2).

[15]BLACK C. Foundations[M]//BENDER J W. The Current State of the Coherence Theory. Dordrecht:Kluwer Academic Publishers,1989.

[16]BONJOUR L. The Coherence Theory of Empirical Knowledge[J].Philosophical Studies,1976,30.

[17] BONJOUR L. Can Empirical Knowledge Have a Foundation? [J]. American Philosophical Quarterly,January 1978,15(1).

[18]BONJOUR L. The Structure of Empirical Knowledge[M].Cambridge,MA: Harvard University Press,1985.

[19]BONJOUR L. Externalism/Internalism[M]//DANCY J,SOSA E. A Companion to Epistemology. Oxford:Blackwell Publishers,1992.

[20]BONJOUR L. Sosa on Knowledge,Justification and Aptness[J].Philosophical Studies,1995,78(3).

[21]BONJOUR L. Plantinga on Knowledge and Proper Function[M]//KVANVIG J L. Warrant in Contemporary Epistemology:Essays in Honor of Plantinga's Theory of Knowledge. Lanham:Rowman & Littlefield Publishers,Inc.,1996.

[22]BONJOUR L. The Dialectic of Foundationalism and Coherentism[M]// GRECO J,SOSA E. The Blackwell Guide to Epistemology. Oxford:Blackwell Publishers,1999.

[23]BONJOUR L. Externalist Theories of Empirical Knowledge[M]//KORNBLITH H. Epistemology:Internalism and Externalism. Oxford:Blackwell Publishers,2001.

[24]BONJOUR L. Internalism and Externalism[M]//MOSER P K. The Oxford Handbook of Epistemology. Oxford:Oxford University Press,2002.

[25] BONJOUR L. Epistemology:Classical Problems and Contemporary Responses[M].New York:Rowman & Littlefield Publishers,Inc.,2002.

[26]BONJOUR L. Reply to Sosa[M]//BONJOUR L,SOSA E. Epistemic Justification:Internalism vs. Externalism,Foundations vs. Virtues. Oxford:Blackwell Publishing,2003.

[27]CHISHOLM R M. Theory of Knowledge[M].2nd ed. Englewood Cliffs, NJ:Prentice-Hall,1977.

[28]CHISHOLM R M. The Foundations of Knowing[M].Minnesota:University

of Minnesota Press,1982.

[29]CHISHOLM R M. The Place of Epistemic Justification[J].Philosophical Topics,Spring 1986,14(1).

[30] CHISHOLM R M. Self-Profile [M]//BOGDAN R J. Roderick M. Chisholm. Dordrecht:D. Reidel Publishing Company,1986.

[31]CHISHOLM R M. The Indispensability of Internal Justification[J].Synthese,1988,64.

[32]CHISHOLM R M. Theory of Knowledge[M].3rd ed. Englewood Cliffs,NJ: Prentice Hall,Inc., 1989.

[33]CLIFFORD W K. The Ethics of Belief[EB/OL]. [2022-06-30]. http:// www.anthonyflood.com/ethicsofbelief.htm.

[34]CONEE E. Plantinga's Naturalism[M]//KVANVIG J L. Warrant in Contemporary Epistemology:Essays in Honor of Plantinga's Theory of Knowledge. Lanham:Rowman & Littlefield Publishers,Inc., 1996.

[35]CONEE E,FELDMAN R. The Generality Problem for Reliabilism[M]// KIM J,SOSA E. Epistemology:An Anthology. Oxford:Blackwell Publishers,2000.

[36] CONEE E, FELDMAN R. Internalism Defended [M]//KORNBLITH H. Epistemology:Internalism and Externalism. Oxford:Blackwell Publishers,2001.

[37]DESCARTES. Meditation 4[M]//HALDANE E S,ROSS G R T. Philosophical Works of Descartes[M].New York:Dover,1955.

[38]DRETSKE F. Entitlement:Epistemic Rights Without Epistemic Duties? [J].Philosophy and Phenomenological Research,May 2000,LX(3).

[39]FELDMAN R. Evidence[M]//DANCY J,SOSA E. A Companion to Epistemology. Oxford: Blackwell Publishers,1994.

[40]FELDMAN R. Plantinga,Gettier,and Warrant[M]//KVANVIG J L. Warrant in Contemporary Epistemology: Essays in Honor of Plantinga's Theory of Knowledge. Lanham:Rowman & Littlefield Publishers,Inc., 1996.

[41]FELDMAN R. Epistemic Obligations[M]//Crumley II J S. Readings in Epistemology. London:Mayfield Publishing Company,1999.

[42]FELDMAN R,CONEE E. Evidentialism[J].Philosophical Studies,1985,48 (1).

[43] FOLEY R. The Epistemology of Sosa[J]. Philosophical Issues, 1994, 5 (Truth and Rationality).

[44]FOLEY R. Chisholm's Epistemic Principles[M]//HAHN L E. The Philosophy of Roderick M. Chisholm. Chicago:Southern Illinois University at Carbondale,1997.

[45] FUMERTON R. Sosa's Epistemology [J]. Philosophical Issues, 1994, 5

（Truth and Rationality）.

［46］FUMERTON R. Metaepistemology and Skepticism［M］. Lanham, MD: Rowman & Littlefield Publishers,1995.

［47］FUMERTON R. The Internalism/Externalism Controversy［J］. Philosophical Perspectives,1998,2（Epistemology）.

［48］GETTIER E. Is Justified True Belief Knowledge？［J］.Analysis,1963,23.

［49］GINET C. Knowledge, Perception and Memory［M］.Dordrecht: D. Reidel Publishing Company,1975.

［50］GOLDMAN A H. Bonjour's Coherentism［M］//BENDER J W. The Current State of the Coherence Theory. Dordrecht:Kluwer Academic Publishers,1989.

［51］GOLDMAN A I. What Is Justified Belief［M］//PAPPAS G S. Justification and Knowledge. Dordrecht:D. Reidel Publishing Company,1979.

［52］GOLDMAN A I. Epistemology and Cognition［M］. Cambridge: Harvard University Press,1986.

［53］GOLDMAN A I. Bonjour's The Structure of Empirical Knowledge［M］// BENDER J W. The Current State of the Coherence Theory. Dordrecht:Kluwer Academic Publishers,1989.

［54］GOLDMAN A I. Reliabilism［M］//DANCY J,SOSA E. A Companion to Epistemology. Oxford:Blackwell Publishers,1992.

［55］GOLDMAN A I. A Causal Theory of Knowledge［M］//POJMAN L P. The Theory of Knowledge. California:Wadsworth Publishing Company,1993.

［56］GOLDMAN A I. Discrimination and Perceptual Knowledge［M］//POJMAN L P. The Theory of Knowledge. California:Wadsworth Publishing Company,1993.

［57］GOLDMAN A I. Knowledge in a Social World［M］. Oxford: Clarendon Press,1999.

［58］GOLDMAN A I. Strong and Weak Justification［M］//CRUMLEY II J S. Readings in Epistemology. London:Mayfield Publishing Company,1999.

［59］GOLDMAN A I. Epistemic Folkways and Scientific Epistemology［M］// SOSA E,KIM J. Epistemology:An Anthology. Oxford:Blackwell Publishers,2000.

［60］GOLDMAN A I. The Internalist Conception of Justification［M］//KORNBLITH H. Epistemology:Internalism and Externalism. Oxford:Blackwell Publishers,2001.

［61］GOLDMAN A I. Internalism Exposed［M］//KORNBLITH H. Epistemology:Internalism and Externalism. Oxford:Blackwell Publishers,2001.

［62］GRECO J. Internalism and Epistemically Responsible Belief［J］.Synthese, 1990,85.

［63］GRECO J. Virtues and Vices of Virtue Epistemology［M］//KIM J,SOSA

E. Epistemology:An Anthology. Oxford:Blackwell Publishers,2000.

[64]HAACK S. Evidence and Inquiry[M].Oxford:Blackwell Publishers,1993.

[65]HARPER W. Papier Mache Problems in Epistemology:A Defense of Strong Internalism[J].Synthese,1998,116(1).

[66]HUNTER B. Death of Epistemology[M]//DANCY J,SOSA E. A Companion to Epistemology. Oxford:Blackwell Publishers,1994.

[67]KIM K. Internalism and Externalism in Epistemology[J].American Philosophical Quarterly,October 1993,30(4).

[68]KLEIN P. Warrant,Proper Function,Reliabilism,and Defeasibility[M]//KVANVIG J L. Warrant in Contemporary Epistemology:Essays in Honor of Plantinga's Theory of Knowledge. Lanham:Rowman & Littlefield Publishers,Inc., 1996.

[69] KORNBLITH H. A Conservative Approach to Social Epistemology [M]//SCHMITT F F. Socializing Epistemology:The Social Dimensions of Knowledge. Lanham:Rowman & Littlefield Publishers,Inc., 1994.

[70] KORNBLITH H. How Internal Can You Get? [M]//KORNBLITH H. Epistemology:Internalism and Externalism. Oxford:Blackwell Publishers,2001.

[71]KORNBLITH H. Internalism and Externalism:A Brief Historical Introduction[M]//KORNBLITH H. Epistemology:Internalism and Externalism. Oxford:Blackwell Publishers,2001.

[72]KORNBLITH H. Roderick Chisholm and the Shaping of American Epistemology[J].Metaphilosophy,October 2003,34(5).

[73]LEHRER K. A Self Profile[M]//BOGDAN R J. Keith Lehrer. Dordrecht:D. Reidel Publishing Company,1981.

[73] LEHRER K. Metaknowledge:Undefeated Justification [J]. Synthese,1988,74.

[74]LEHRER K. Theory of Knowledge[M].Boulder:Westview Press,1990.

[75]LEHRER K. Chisholm on Perceptual Knowledge:Foundationalism Versus Coherentism[J].Metaphilosophy,October 2003,34(5).

[76]LEHRER K,PAXSON T. Knowledge:Undefeated Justified True Belief [J].Journal of Philosophy,1969,66.

[77]LOCKE J. An Essay Concerning Human Understanding[M]. New York:Dover,1959.

[78]LYCAN W G. Plantinga and Coherentisms[M]//KVANVIG J L. Warrant in Contemporary Epistemology: Essays in Honor of Plantinga's Theory of Knowledge. Lanham:Rowman & Littlefield Publishers,Inc., 1996.

[79]MAFFIE J. Alternative Epistemologies and the Value of Truth[J].Social

Epistemology,2000,14(4).

[80]MARKIE P J. Degrees of Warrant[M]//KVANVIG J L. Warrant in Contemporary Epistemology:Essays in Honor of Plantinga's Theory of Knowledge. Lanham:Rowman & Littlefield Publishers,Inc., 1996.

[81]MOSER P K,MULDER D H,TROUT J D. The Theory of Knowledge:A Thematic Introduction[M].New York:Oxford University Press,1997.

[82]NOZICK R. Philosophical Explanations[M].Cambridge,MA:Harvard University Press,1981.

[83]PELLETIER F J. A Problem for Goldman on Rationality[J].Social Epistemology,2000,14(4).

[84]PINNICK C L. Veritistic Epistemology and Feminist Epistemology:A-Rational Epistemics? [J].Social Epistemology,2000,14(4).

[85]PLANTINGA A. Justification in the 20th Century[J]. Philosophy and Phenomenological Research, Fall 1990, L (Supplement):45-71.

[86]PLANTINGA A. Warrant:The Current Debate[M]. New York:Oxford University Press,1993.

[87]PLANTINGA A. Warrant and Proper Function[M].Oxford:Oxford University Press,1993.

[88]PLANTINGA A. Respondeo[M]//KVANVIG J L. Warrant in Contemporary Epistemology:Essays in Honor of Plantinga's Theory of Knowledge. Lanham, MD:Rowman & Littlefield Publishers,Inc., 1996.

[89] PLATO. Theaetetus, 148e [M]//HAMILTON E, CAIRNS H. The Collected Dialogues of Plato. New Jersey:Princeton University Press,1961.

[90]POJMAN L P. The New Externalism:The Theory of Warrant and Proper Function[M]//POJMAN L P. What Can We Know?:An Introduction to the Theory of Knowledge. 2nd ed. Belmont,CA:Wadsworth Thomson Learning,2000.

[91]POLLOCK J L. Contemporary Theories of Knowledge[M].Totowa,NJ:Rowman and Littlefield,1986.

[92]POLLOCK J L. Epistemic Norms[J].Synthese,1987,71.

[93]POLLOCK J L. Procedural Epistemology:At the Interface of Philosophy and AI[M]//GRECO J,SOSA E. The Blackwell Guide to Epistemology. Oxford:Blackwell Publishers,1999.

[94]POLLOCK J L,CRUZ J. Contemporary Theories of Knowledge[M].2nd ed. Lanham:Rowman & Littlefield Publishers,Inc., 1999.

[95]PRYOR J. Highlights of Recent Epistemology[J].British Journal for the Philosophy of Science,2001,52.

[96]PUTNAM H W. The Threefold Cord：Mind，Body and World[M].New York：Columbia University Press,1999.

[97]QUINE W V. Epistemology Naturalized[M]//SOSA E,KIM J. Epistemology：An Anthology. Oxford：Blackwell Publishers,2000.

[98]QUINTON A. The Nature of Things[M].London：Routledge and Kegan Paul,1973.

[99]SCHMITT F. Knowledge and Belief[M].London：Routledge,1992.

[100]SCHMITT F. Socializing Epistemology：The Social Dimensions of Knowledge[M].Lanham：Rowman & Littlefield Publishers,Inc.，1994.

[101]SCHMITT F. Veritistic Value[J].Social Epistemology,2000,14(4).

[102]SCHMITT F. Epistemic Perspectivism[M]//KORNBLITH H. Epistemology：Internalism and Externalism. Oxford：Blackwell Publishers,2001.

[103]SOSA E. Knowledge and Intellectual Virtue[J].The Monist,1985,68.

[104]SOSA E. The Coherence of Virtue and the Virtue of Coherence[M]// SOSA E. Knowledge in Perspective：Selected Essays in Epistemology. Cambridge：Cambridge University Press,1991.

[105]SOSA E. Reliabilism and Intellectual Virtue[M]//SOSA E. Knowledge in Perspective：Selected Essays in Epistemology. Cambridge：Cambridge University Press,1991.

[106]SOSA E. Introduction：Back to Basics[M]//SOSA E. Knowledge in Perspective：Selected Essays in Epistemology. Cambridge：Cambridge University Press,1991.

[107]SOSA E. Epistemology Today：A Perspective in Retrospect[M]//SOSA E. Knowledge in Perspective：Selected Essays in Epistemology. Cambridge：Cambridge University Press,1991.

[108]SOSA E. Intellectual Virtue in Perspective[M]//SOSA E. Knowledge in Perspective：Selected Essays in Epistemology. Cambridge：Cambridge University Press,1991.

[109]SOSA E. Virtue Perspectivism：A Response to Foley and Fumerton[J]. Philosophical Issues,1994,5(Truth and Rationality).

[110]SOSA E. Perspectives in Virtue Epistemology：In Response to Dancy and Bonjour[J].Philosophical Studies,78(3),1995.

[111]SOSA E. The Raft and the Pyramid[M]//ALCOFF L M. Epistemology：The Big Questions. Oxford：Blackwell Publishers Ltd.，1998.

[112]SOSA E. Skepticism and the Internal/External Divide[M]//GRECO J，SOSA E. The Blackwell Guide to Epistemology. Oxford：Blackwell Publishers,1999.

[113]SOSA E. A Virtue Epistemology[M]//BONJOUR L,SOSA E. Epistemic Justification:Internalism vs. Externalism,Foundations vs. Virtues. Oxford:Blackwell Publishing,2003.

[114]SOSA E. Acknowledgments[M]//BONJOUR L,SOSA E. Epistemic Justification:Internalism vs. Externalism, Foundations vs. Virtues. Oxford:Blackwell Publishing,2003.

[115]SOSA E. Chisholm's Epistemic Principles[J]. Metaphilosophy, October 2003,34(5).

[116]STEUP M. Bonjour's Anti-foundationalist Argument[M]//BENDER J W. The Current State of the Coherence Theory. Dordrecht:Kluwer Academic Publishers,1989.

[117]STEUP M. A Defence of Internalism[M]//POJMAN L P. The Theory of Knowledge:Classical & Contemporary Readings. 2nd ed. California:Wadsworth Publishing Company,1999.

[118]SWAIN M. Alston's Internalistic Externalism[J].Philosophical Perspectives,1988,2(Epistemology).

[119]SWAIN M. Warrant Versus Indefeasible Justification[M]//KVANVIG J L. Warrant in Contemporary Epistemology:Essays in Honor of Plantinga's Theory of Knowledge. Lanham:Rowman & Littlefield Publishers,Inc., 1996.

[120]Symposium on Warrant at Central Division of the American Philosophical Association[C],St. Louis,1986.

[121]VAHID H. The Internalism and Externalism:The Epistemization of an Older Debate[J].Dialectica,1988,52(3).

[122]WOLTERSTORFF N. Obligations of Belief:Two Concepts[M]//HAHN L E. The Philosophy of Roderick M. Chisholm. Chicago:Open Court,1997.

中文部分

[1]马克思,恩格斯.德意志意识形态[M]//马克思,恩格斯.马克思恩格斯文集:第1卷.北京:人民出版社,2009.

[2]马克思.1844年经济学哲学手稿[M]//马克思,恩格斯.马克思恩格斯文集:第1卷.北京:人民出版社,2009.

[3]马克思.关于费尔巴哈的提纲[M]//马克思,恩格斯.马克思恩格斯文集:第1卷.北京:人民出版社,2009.

[4]马克思,恩格斯.马克思恩格斯文集:第1卷[M].北京:人民出版社,2009.

［5］齐硕姆.知识论［M］.邹惟远,等译.北京:生活·读书·新知三联书店,1988.

［6］陈嘉明.知识与确证:当代知识论引论［M］.上海:上海人民出版社,2003.

［7］张志刚.宗教哲学研究:当代观念、关键环节及其方法论批判［M］.北京:中国人民大学出版社,2003.

［8］黄颂杰,宋宽锋.对知识的追求与辩护［J］.复旦大学学报(社会科学版),1997(4).

［9］倪梁康."历史哲学"中的"历史—哲学"关系［M］//赵汀阳.论证.沈阳:辽海出版社,1999.

［10］黄颂杰,宋宽锋.再论知识论的精神实质及其出路［J］.哲学研究,1999(2).

［11］张世英,陈志良.超越现实性哲学的对话［J］.新华文摘,2001(9).

［12］贺来.马克思主义哲学与"存在论"范式的转换［J］.中国社会科学,2002(5).

［13］贺来.马克思与"人"的理解的根本变革［J］.长白学刊,2002(5).

［14］俞吾金.从传统知识论到生存实践论［J］.文史哲,2004(2).

［15］王荣江.知识论的当代发展:从一元辩护走向多元理解［J］.自然辩证法通讯,2004(4).

［16］陈高华,李淑英.戈德曼的可靠论成功维护了自然化的认识论吗?［J］.自然辩证法研究,2008(1).

［17］黄翔.混合型认识论中的个人主义方法论:评基切尔的最小化社会认识论［J］.自然辩证法通讯,2008(1).

［18］殷杰,尤洋.当代社会认识论研究及其意义:下［J］.科学技术与辩证法,2008(5).

［19］潘斌.论戈德曼社会认识论的求真性价值［J］.现代哲学,2011(1).

后 记

　　本书是在我的博士论文基础上扩展而成的。我对内在主义与外在主义之争的兴趣始于 2003 年,2005 年我完成了博士论文《当代英美知识论中的内在主义与外在主义之争》,并在当年 7 月顺利完成了答辩。南京大学哲学系张建军教授、浙江大学哲学系黄华新教授、复旦大学哲学系周昌忠教授、中国科学院研究生院李醒民教授、中国人民大学哲学系刘大椿教授对我的论文进行了评阅。

　　张建军教授对论文这样评价:本文选题是具有重要理论意义和学术价值的前沿课题。全文运用逻辑—历史分析方法,全面、系统地梳理和讨论了当代英美知识论重建研究中内在主义与外在主义旷日持久的论争。文章资料翔实新颖,脉络清楚明晰,语言流畅练达,分析鞭辟入里,论证严谨有力,在史论两方面提出了一系列深刻、独到或富含启发价值的学术新见,体现出了作者扎实深厚的学术功底和在学术前沿领域从事高水平研究工作的能力。周昌忠教授认为:作者几乎完全依赖驾驭国外原始文献,使论文的创作有相当的难度,从而表明作者有深厚学养和较强的独立研究能力。刘大椿教授认为:论文抓住了知识论中的关键问题,对信念确证的内在主义和外在主义,从渊源、内涵、关系、争议和前瞻诸方面,进行了详细而清晰的论述,对其中一些代表人物的思想,也作了扼要的评述,是一篇科学哲学基本理论的前沿性探讨之作。李醒民教授指出:本文的最大特色在于作者下工夫搜集研读了相关文献,占有了丰富的资料,因而在分析和论证时言之有据,论之有力。翔实的资料,自然启发作者提出新颖的见解。黄华新教授认为:作者对内在主义与外在主义之争的背景、现状与意义的述评全面、系统、准确,作者对内在主义与外在主义的划界、概念界定以及对内在主义与外在主义代表人物的思想观点的论述条理清楚、言之有理、结构严谨、富有说服力。

　　各位评阅人对论文给出的一致好评,增强了我继续追踪研究该问题的信心和力量。同时他们也对论文提出了一些非常中肯的意见,甚至指出了一些值得商榷的地方。比如,他们认为论文展开尚不足,还可以更加突出自己的观点等。正因如此,让我感觉这一话题还需进一步深入讨论,特别是对六位代表人物的研究还需要充实加强;随着研究的不断深入,我有了观察几年学术进展再作出版的打算。

　　21 世纪第一个十年后内在主义与外在主义之争逐渐归于沉寂,证词理论、集体知识论、傲慢与偏见、知识的民主化、专家与新手等社会知识论的话题逐渐成为新焦点。2017—2018 年受福建省教育厅学科带头人计划资助,我来到英国卡迪夫大学哲学系访学,我再次感受到内在主义与外在主义之争的确已经成为哲学史的"传统"。但同时,我也注意到,内在主义与外在主义之争尚未真正了结。因为,这场旷日持久的论争收尾得的确有些草率,甚至还没有等到一本有深度的全面系统地回顾这场论争逻辑的论著出现就戛然而止。为此,在科研教学以及学校行政管理事务之余,我断断续续地对整个论文进行了修改扩容,增加了近乎一半的容量。除此之外,我还对代表人物戈德曼的社会知识论思想转型进行了分析,对试图完成超越的柯内与费德曼的新证据主义进行了诠解,对当代知识论的研究方法进行了归纳,并把这些思考作为附录补缀到本书,就这样本书历经多年才得以付梓。

如上所述,完成本书得益于拥有丰富的一手外文资料,正是拥有了这些原始资料我才能够从容地分析思考。本书写作中,美国罗格斯大学(Rutgers University)哲学系的戈德曼(Alvin Goldman)教授、布朗大学(Brown University)哲学系的索萨(Ernest Sosa)教授、艾奥瓦大学(University of Iowa)哲学系的富梅顿(Richard Fumerton)教授等寄来了相关资料,使我避免了无从收集材料之苦,这里特致谢忱。我还要真诚感谢我在英国卡迪夫大学的合作导师 Alessandra Tanesini 教授、Nicholas Shackel 教授、Orestis Palermos 高级讲师、Elizabeth Irvine 高级讲师,还有 Dafydd Huw Rees 博士等人,他们开设的关于知识论最新进展的课程以及他们的研究成果都让我受益匪浅。特别是 Alessandra Tanesini 教授对女性主义知识论的研究以及对傲慢与偏见、流言与谣言、民主与新闻传播等社会知识论的最新思想对我很有启发。

我要衷心感谢我的硕士和博士导师潘世墨教授,正是他的耐心细致、循循善诱,使我打下了良好的哲学基础。可以说,博士论文从选题到定稿都浸润着潘老师的心血;即便我工作之后他还是经常关心我的个人成长以及书稿的写作。

我还要衷心感谢厦门大学哲学系的郭金彬教授、陈嘉明教授、陈墀成教授等诸位先生,他们在我的论文写作以及书稿的撰写中经常为我指点迷津,对我耳提面命,提出了许多宝贵意见。这里我要一并致谢!

我要特别感谢我的家人。我的母亲识字不多,其实她并不知道哲学是何物,但她的勤劳、善良、无私、坚强以及对知识的渴望,正是我后来爱上哲学的直接诱因。我的妻子洪乃英女士,在我攻读博士以及工作期间,无怨无悔地操持着家务,乃至失去了很多自我发展的机会,这里我要向她深表歉意!儿子陈启炜也在我的书稿定稿前从台湾地区帮我查阅了一些急需资料,解我燃眉之急。

本书能够出版,还要真诚感谢厦门理工学院为我提供的出版基金。

本书的一些前期成果曾经先后发表在《自然辩证法研究》《哲学动态》《世界哲学》《厦门大学学报(哲社版)》《东南学术》等刊物上,非常感谢上述刊物编辑老师们的提携帮助。我还想表达对厦门大学出版社的深深谢意。最后,我要真诚感谢以各种方式鼓励、支持、鞭策我的同仁、同学和朋友,在此就不再一一致谢。

陈英涛
2022 年 6 月于厦门阳光海岸